Software Design plus

内部構造から学ぶ PostgreSQL 設計・運用計画の鉄則

上原一樹、勝俣智成、佐伯昌樹、原田登志……著

改訂3版

技術評論社

はじめに

本書はPostgreSQL 14をベースに解説しています。

近年の、オープンソースソフトウェアのITシステムへの浸透はデータベース分野も例外ではなく、PostgreSQLも企業の基幹システムへと適用の領域を広げています。

PostgreSQLが多くのシステムで利用されるに従い、誰にでも簡単に利用できるようインストール手順は簡略化され、運用の手間も減ってきたという経緯がありますが、その分、現場で担当するシステムエンジニアや運用者がシステムの構築や運用でいざというときに必要になるノウハウの習得や、内部構造などの専門知識を習得する機会は減ってしまっています。

PostgreSQLは日本語ドキュメントも豊富に存在しており、インターネット上の検索でたくさんの記事を見つけられます。それらの記事は、特定のトラブルについては対処方法が書かれていて便利な側面もありますが、「VACUUMの性能が悪い」「PostgreSQLは商用には使えない」といった、かなり古い記事がそのまま残っているケースもたくさんあります。これはPostgreSQLが多くの人に利用されていることの証明ともいえますが、実用上、本当に必要な情報を探し出すことが難しい状況も同時に生み出しています。

長年PostgreSQLに関わってきた著者が培ったさまざまな情報を集約して手元において勉強してほしいという思いから、本書を作成しました。本書では、運用上のノウハウやとくに重要な情報をまとめた鉄則を記載しています。鉄則を通して効率的な設計／運用が行えるようになってほしいと思います。

本書は、「PostgreSQLを学習もしくは利用したことがある人」「今後、本格的にPostgreSQLの運用管理や技術力の向上を図りたいと思っている人」を主な対象読者としています。PostgreSQLのコアな技術力を持つ専門家の視点から、システム構築や運用において重要といえる要素について、

PostgreSQLの内部構造と照らし合わせる形で技術解説を行います。また、内部構造を知っているからこそ分かる運用ノウハウやチューニングについても紹介しています。

トラブル対応時のピンポイントな対策のためだけでなく、興味のある章を丸ごと読んでもらうことでトラブルを未然に防ぐ予備知識の獲得をしてもらえると幸いです。

2022年8月
著者一同

■書籍サポート情報

本書の補足説明、正誤情報などは、下記Webページから「本書のサポートページ」をご確認ください。

https://gihyo.jp/book/2022/978-4-297-13206-4

本書を活用するために

本書の解説や実行例は、2021年9月にリリースされた「PostgreSQL 14」をベースとしています。

本書の構成

本書は、4つのパートに分かれており、各パートはテーマごとに複数の章で構成されています。

各章の最後のページには、そのテーマに関して運用上知っておきたい鉄則を記載しています。著者の経験に基づくノウハウや各章でとくに重要な情報をまとめたもので、読者の皆さまの運用にきっと役立つでしょう。なお、各章のところどころに知らなくとも困らないマイナーなテーマのコラムがあります。

Part 1から順に読み進めることで、データベース技術者としての基本知識や専門用語について習得していくことができます。また、PostgreSQLの基本的な仕組みを習得済みの場合は、気になる章をピンポイントで見てもらうことで、より一層の技術力向上とノウハウ習得ができます。

Part 1：基本編

PostgreSQLの基本的な構成要素についての解説と、問い合わせ(クエリ)処理の概要について解説をしています。

Part 2：設計／計画編

PostgreSQLの内部構造を踏まえ、性能や安全性を考慮した設計と、安定した運用を行うために必要となる、テーブル設計、物理設計、ロール設計、バックアップ計画、監視計画、サーバ設定という6つのテーマで、設計／計画時に注意したいポイントを解説しています。

Part 3：運用編

PostgreSQLのバックアップやリストアなどの保守作業や高可用(HA)構成についての解説をしています。また、プロセス死活監視やサービス監視といった定常的な運用、テーブル／インデックスのメンテナンスにも言及しています。

Part 4：チューニング編

PostgreSQLを安定的に運用していくためには、メンテナンスのノウハウや問い合わせ(クエリ)のチューニング知識を持っていることが重要になります。PostgreSQLにおける問い合わせ性能は、ハードウェア要因を除くとデータベースの統計情報が重要であり、その利用方法や読解のノウハウを解説しています。

本書のプロンプト表記およびコマンド実行結果について

OSの一般ユーザで発行するコマンドは、先頭に「`$`」がついた表記とします。同様にOSの管理者ユーザで発行するコマンドの先頭は「`#`」とします。

SQLを発行する場合は、「`=#`」のような表記としますが、明示的に接続しているデータベース名を確認してほしい場合は、「`postgres=#`」や「`test=#`」のように先頭にデータベース名を含む表記を採用しています。

先頭に上記のいずれの記号も含まれない場合は、コマンドの実行結果やファイルリストを表しています。

入力するコマンドが長く誌面の紙幅に収まらない箇所では、入力行の途中に↩を記載しています。このマークがある箇所は実際には1行であり、次の行へ続くことを表します。また、SQL文の実行結果などが横方向に長く誌面の紙幅に収まらない箇所では、実行結果の読みやすさを優先し、実行結果のテーブルを整形して掲載している場合があります。

PostgreSQLのインストール手順やPostgreSQLが提供する`pg_ctl`コマンドなどのサーバアプリケーションの使い方、`psql`コマンドなどのクライアントアプリケーションの使い方などの基本的な内容は本書では割愛しています。

PostgreSQLのバージョンアップについて

PostgreSQLはオープンソースソフトウェアで活発なコミュニティ活動が行われており、例年9月〜10月にかけて多くの機能追加を伴うメジャーバージョンアップが実施されています。最新バージョンであるPostgreSQL 15は2022年10月13日にリリースされました。PostgreSQL 15の新しい機能でとくに有望なものを紹介します。

表1　PostgreSQL 15の主な新機能

機能	概要
論理レプリケーションの改善	特定のタプル、列のみを対象としたレプリケーションがサポートされます。また、テーブルの一括指定や特定トランザクションのスキップなど、運用面の改善も行われます。
MERGE文のサポート	結合条件に合致するタプルに対してUPDATEまたはDELETE、合致しない場合にINSERTを実行するMERGE構文が追加されます。
オンラインバックアップ機能の改善	オンラインバックアップ制御関数の変更（名称の変更および排他的バックアップモードの削除）があります。pg_basebackupユーティリティでは出力先を別サーバに指定可能になります。また、圧縮アルゴリズムの選択が可能になります。
セキュリティの改善	従来はデフォルト状態でpublicスキーマへ任意のアクセスが可能でしたが、PostgreSQL 15からはpublicスキーマへのアクセス権限が制限されます。

なお、これらの機能の多くは、コミュニティメンバのテストによって品質評価が行われるため、場合によっては次のバージョンに持越しされることもあります。 PostgreSQLは多くのユーザが利用しており、後方互換性を意識して実装されているため、新しいバージョンが提供されても基盤機能や運用が大きく変わることはありません。また、各バージョンは5年程度はバグパッチが提供されるため、本書で習得した知識は長く有益なものになるでしょう。

より詳しい情報を知りたい人へ

PostgreSQL本家には、本書では紹介しきれないほどの膨大なドキュメントが公開されています。原文は英語ですが、本家のリリースから比較的短期間で日本のPostgreSQLコミュニティ(JPUG)から日本語訳も提供されます。より深い知識や仕組みを知りたい方は、ぜひPostgreSQL本家のドキュメントを読んでみてください。原文のニュアンスを日本語で表すのが難しい場合もあるため、著者のおすすめは原文と日本語訳を見比べながら読むことです。

- PostgreSQL文書
  URL https://www.postgresql.jp/document/
- PostgreSQL Manuals
  URL https://www.postgresql.org/docs/

［改訂3版］
内部構造から学ぶPostgreSQL 設計・運用計画の鉄則◆目次

Part 1
基本編

基本的なことは、だいたい理解していますか？
一瞬でも返答に戸惑った方はぜひ本Partをお読みください。基本とは“簡単なこと”ではありません。すべての礎となる重要な知識であり、理解が追いつかない内容もあるかもしれませんが、しっかりと習得しましょう。

第1章

PostgreSQL“超”入門

PostgreSQLは開発が始まってから30年以上を経たオープンソースソフトウェア（OSS）のリレーショナルデータベース管理システム（RDBMS）です。日本国内でも多くの業務システムで利用されています。本章では、まずはPostgreSQLの“超”基本的な事項をおさらいの意味も含めて整理します。

1.1 呼び方

PostgreSQLは「ポストグレエスキューエル」や「ポストグレス」と呼びます。また、日本では語呂の良さから「ポスグレ」という略称で呼ぶこともあります。

PostgreSQLに関連する製品（拡張モジュールやアプリケーション）には接頭辞として「pg_」が付与され、「ピージー……」という製品名で呼ばれるものがあります。

1.2 データベースとしての分類

PostgreSQLは、リレーショナルデータベースとオブジェクトデータベースの双方の能力を兼ね揃えたオブジェクトリレーショナルデータベースに分類されます。

リレーショナルデータベースとしての基本機能は、Oracle DatabaseやMySQL、SQL Serverといったほかのリレーショナルデータベースと遜色ないレベルで実装されています。また、オブジェクトデータベース機能として、ユーザ定義によりさまざまな機能の拡張が可能となっています。この拡張性は、開発が始まった頃から備わっており、PostgreSQLの大きな特徴を示すものになっています。

1.3 歴史

開発の歴史は、カリフォルニア大学バークレー校のPOSTGRESプロジェクトが発端となっています。その後、POSTGRESプロジェクトのコードを、より汎用的な問い合わせ言語であるSQLに対応させ、標準規格のANSI Cに準拠したPostgres95がWeb上で公開されました。翌年には、SQLのサポートを明示するためPostgreSQLという名称に変更し、バージョン番号としてもともとのPOSTGRESプロジェクトからの連番である6.0を設定しました。PostgreSQLのバージョン番号が、PostgreSQL 6.0からとなったのはこうした背景があります。

以降、数々のバージョンアップを繰り返し、バージョン8.0からはリカバリや自動バキュームの強化が加わりました。また、9.0からはレプリケーション機能の本体への組み込みや、マルチコア環境での性能改善がなされています。10以降では高度なパーティション機能の追加や、JITコンパイル機能など大規模データ処理向けの改善が加わりました。

このようなバージョンアップを経て、現状は商用RDBMSと遜色ない高度な機能を備え、エンタープライズ用途にも使えるRDBMSとなっています(**表1.1**)。なお、執筆中の現時点(2022年8月)では最新バージョン15の開発が進められています。

表1.1　PostgreSQL 10以降における主な改善点

バージョン	リリース日	主な改善点
10	2017/10/05	ロジカルレプリケーション、宣言的パーティション、SCRAM認証の追加
11	2018/10/18	ハッシュパーティション、B-treeインデックス作成時のパラレル化、JITコンパイル機能
12	2019/10/03	テーブルアクセスメソッド、生成列、共通式テーブルのインライン化
13	2020/09/24	パーティショニングテーブル間の結合サポート、インクリメンタルソート、バックアップ進捗ビューの追加
14	2021/09/30	外部テーブルスキャンの非同期実行サポート、TOAST圧縮方式の追加、COPYの進捗ビューの追加

Column　メジャーバージョンとマイナーバージョン

PostgreSQLのバージョン番号は、ピリオドで区切られた3つの数字で管理されています(図1.A)。

図1.A　バージョン番号

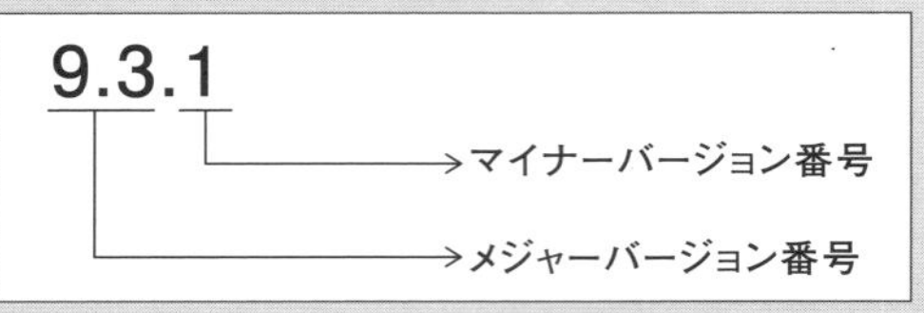

PostgreSQLのバージョン番号体系は、PostgreSQL 9.6以前と10以降で異なります。

・[9.6以前]

最初の数字と2番目の数字までをメジャーバージョン番号と呼びます。メジャーバージョン番号は、機能の追加を含むバージョンアップがなされた際にカウントアップされます。

1番目の数字は、メジャーバージョンの中でも開発コミュニティがとくに大きな変更を行ったと判断した場合にカウントアップされます。たとえば、8.0でのオンラインバックアップ機能の追加や、9.0でのレプリケーション機能の追加が相当します。PostgreSQLは、基本的に年に1回のメジャーバージョンアップがなされ、その際には2番目の数字がカウントアップされます。異なるメジャーバージョン間では、データベースを構成するファイルに互換性がないので注意しましょう。

3番目の数字は、マイナーバージョン番号と呼びます。この番号はメジャーバージョンアップされるといったん、0に戻り、以降マイナーバージョンアップのたびにカウントアップされます。マイナーバージョンアップでは、基本的に機能の追加はなく、バグの修正やセキュリティホールの対応が行われます。なお、異なるマイナーバージョン間では、データベースを構成するファイルに互換性があるため、極力最新版のものを使うようにしましょう。

・[10以降]

10以降は1つのメジャーバージョン番号と1つのマイナーバージョン番号という体系に変更されました。メジャーバージョンとマイナーバージョンの位置づけは、9.6までと変わりはありません。

1.4 ライセンス

PostgreSQLのライセンスは、BSDライセンスに類似した「PostgreSQLライセンス」という名称で、使用、変更、配布を個人使用、商用、学術など目的を限定せず無償で利用できます。また、GPLのようなソース公開義務がなく商用システムでも利用しやすいことが特徴です。

このため、PostgreSQLをベースにした各種商用製品も国内外のベンダで販売されています。

1.5 コミュニティ

PostgreSQLはコミュニティ活動が活発であり、日本のPostgreSQLコミュニティ(JPUG)の活動は海外でも高く評価されています。とくにJPUGではPostgreSQL文書の日本語訳対応を迅速に行っており、日本語で最新バージョンの情報を読むことができます。開発は、開発コミュニティの有志によって継続的に行われています。

近年では、1年に1回のペースで機能拡充を含むメジャーバージョンアップが行われています。また、バグ修正やセキュリティホールの対応などを含むマイナーバージョンアップは、数ヶ月に1回のペースで行われています。

開発コミュニティではメジャーバージョンのサポート期間は5年と定めています。サポート期間が終了したバージョンを使っている場合、バグ修正やセキュリティホールの修正が行われないため、可能な限りサポート中のバージョンに移行することをおすすめします。

鉄則

- ☑ **PostgreSQLはエンタープライズ領域でも使えるデータベースになっています。**
- ☑ **マイナーバージョンは極力アップデートして最新化します。**

第2章 アーキテクチャの基本

設計／運用を検討する際、PostgreSQLの動作や仕組みを知っておくことが重要です。適切な死活監視を行うためには起動しているプロセスを把握しておく必要があります。また、メモリの利用用途やファイルの配置場所を知らないと、利用状況や負荷を見積もることすらできません。本章では、PostgreSQLのアーキテクチャを押さえるうえで必要な「プロセス」「ディスク」「メモリ」を紹介します。

2.1 プロセス構成

RDBMSは、クエリの処理だけではなく、バッファの管理、ストレージへの書き込み制御、統計情報の収集などさまざまな制御を行っています。PostgreSQLは、複数のプロセスを動作させることで、複雑な制御を可能としています(**図2.1**)。起動しているプロセスは**ps**コマンドで参照できます(**コマンド2.1**)。それぞれ"postgres:"の後に続く文字列が、起動中のプロセスの名

図2.1　PostgreSQLのプロセス構成

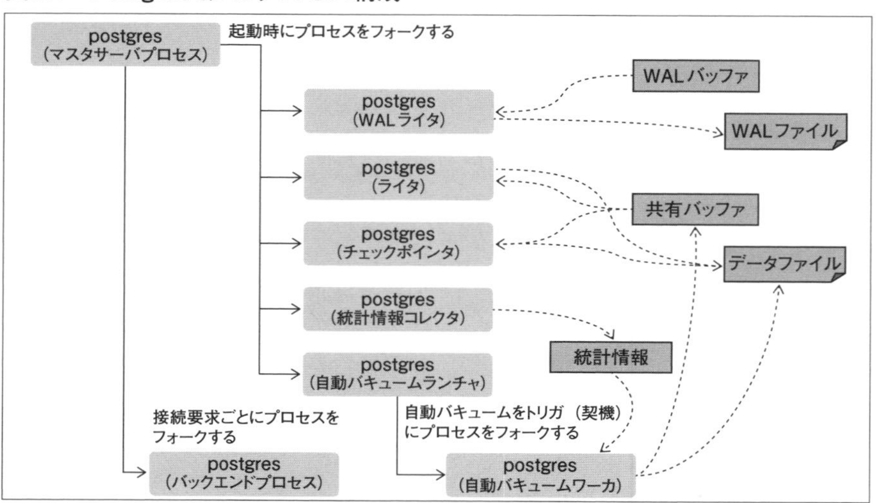

コマンド2.1　psコマンドで見たPostgreSQLのプロセス（PostgreSQL 14の例）

```
$ ps -ef | grep postgres ↵
postgres 23468     1  0 14:00 ?        00:00:00 /usr/pgsql-14/bin/postgres -D /data/
pgdata ❶
postgres 23469 23468  0 14:00 ?        00:00:00 postgres: logger ❷
postgres 23471 23468  0 14:00 ?        00:00:00 postgres: checkpointer ❸
postgres 23472 23468  0 14:00 ?        00:00:00 postgres: background writer ❹
postgres 23473 23468  0 14:00 ?        00:00:00 postgres: walwriter ❺
postgres 23474 23468  0 14:00 ?        00:00:00 postgres: autovacuum launcher ❻
postgres 23475 23468  0 14:00 ?        00:00:00 postgres: stats collector ❼
postgres 23476 23468  0 14:00 ?        00:00:00 postgres: logical replication launcher
❽
postgres 23610 23468  0 14:15 ?        00:00:00 postgres: postgres postgres [local] idle
❾
postgres 23478 23307  0 14:00 pts/1    00:00:00 grep --color=auto postgres
```

各プロセスの説明
❶マスタサーバ、❷ロガー（ログ出力プロセス）、❸チェックポインタ、❹ライタ、❺WALライタ、❻自動バキュームランチャ、❼統計情報コレクタ、❽バックグラウンドワーカ、❾バックエンドプロセス

称です(**表2.1**)。各プロセスの詳細は、「4.1　サーバプロセスの役割」(P.38)で説明します。

2.1.1：マスタサーバプロセス

PostgreSQLを制御する後述のさまざまなプロセス(バックグラウンドプロセス)や、外部からの接続を受け付け、接続に対応するプロセス(バックエンドプロセス)を起動する親プロセスです。

2.1.2：ライタプロセス

共有バッファ内の更新されたページを、対応するデータファイルに書き出すプロセスです。

2.1.3：WALライタプロセス

WAL(Write Ahead Logging)をディスクに書き出すプロセスです。WALライタプロセスでは、WALバッファに書き込まれたWALを設定に従ってWALファイルに書き出します。

表2.1　PostgreSQLの各プロセス（概要）

プロセス名	説明	psコマンドでの表示
マスタサーバ	最初に起動される親プロセス	（起動コマンドそのものが表示される）
ロガー	サーバログを書き出す	logger
チェックポインタ	すべてのダーティページをデータファイルに書き出す	checkpointer
ライタ	共有バッファの内容をデータファイルに書き出す	background writer
WALライタ	WALバッファの内容をWALファイルに書き出す	walwriter
自動バキュームランチャ	設定に従って自動バキュームワーカを起動する	autovacuum launcher
自動バキュームワーカ	設定に従って自動バキューム処理を行う	autovacuum worker
統計情報コレクタ	データベースの活動状況に関する統計情報を収集する	stats collector
バックグラウンドワーカ	ロジカルレプリケーション用のワーカ。またユーザ定義のバックグラウンドワーカを組み込んだ場合にも表示される	（モジュール名が表示される）
バックエンドプロセス	クライアントからの接続要求に対して起動され、クエリを処理する	「*ユーザ名　データベース名［接続］状態*」という書式で表示される
パラレルワーカ	パラレルスキャン実行時に起動され、クエリを処理する	「parallel worker for PID *<バックエンドプロセスのPID>*」という書式で表示される

2.1.4：チェックポインタプロセス

チェックポイント(すべてのダーティページをデータファイルに反映し、特殊なチェックポイントレコードがログファイルに書き込まれた状態)を設定に従い、自動的に実行するプロセスです(「第10章　サーバ設定」(P.142)も参照)。

2.1.5：自動バキュームランチャと自動バキュームワーカプロセス

自動バキュームを制御／実行するプロセスです。ランチャは設定に従ってワーカを起動します。ワーカはテーブルに対して自動的にバキュームとアナライズを実行します。実行する前に、対象のテーブルに大量の更新(挿入、更新、削除)があったかどうかを(統計情報コレクタを利用して収集される)統計情報を参照して検査します(「第15章　テーブルメンテナンス」(P.227)も参照)。

2.1.6：統計情報コレクタプロセス

データベースの活動状況に関する稼働統計情報を一定間隔で収集するプロセスです。収集された稼働統計情報はPostgreSQLの監視などで用いられます(「第14章　死活監視と正常動作の監視」(P.213)も参照)。

2.1.7：バックエンドプロセス

クライアントから接続要求を受けたときに生成されるプロセスです。クエリの実行は、このバックエンドプロセス内で行われます。クエリ、結果の送受信などは、クライアントとこのバックエンドプロセスの間で行われます。

2.1.8：パラレルワーカプロセス

パラレルクエリが実行される際に、バックエンドプロセスから起動されるプロセスです。

2.2　メモリ管理

PostgreSQLで使われるメモリは、PostgreSQLサーバプロセス全体で共有される共有メモリ域と、バックエンドプロセスで確保されるプロセスメモリ域の2つに区別されます(**図2.2**)。

2.2.1：共有メモリ域

共有メモリ域は、バックグラウンドプロセスとバックエンドプロセスのすべてから参照や更新される共有領域です。この領域は、サーバの起動時にOSのシステムコールにより予約されます。

また、PostgreSQLの起動時には、PostgreSQLの設定パラメータ(shared_buffers)の値と、Linuxのカーネルパラメータ(shmmax)の値を比較し、shmmaxよりshared_buffersの値が大きい場合にはエラーメッセージが出力されます[注1]。

PostgreSQLは、共有メモリ域を次のような領域に分けて利用します。

注1　Linuxのカーネルパラメータの詳細は「第10章　サーバ設定」(P.142)を参照してください。

図2.2　メモリ構成

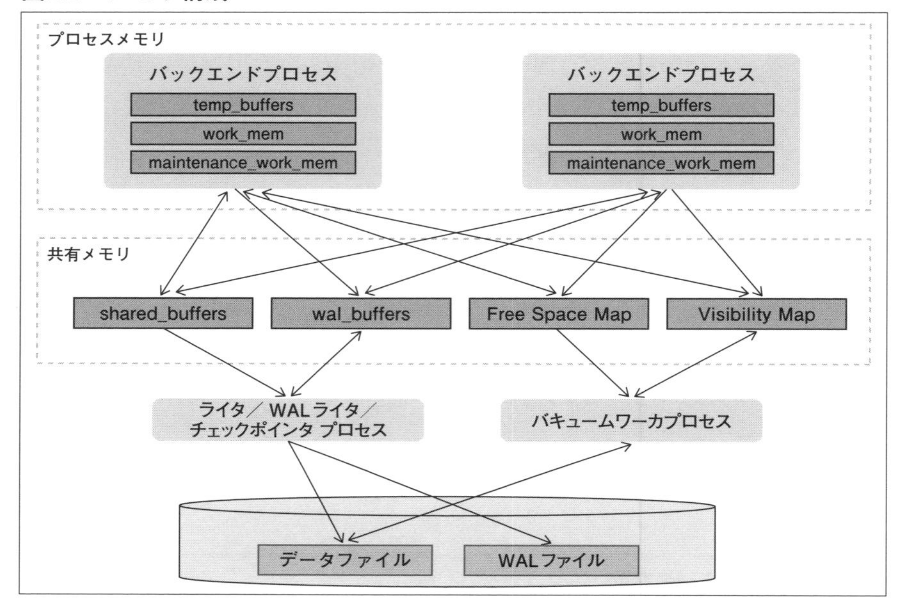

共有バッファ（shared_buffers）

テーブルやインデックスのデータをキャッシュする領域です。

WALバッファ（wal_buffers）

ディスクに書き込まれていないトランザクションログ(WAL；Write Ahead Logging)をキャッシュする領域です。

空き領域マップ（Free Space Map）

テーブル上の利用可能な領域を指し示す情報を扱う領域です。PostgreSQLでは、メンテナンス処理(バキューム処理)時にトランザクションからまったく参照されていない行を探して、空き領域として再利用を可能にします。追加や更新時に空き領域マップを探索し、再利用可能な領域に新しい行を挿入します。

可視性マップ（Visibility Map）

テーブルのデータが可視であるか否かを管理する情報を扱う領域です。バキューム処理の高速化のために、処理が必要なページかどうかを可視性マップで判断します。また、インデックスオンリースキャンという高速な検索方式でも使用されています。

可視性マップの情報はバキューム処理や各更新処理のタイミングで書き換えられます。また、この空き領域マップを参照して、バキューム処理の高速化にも使われます。

2.2.2：プロセスメモリ

バックエンドプロセスごとに確保される作業用のメモリ領域です。メモリ領域を確保したプロセスのみが参照可能であり、次のように分類されます。

作業メモリ（work_mem）

クエリ実行時に行われる、並び替えとハッシュテーブル操作のために使われる領域です。並び替えやハッシュテーブル操作を含むクエリの場合、作業メモリを適切に設定することで性能の向上が期待できます。1つのクエリの中で、これらの操作が複数回行われる場合は、該当する処理ごとに設定した領域が確保されます。このため、非常に多くのバックエンドプロセスが起動する状況で、作業メモリに大きな値を設定すると、システム全体のメモリを圧迫する可能性があります。

メンテナンス用作業メモリ（maintenance_work_mem）

バキューム、インデックス作成、外部キー追加などのデータベースメンテナンスの操作で使用する領域です。通常運用では、こうした操作が同時に多数発生することはなく、メンテナンス時間の短縮を目指すのであれば、work_memより大きめの値を設定することが望ましいです。

一時バッファ（temp_buffers）

バックエンドプロセスごとに作成される一時テーブルにアクセスするときに用いられるメモリ領域です。一時テーブルは、CREATE TEMP TABLEコマンドで作成できます。

2.3 ファイル

PostgreSQLで使われるファイルの多くは、データベースクラスタと呼ばれるディレクトリ配下に作成されます。データベースクラスタは、`initdb`コマ

コマンド2.2　データベースクラスタディレクトリの権限チェックの動作確認

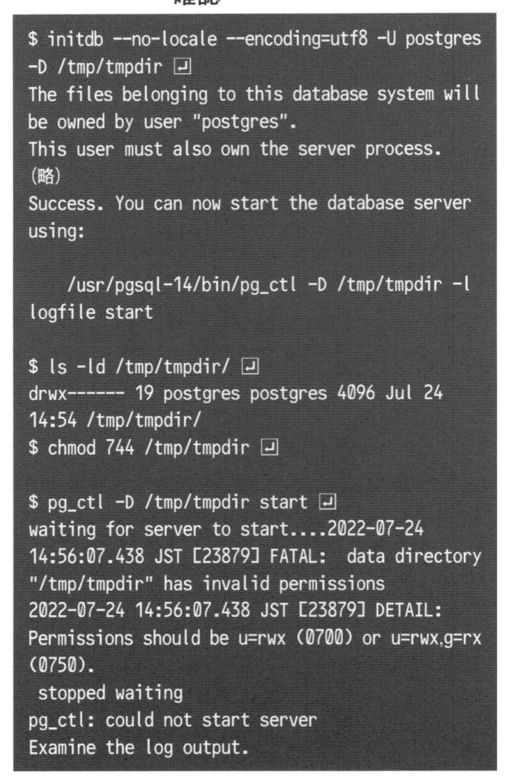

```
$ initdb --no-locale --encoding=utf8 -U postgres -D /tmp/tmpdir ↵
The files belonging to this database system will be owned by user "postgres".
This user must also own the server process.
(略)
Success. You can now start the database server using:

    /usr/pgsql-14/bin/pg_ctl -D /tmp/tmpdir -l logfile start

$ ls -ld /tmp/tmpdir/ ↵
drwx------ 19 postgres postgres 4096 Jul 24 14:54 /tmp/tmpdir/
$ chmod 744 /tmp/tmpdir ↵

$ pg_ctl -D /tmp/tmpdir start ↵
waiting for server to start....2022-07-24 14:56:07.438 JST [23879] FATAL:  data directory "/tmp/tmpdir" has invalid permissions
2022-07-24 14:56:07.438 JST [23879] DETAIL:  Permissions should be u=rwx (0700) or u=rwx,g=rx (0750).
 stopped waiting
pg_ctl: could not start server
Examine the log output.
```

図2.3　データベースクラスタ内の構成

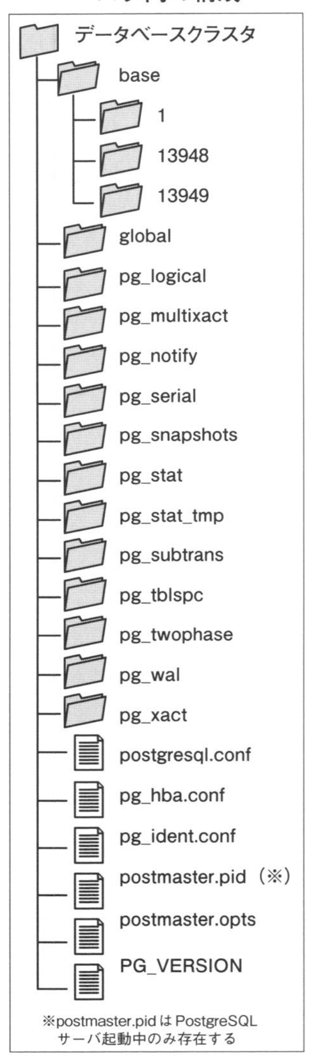

ンドまたは**pg_ctl**コマンドを用いることで、実行したOSユーザのみアクセス可能な権限(700)で作成されます。

PostgreSQLは、起動時にデータベースクラスタのアクセス権限をチェックして、700以外の場合はエラーメッセージを出力します(**コマンド2.2**)。また、データベースクラスタには**図2.3**のようにさまざまなディレクトリやファイルが作成されます。

2.3.1：主なディレクトリ

baseディレクトリ

データベースごとに、識別子(oid；Object ID)を示す数字のディレクトリ(データベースディレクトリ)が作成されます。データベースディレクトリは、baseディレクトリ配下に格納され、テーブルファイル、インデックスファイル、TOASTファイル、Free Space Mapファイル、Visibility Mapファイルといったファイルを格納します。

globalディレクトリ

データベースクラスタで共有するテーブルを保有するディレクトリです。このディレクトリにはpg_databaseなど複数のデータベースにまたがるシステムカタログなどが格納されています。

pg_walディテクトリ

WALファイルを格納するディレクトリです。データベースクラスタ作成時のオプションによっては、シンボリックリンクとなる場合もあります。

pg_xactディレクトリ

トランザクションのコミット状態を管理するファイルが格納されるディレクトリです。

pg_tblspcディレクトリ

PostgreSQLでは、テーブルやインデックスなどのデータベースオブジェクトをbaseディレクトリ以外の任意のディレクトリ(テーブル空間)に格納できます。テーブル空間として作成されたディレクトリへのシンボリックリンクをpg_tblspcディレクトリに格納します。

2.3.2：主なファイル

PG_VERSIONファイル

PostgreSQLのメジャーバージョン番号が書き込まれているテキストファイルで、**cat**コマンドなどで参照できます。バージョン14のデータベースクラスタ配下に生成されるPG_VERSIONファイルは**コマンド2.3**のようになります。

このファイルは、起動するPostgreSQLのメジャーバージョンと使用するデー

コマンド2.3　PG_VERSIONファイル（バージョン14の場合）

```
$ cat PG_VERSION ↵
14
```

タベースクラスタのバージョンチェックのために用いられます。

PostgreSQLでは、異なるメジャーバージョン間ではデータベースクラスタの互換性がありません。無理に起動すると、データベースクラスタ内に作成されるファイルやファイルフォーマットが異なるため、想定外の誤動作が発生する可能性があります。こうした誤動作を防止するため、起動したPostgreSQLのバージョンと、指定したデータベースクラスタ配下のPG_VERSIONファイルの値を比較して、メジャーバージョンが異なる場合には起動しないようにしています。

テーブルファイル

テーブルデータの実体が格納されているファイルで、データベースディレクトリ配下に格納されます。テーブルファイルは、複数の8192バイトの「ページ」によって構成されています。

インデックスファイル

検索の性能を向上させるためのインデックス情報が格納されています。このファイルもテーブルファイルと同様に、8192バイトのページという単位で構成され、データベースディレクトリ配下に格納されます。

TOASTファイル

テーブル内に長大な行(通常は2KBを超えるサイズ)を格納する場合に生成される特殊なファイルで、データベースディレクトリ配下に格納されます。非常に長いデータを格納する列や大量の列を持つ行がある場合、TOASTファイルに分割格納されます。テーブルの格納領域には、TOAST用のoidが格納されます。

Free Space Mapファイル

空き領域を追跡するための情報が格納されたファイルで、データベースディレクトリ配下に格納されます。このファイルはテーブルおよびインデックスごとに生成され、「*テーブルおよびインデックスを示す数字*_fsm」という名前になります。

Visibility Mapファイル

テーブルの可視性を管理するファイルで、「*テーブルを示す数字*_vm」という名前でデータベースディレクトリ配下に格納されます。

WALファイル

PostgreSQLに対して行われた更新操作を記録するファイルであり、pg_walディレクトリ配下に格納されます。データベースの永続性の保証やリカバリ時に非常に重要な役割を果たします。WALファイルは固定長のファイルです。**`initdb`**ユーティリティ（または**`pg_ctl`**ユーティリティのinitサブコマンド）実行時にサイズを指定します。デフォルトは16MBで作成されます。WALファイル群は、目安としてmax_wal_sizeに設定したサイズ程度が生成されます。

postgresql.conf, pg_hba.conf

PostgreSQLの動作を設定するファイルです。詳細は「第3章　各種設定ファイルと基本設定」(P.16)を参照してください。

postmaster.pid

PostgreSQLの稼働中に作成されるロックファイルで、データベースクラスタ配下に格納されます。このファイルが存在しているときに、同じデータベースクラスタを指定してPostgreSQLを起動すると二重起動のエラーになります。

鉄則

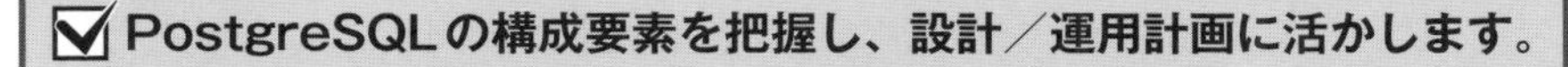

☑ **PostgreSQLの構成要素を把握し、設計／運用計画に活かします。**

第3章

各種設定ファイルと基本設定

PostgreSQLは何も設定しなくても起動して使うことができます。しかし、あくまで最低限の動作を行うためのデフォルト設定で起動してしまうため、実際のシステムで使うときには、要件に合った適切な設定を行う必要があります。本章では、各種設定ファイル（postgresql.conf、pg_hba.conf、pg_ident.conf）の記述方法や設定の変更／確認方法について説明します。ユーザごとの認証設定や運用中の設定変更方法など、実際の設計／運用に役立てましょう。

3.1 設定ファイルの種類

PostgreSQLには、**表3.1**に挙げる5つの設定ファイルがあります。本章では、上の3つ(postgresql.conf、pg_hba.conf、pg_ident.conf)について説明します。

3.2 postgresql.confファイル

PostgreSQL全体の動作を制御する設定ファイルで、設定項目は大きく分けて、**表3.2**のカテゴリに分類されます。

各カテゴリには数多くの設定項目がありますが、運用する場合に検討や設定が必要なパラメータは限定されます(運用時に必要なパラメータや設定方針は第8章以降で説明します)。

表3.1 PostgreSQLの設定ファイル

ファイル名	説明
postgresql.conf	PostgreSQL全体の動作を制御する
pg_hba.conf	クライアントからの接続を制御する
pg_ident.conf	ident認証およびGSSAPI認証で使用される
recovery.conf	アーカイブリカバリ用の設定ファイル（～PostgreSQL 11）。詳細は「第13章　オンライン物理バックアップ」（P.195）を参照
pg_service.conf	libpqライブラリの接続情報をサービスとしてまとめて管理する。詳細はPostgreSQL文書「34.17. 接続サービスファイル」を参照

表3.2　postgresql.confの主な設定カテゴリ

カテゴリ名	説明
接続と認証	接続、セキュリティ、認証の設定
資源の消費	共有メモリ、ディスク、ライタプロセスの設定
ログ先行書き込み(WAL)	WAL 、チェックポイント、アーカイブの設定
レプリケーション	レプリケーションの設定
問い合わせ計画	問い合わせに対する実行計画の設定
エラー報告とログ取得	サーバログ出力に関する設定
実行時統計情報	統計情報の収集に関する設定
自動バキューム作業	自動バキュームに関する設定
クライアント接続デフォルト	接続したクライアントの挙動やロケールに関する設定
ロック管理	ロックやデッドロック検知の設定
バージョンとプラットフォーム	旧バージョンやプラットフォーム間の互換性に関する設定
エラー処理	エラーや障害発生時の設定

3.2.1：設定項目の書式

設定項目は、項目名と項目値を「=」で繋いだ書式で記述します。「#」(ハッシュ記号)はコメントする際に利用し、#以降の行末までの記述は無視されます(**リスト3.1**)。

設定する値は、論理型、浮動小数点型、整数型、文字型、列挙型の5種類があります(**表3.3**)。メモリサイズや時間を指定するパラメータの場合、数字の後に単位を示す文字を続けて記述することで、簡易かつ読みやすい値を設定できます(**表3.4**)。shared_buffersなど大きな値を設定する場合、単位を付与して設定の誤りを防ぎやすくします(**リスト3.2**)。また、小文字のk(キロ)は1000ではなく1024を示します。同様に、M(メガ)は1024の2乗、G(ギガ)は1024の3乗、T(テラ)は1024の4乗となります。

なお、同じ設定項目を複数記述した場合、起動時にはエラーや警告は出力されず、後ろに記述されているほうが有効とみなされます(**コマンド3.1**)。

3.2.2：設定の参照と変更

設定項目と設定値は、SHOWコマンドで確認できます(**コマンド3.2**)。SHOWコマンドでALLを指定すると、すべての設定項目の項目名(name)と

リスト3.1　設定項目の記述例

```
max_connections = 100        # 接続最大数を100に設定します
```

表3.3　設定できる型

型名	説明
論理型(boolean)	真偽値(on/off、true/false、yes/no、1/0)。大文字と小文字は区別しない
浮動小数点型(floating point)	小数点を含む数値。指数記号(e)を含む書式で記述することも可能
整数型(integer)	小数点を含まない数値。PostgreSQL 12以降は整数型の項目にも小数値を指定可能(最も近い整数値に丸められる)
文字型(string)	任意の文字列。空白を含む場合は単一引用符で囲む必要がある。値に単一引用符を含む場合は、二重引用符(もしくは逆引用符)で囲む。空白を含まない文字列は単一引用符で囲む必要はない
列挙型(enum)	限定された値の集合。値の集合は項目ごとに異なる

表3.4　単位を指定する文字

指定対象	指定する文字	意味
メモリ	B	バイト
	kB	キロバイト(1024)
	MB	メガバイト(1024^2)
	GB	ギガバイト(1024^3)
	TB	テラバイト(1024^4)
時間	ms	ミリ秒
	s	秒
	min	分
	h	時
	d	日

リスト3.2　値に単位を付与する例

```
shared_buffers = 128MB
```

コマンド3.1　同じ設定を複数記述したときの例

```
$ egrep "^shared_buffers" $PGDATA/postgresql.conf ↵
shared_buffers = 128MB                  # min 128kB
shared_buffers = 256MB                  # min 128kB
shared_buffers = 512MB                  # min 128kB
$ psql postgres -c "SHOW shared_buffers" ↵
 shared_buffers
----------------
 512MB
(1 row)
```

コマンド3.2　SHOWコマンドの実行例

```
=# SHOW shared_buffers ; ↵
 shared_buffers
----------------
 512MB
(1 row)
```

コマンド3.3　SHOW ALLの実行例

```
=# SHOW ALL; ↵
          name           |  setting   |          description
-------------------------+------------+---------------------------------------
 allow_system_table_mods | off        | Allows modifications of the structure
                         |            | of system tables.
 application_name        | psql       | Sets the application name to be
                         |            | reported in statistics and logs.
 archive_cleanup_command |            | Sets the shell command that will be
                         |            | executed at every restart point.
 archive_command         | (disabled) | Sets the shell command that will be
                         |            | called to archive a WAL file.
... 以下略 ...
```

コマンド3.4　pg_settingsシステムビューの参照例

```
=# SELECT name, setting, unit FROM pg_settings WHERE name LIKE '%wal%'; ↵
           name             | setting  | unit
----------------------------+----------+------
 max_slot_wal_keep_size     | -1       | MB
 max_wal_senders            | 10       |
 max_wal_size               | 1024     | MB
 min_wal_size               | 80       | MB
 track_wal_io_timing        | off      |
 wal_block_size             | 8192     |
... 以下略 ...
```

値(setting)と説明(description)が表示されます(**コマンド3.3**)。

さらに詳細な情報は、pg_settingsシステムビューを参照することで入手できます。たとえば、**コマンド3.4**のようにpg_settingsシステムビューのunit列を見ることで、どのような単位で設定されるか分かります。

3.2.3：設定項目の反映タイミング

設定項目が反映されるタイミングには**表3.5**の3種類があります。

設定項目の一部には、PostgreSQL起動時だけでなく、SETコマンドで設定可能な項目もあります。**コマンド3.5**の例では、まずPostgreSQL起動直後のenable_seqscanパラメータの値をSHOWコマンドで表示しています。その後、SETコマンドでenable_seqscanパラメータの値を変更して、変更後の値をSHOWコマンドで再表示しています。

SETコマンドによる変更が可能な設定項目は、pg_settingsシステムビューのcontext列が「user」または「superuser」になっているものです。これは**コマンド3.6**のようなSELECTコマンドで確認できます。

表3.5　設定項目が反映されるタイミング

タイミング	pg_settingsシステムビューのcontext列の値	説明
SETコマンド実行時	userまたはsuperuser	発行したセッション内で即時に反映される。ほかのセッションには影響しない。SET LOCALコマンドの場合、その効果は発行したトランザクション内に限定される。contextがsuperuserの項目はスーパーユーザ権限を持つユーザのみ変更が許可される
SIGHUPシグナル受信時	sighup, superuser-backend, backend	PostgreSQLサーバプロセスがSIGHUPシグナルを受け取ったタイミングで、設定をリロードし反映する。通常は、pg_ctl reloadオプションやpg_reload_conf関数を使用する。contextがsuperuserの項目はスーパーユーザ権限を持つユーザのみ変更が許可される
PostgreSQL起動時	postmaster	PostgreSQL起動時にのみ反映される

コマンド3.5　SETコマンドによる設定反映例

```
=# SHOW enable_seqscan ; ↵
 enable_seqscan
----------------
 on
(1 row)

=# SET enable_seqscan = off; ↵
SET
=# SHOW enable_seqscan ; ↵
 enable_seqscan
----------------
 off
(1 row)
```

コマンド3.6　SETコマンドで変更可能な設定項目の参照

```
=# SELECT name, context FROM pg_settings ↵
=#   WHERE context IN ('user','superuser'); ↵
              name                 | context
-----------------------------------+-----------
 allow_system_table_mods           | superuser
 application_name                  | user
 array_nulls                       | user
 backend_flush_after               | user
... 中略 ...
 work_mem                          | user
 xmlbinary                         | user
 xmloption                         | user
 zero_damaged_pages                | superuser
(176 rows)
```

3.2.4：設定ファイルの分割と統合

設定ファイルは分割して管理することもできます。レプリケーション構成など、複数のサーバで一部の設定を共用したい場合などに、共用する設定とサーバ固有の設定でファイルを分割し、include指示子で統合するといった使い方が可能になります。たとえば**リスト3.3**では、postgresql.confの設定のうちメモリに関する設定のみを分離して、include指示子で統合しています。

Column　コマンドラインパラメータによる設定

起動時にコマンドラインパラメータを指定することで、postgresql.confで設定するのと同様に設定値を変更できます。しかし、設定値は保存されないためpostgresql.confで設定するようにし、設定ファイル自体もバージョン管理やバックアップをするようにしましょう。

リスト3.3　includeの使用例

```
・postgresql.confファイル
include 'memory.conf'

・memory.confファイル
# Memory Settings
shared_buffers = 512MB
work_mem = 64MB
```

3.2.5：ALTER SYSTEMコマンドによる変更

PostgreSQL 9.4以降では、postgresql.confのような設定ファイルを直接編集する方法のほかに、ALTER SYSTEMというSQLコマンドで設定内容を変更することが可能になりました。

SETコマンドによる設定の変更とは異なり、ALTER SYSTEMコマンドによる設定の変更は、即時には反映されません。また、ALTER SYSTEMのSETサブコマンドによる設定をRESETサブコマンドによって取り消せます。

ALTER SYSTEMのSETサブコマンドによる設定の変更を行うと、postgresql.auto.confという名前の設定ファイルの内容が更新されます(**図3.1**)。また、ALTER SYSTEMのRESETサブコマンドでALTER SYSTEMのSETサブコマンドで設定した内容が削除できます。ただし、ALTER SYSTEMによる設定の変更は、SETコマンドやRESETコマンドのように即座に反映はされません。設定の再ロード(`pg_ctl reload`)や、サーバの再起動(`pg_ctl restart`)を実施することで、postgresql.auto.confに設定された内容が反映されます。

サーバの再起動が必要になる設定変更(例：shared_buffersの変更)の場合には、`pg_clt reload`では反映されず、`pg_ctl restart`によるサーバの再起動が必要になるので注意してください。

ALTER SYSTEMコマンドによる設定変更(**コマンド3.7**)は、従来のように設定ファイルを直接編集するよりも、以下の点でメリットがあります。

・設定の誤りを、ALTER SYSTEMコマンドの実行時にチェックできる
・スーパーユーザがリモートサーバからログインできる環境の場合、永続的な設定の変更をリモートサーバから実行できる

図3.1　postgresql.confとpostgresql.auto.conf

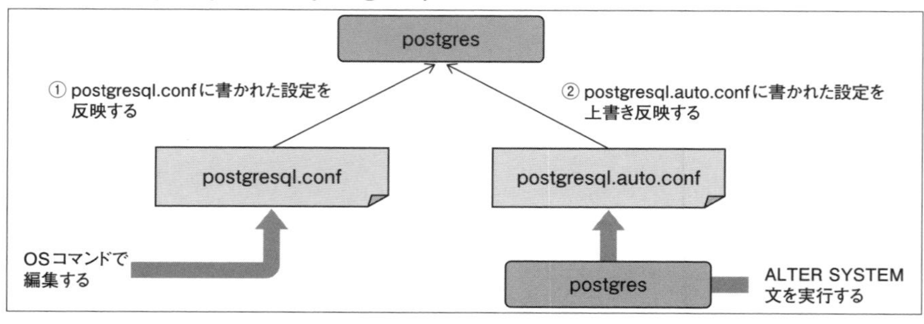

コマンド3.7　ALTER SYSTEMコマンドによる永続的な設定変更の例

```
・shared_buffersには128MBが設定されている
$ psql -U postgres postgres -c "SHOW shared_buffers" ↵
 shared_buffers
----------------
 128MB
(1 row)

・shared_buffersの値を256MBに変更するが、現在の設定値は変更されない
$ psql -U postgres postgres -c "ALTER SYSTEM SET shared_buffers = '256MB'" ↵
ALTER SYSTEM
$ psql -U postgres postgres -c "SHOW shared_buffers" ↵
 shared_buffers
----------------
 128MB
(1 row)

・postgresql.auto.confファイルに、ALTER SYSTEMコマンドによる設定が追加される
$ cat $PGDATA/postgresql.auto.conf ↵
# Do not edit this file manually!
# It will be overwritten by the ALTER SYSTEM command.
shared_buffers = '256MB'

・PostgreSQLサーバを再起動後に、shared_buffersの設定を確認すると、256MBに変更されている
$ psql -U postgres postgres -c "SHOW shared_buffers" ↵
 shared_buffers
----------------
 256MB
(1 row)

・ALTER SYSTEM RESETサブコマンドを実行するとpostgresql.auto.conf内の設定を削除できる
$ psql -U postgres postgres -c "ALTER SYSTEM RESET shared_buffers" ↵
ALTER SYSTEM
$ cat $PGDATA/postgresql.auto.conf ↵
# Do not edit this file manually!
# It will be overwritten by the ALTER SYSTEM command.
```

ALTER SYSTEMによる変更と、postgresql.confの変更の両方が行われた場合には、ALTER SYSTEMによる変更結果が優先されるので注意してください。たとえば、ALTER SYSTEMでshared_buffersの値を「'512MB'」に設定し、その後で、postgresql.conf内でshared_buffersの値を「'1024MB'」に設定してサーバを再起動した場合には、ALTER SYSTEMで設定した「shared_buffers = '512MB'」が反映されます。

サーバ設定を変更するときに、ALTER SYSTEMを使うか、postgresql.confの修正のみを行うか、きちんとルール化しておくことを推奨します。

3.3 pg_hba.confファイル

クライアントからPostgreSQLへの接続と認証に関する設定は、pg_hba.confファイルに記述します。ファイル名のhbaはhost-based authentication(ホストベース認証)を意味します。

接続と認証の機能は、データベースへの接続を制限するための重要な機能です。PostgreSQLでは、どこから誰がどのデータベースにアクセスするかで接続と認証を管理しています。通常、pg_hba.confファイルはpostgresql.confと同様に、データベースクラスタに置かれていますが、postgresql.confのhba_fileパラメータを指定することで配置場所を変更できます。

pg_hba.confファイルの記述例を**リスト3.4**に示します。**リスト3.4**では**表3.6**のような設定で認証しています。pg_hba.confファイルは、PostgreSQL起動時とマスタサーバプロセスへSIGHUPシグナルを送信したタイミングで読み込まれます。SIGHUPシグナルは、PostgreSQLサーバコマンドの`pg_ctl`コマンドにreloadオプションを付与して送信できます。

3.3.1：記述形式

pg_hba.confは、1行に1つの認証ルールを記述します。1つの接続に必要な情報は**表3.7**のようになります。

各行では「接続方法」「接続データベース」「接続ユーザ」「認証方式」の情報を

リスト3.4　pg_hba.confファイルの記述例

```
# local         DATABASE  USER  METHOD  [OPTIONS]
# host          DATABASE  USER  ADDRESS  METHOD  [OPTIONS]
# hostssl       DATABASE  USER  ADDRESS  METHOD  [OPTIONS]
# hostnossl     DATABASE  USER  ADDRESS  METHOD  [OPTIONS]
# hostgssenc    DATABASE  USER  ADDRESS  METHOD  [OPTIONS]
# hostnogssenc  DATABASE  USER  ADDRESS  METHOD  [OPTIONS]
local  all      postgres                    trust
host   all      postgres  localhost         trust
host   db1,db2  admin    192.168.100.10    scram-sha-256
host   db1      user1     192.168.100.0/24  scram-sha-256
host   db2      user2     192.168.100.0/24  scram-sha-256
```

表3.6　リスト3.4での認証設定

ユーザ	接続元サーバ	アクセス可能なデータベース	認証方法
postgres	PostgreSQLサーバ(localhost)のみ	すべて	―
admin	管理AP用サーバのみ	db1、db2	scram-sha-256
user1	AP1用サーバ(192.168.100.*)	db1	scram-sha-256
user2	AP2用サーバ(192.168.100.*)	db2	scram-sha-256

表3.7　接続に必要な情報

項目	説明	補足
TYPE	接続方式	local/host/hostssl/hostnosslのいずれか
DATABASE	接続データベース	―
USER	接続ユーザ	―
ADDRESS	接続元のIPアドレス	IPアドレスとマスクを分けて記述することも可能
METHOD	認証方式と認証オプション	認証方式によっては、認証オプション(auth options)を後ろに記述することがある

空白文字(スペースまたは水平タブ)区切りで記述します。また、#(ハッシュ記号)以降の行末まではコメントとみなされます。

PostgreSQLに対して、1つのクライアントからだけでなく複数のクライアントから接続するケースもあるため、pg_hba.confファイルでは複数の接続に関する設定情報を記述できるようになっています(**リスト3.5**)。同一の接続照合パラメータ(接続方式、接続データベース、接続ユーザ、接続元のIPアド

リスト3.5　記述順序の適切／不適切な例

```
# ❶適切な設定
# TYPE  DATABASE  USER  ADDRESS             METHOD
local   all       all                       trust
host    all       all   192.168.100.10/32   trust
host    all       all   192.168.100.0/24    scram-sha-256

# ❷不適切な設定
# TYPE  DATABASE  USER  ADDRESS             METHOD
host    all       all   192.168.100.0/24    scram-sha-256
host    all       all   192.168.100.10/32   trust
local   all       all                       trust
```

レス)が、異なる認証方式で複数行記述された場合、PostgreSQL起動時にはとくにエラーや警告は出力されません。接続要求時には、上から順に評価されます。この順序性を利用して、先に範囲を狭めた接続元IPアドレスとパスワード不要の緩い認証方式を記述し、それ以降ではより接続元IPアドレスの範囲を広めながら何らかの認証情報が必要なより厳しい認証方式(たとえばscram-sha-256)を指定します。

リスト3.5の❷では、仮に192.168.100.10/32からtrust認証で接続しようとしても、先に192.168.100.0/24の範囲に含まれているため、md5認証が適用されてしまう意図しない設定例を示しています。

3.3.2：接続方式

pg_hba.confファイルに指定する接続方式(TYPE)は「local」「host」「hostssl」「hostnossl」の4種類で、postgresql.confファイルのlisten_addressesの設定値(PostgreSQLサーバが接続を受け付けるホスト名／IPアドレス)に依存します(**表3.8**)。また、PostgreSQL 12以降では、GSSAPI暗号化に関連する接続方式が追加されています。

local

Unixドメインソケットを使用する接続に対応します。postgresql.confのlisten_addressesに空文字列を指定した場合に指定します。

host

TCP/IPを使用した接続に対応します。SSL通信の有無は問いません。当然ですが、postgresql.confのlisten_addressesで「localhost」のみ設定されている場合は、別のサーバから接続できません。

表3.8 postgresql.confのlisten_addressesの設定値と接続方式の関係

listen_addressの設定値	接続許可の対象	接続方式(TYPE)
localhost(デフォルト値)	ローカルなループバック接続	host
空文字列	Unixドメインソケットによる接続(IPインタフェースを使用しない)	local
ホスト名またはIPアドレス(CSVリスト)	指定したホスト名やIPアドレスからのIP接続	host/hostssl/hostnossl
*	すべてのIP接続	host/hostssl/hostnossl
0.0.0.0	すべてのIPv4アドレスからのIP接続	host/hostssl/hostnossl
::	すべてのIPv6アドレスからのIP接続	host/hostssl/hostnossl

hostssl

SSLを用いた通信方式にのみ対応する指定です。

hostnossl

SSLを用いない通信方式にのみ対応する指定です。

hostgssenc

TCP/IPを使用した接続かつ、GSSAPI暗号化を使用した接続のみに対応する指定です(PostgreSQL 12以降)。

hostnogssenc

TCP/IPを使用した接続かつ、GSSAPI暗号化を使用しない接続のみに対応する指定です(PostgreSQL 12以降)。

なお、local接続の場合は「接続データベース」「接続ユーザ」「認証方式」を指定し、host/hostssl/hostnossl/hostgssenc/hostnogssenc接続の場合は、加えて「IPアドレス」を指定します。

Column SSL接続

PostgreSQLではSSL接続をサポートしており、クライアントとPostgreSQLサーバ間の通信を暗号化できます[注A]。利用には次の条件が必要になります。

- OpenSSLがPostgreSQLサーバだけでなくクライアントの両方にインストールされている
- PostgreSQLのビルド時に、SSL接続を有効にするオプションを付与する[注B]
- インストール後、postgresql.confファイルでsslパラメータの設定値を「on」に指定してPostgreSQLを起動する

注A　SSL接続に関する詳細は、PostgreSQL文書「20.3.3. SSL」も参照してください。
注B　RPMでインストールした場合は、SSL接続を有効とする指定になっています。ソースコードからビルドする場合には、configureコマンド実行時に --with-openssl オプションを付与する必要があります。

3.3.3：接続データベース

接続対象となるデータベース名を記述します。複数指定する場合はカンマで区切ります。また、データベース名以外に「all」「sameuser」「samerole」「replication」を指定することもできます。

all

すべてのデータベースへの接続に対応します(**コマンド3.8**)。ユーザによってアクセスするデータベースを制限しない場合に指定します。

sameuser

指定したユーザと同じ名前のデータベースへの接続に対応します(**コマンド3.9**)。

samerole

データベースと同じ名前のロールのメンバでなければならないという意味です(**コマンド3.10**)。

replication

レプリケーション接続に対応します。

@記号が先頭にある場合

データベース名そのものではなく、データベース名を含むファイル名を示します。ファイル名は、pg_hba.confの存在するディレクトリからの相対パス、または絶対パスで記述します(**コマンド3.11**)。

コマンド3.8　接続データベース名が「all」の例

```
$ cat $PGDATA/pg_hba.conf ↵
local   all       postgres                          trust
host    all       postgres   localhost              trust
host    db1,db2   admin      192.168.100.10/32      scram-sha-256
host    db1       user1      192.168.100.0/24       scram-sha-256
host    db2       user2      192.168.100.0/24       scram-sha-256
```

※postgresユーザを用いてlocal接続またはlocalhostからのTCP/IP接続を行う場合、任意のデータベース（db1、db2、postgresなど）へtrust認証で接続できる

コマンド3.9　接続データベース名が「sameuser」の例

```
$ psql -l ↵
                              List of databases
   Name    |  Owner   | Encoding | Collate | Ctype |   Access privileges
-----------+----------+----------+---------+-------+-----------------------
 db1       | postgres | UTF8     | C       | C     |
 db2       | postgres | UTF8     | C       | C     |
 postgres  | postgres | UTF8     | C       | C     |
 template0 | postgres | UTF8     | C       | C     | =c/postgres          +
           |          |          |         |       | postgres=CTc/postgres
 template1 | postgres | UTF8     | C       | C     | =c/postgres          +
           |          |          |         |       | postgres=CTc/postgres
 test      | postgres | UTF8     | C       | C     |
(6 rows)

$ psql -c "\du" postgres ↵
                                   List of roles
 Role name |                         Attributes                         | Member of
-----------+------------------------------------------------------------+-----------
 postgres  | Superuser, Create role, Create DB, Replication, Bypass RLS | {}
 test      |                                                            | {}
 user1     |                                                            | {}
 user2     |                                                            | {}

$ cat $PGDATA/pg_hba.conf ↵
# TYPE  DATABASE        USER            ADDRESS                 METHOD
local   all             all                                     trust
host    sameuser        all             127.0.0.1/32            trust
$ psql -h 127.0.0.1 -U test test ↵
psql (14.3)
Type "help" for help.

=>
```

※psqlの「\du」コマンドではユーザの一覧を表示している。pg_hba.confの設定では、同じユーザ名と同じ名前のデータベースへの接続を許可している

コマンド3.10　接続データベース名が「samerole」の例

```
$ psql -l ↵
                              List of databases
   Name    |  Owner   | Encoding | Collate | Ctype |   Access privileges
-----------+----------+----------+---------+-------+-----------------------
 postgres  | postgres | UTF8     | C       | C     |
 template0 | postgres | UTF8     | C       | C     | =c/postgres          +
           |          |          |         |       | postgres=CTc/postgres
```

（前ページからの続き）

```
 template1 | postgres | UTF8     | C       | C      | =c/postgres          +
           |          |          |         |        | postgres=CTc/postgres
 test      | postgres | UTF8     | C       | C      |
 users     | postgres | UTF8     | C       | C      |
(5 rows)

$ psql -c "\du" postgres ↵
                                   List of roles
 Role name |                         Attributes                         | Member of
-----------+------------------------------------------------------------+-----------
 postgres  | Superuser, Create role, Create DB, Replication, Bypass RLS | {}
 test      |                                                            | {}
 user1     |                                                            | {users}
 user2     |                                                            | {users}
 users     | Cannot login                                               | {}

$ cat $PGDATA/pg_hba.conf ↵
# TYPE  DATABASE        USER            ADDRESS                 METHOD
local   all             all                                     trust
host    samerole        all             127.0.0.1/32            trust
$ psql -h 127.0.0.1 users -U user2 ↵
psql (14.3)
Type "help" for help.

=> \q
$ psql -h 127.0.0.1 users -U postgres ↵
psql: error: connection to server at "127.0.0.1", port 10014 failed: FATAL:  no pg_hba.
conf entry for host "127.0.0.1", user "postgres", database "users", no encryption
```

※user1が属するロール（users）と同じ名前のデータベース（users）に接続を許可している。postgresはusersロールに属していないため、たとえスーパーユーザだとしてもusersデータベースへの接続は許可されない

コマンド3.11　接続データベース名が「@ファイル名」の例

```
$ psql -U postgres -c "\du" ↵
                                   List of roles
 Role name |                         Attributes                         | Member of
-----------+------------------------------------------------------------+-----------
 ap_user   |                                                            | {}
 postgres  | Superuser, Create role, Create DB, Replication, Bypass RLS | {}

$ psql -U postgres -l ↵
                             List of databases
   Name    |  Owner   | Encoding | Collate | Ctype |   Access privileges
```

（前ページからの続き）

```
-----------+----------+----------+---------+-------+-----------------------
 db1       | postgres | UTF8     | C       | C     |
 db2       | postgres | UTF8     | C       | C     |
 postgres  | postgres | UTF8     | C       | C     |
 template0 | postgres | UTF8     | C       | C     | =c/postgres          +
           |          |          |         |       | postgres=CTc/postgres
 template1 | postgres | UTF8     | C       | C     | =c/postgres          +
           |          |          |         |       | postgres=CTc/postgres
(5 rows)

$ cat $PGDATA/pg_hba.conf ↵
# TYPE  DATABASE        USER            ADDRESS                 METHOD
local   all             all                                     trust
host    @dbname.conf    ap_user         127.0.0.1/32            trust
$ cat $PGDATA/dbname.conf ↵
db1,db2
$ psql -U ap_user db2 ↵
psql (14.3)
Type "help" for help.

=>
```

※$PGDATA/dbname.confファイルにdb1とdb2のデータベース名が記述されている。pg_hba.confファイルで@dbname.confと記述することで、テキストファイル内に記述されたdb2データベースにログインできる

Column ログイン属性

PostgreSQLではロールという概念を用いてユーザやユーザのグループを管理しています。ロールは主にデータベースオブジェクトの所有権限や、各種操作の実行権限を制御するために使用されます。

ロールは権限だけでなく、ロール自体の属性を持っています。属性の1つに「ログイン」があります。CREATE USERコマンドでユーザを作成した場合、ログイン属性はデフォルトで有効になりますが、CREATE ROLEコマンドでユーザを作成した場合にはデフォルトでは無効となります。たとえば、ログイン属性がないユーザでデータベースにログインしようとした場合、ログインを拒否されます。

3.3.4：接続ユーザ

接続時のデータベースユーザ名を記述します。allは、すべてのデータベースユーザからの接続に対応します。そのほかの指定の場合は、先頭に「+」があるか／ないかの2パターンになります。

先頭に「+」がない場合

記述に完全一致するデータベースユーザ名に対応します。

先頭に「+」がある場合

指定されたロールのメンバと一致する場合に対応します(**コマンド3.12**)。

コマンド3.12 「+」が書かれた場合の挙動

```
$ psql -l -U postgres ↵
                              List of databases
   Name    |  Owner   | Encoding | Collate | Ctype |   Access privileges
-----------+----------+----------+---------+-------+-----------------------
 postgres  | postgres | UTF8     | C       | C     |
 template0 | postgres | UTF8     | C       | C     | =c/postgres          +
           |          |          |         |       | postgres=CTc/postgres
 template1 | postgres | UTF8     | C       | C     | =c/postgres          +
           |          |          |         |       | postgres=CTc/postgres
 test      | postgres | UTF8     | C       | C     |
 users     | postgres | UTF8     | C       | C     |
(5 rows)

$ psql -U postgres -c "\du" ↵
                                   List of roles
 Role name |                         Attributes                         | Member of
-----------+------------------------------------------------------------+-----------
 postgres  | Superuser, Create role, Create DB, Replication, Bypass RLS | {}
 test      |                                                            | {}
 user1     |                                                            | {users}
 user2     |                                                            | {users}
 users     | Cannot login                                               | {}

$ cat $PGDATA/pg_hba.conf ↵
# TYPE  DATABASE        USER            ADDRESS                 METHOD
local   all             all                                     trust
host    users           +users          127.0.0.1/32            trust
$ psql -h 127.0.0.1 users -U user1 ↵
```

（前ページからの続き）

```
psql (14.3)
Type "help" for help.

=> \q
$ psql -h 127.0.0.1 users -U user2 ↵
psql (14.3)
Type "help" for help.

=> \q
$ psql -h 127.0.0.1 users -U users ↵
psql: error: connection to server at "127.0.0.1", port 10014 failed: FATAL:  role "users"
is not permitted to log in
$ psql -h 127.0.0.1 users -U test ↵
psql: error: connection to server at "127.0.0.1", port 10014 failed: FATAL:  no pg_hba.
conf entry for host "127.0.0.1", user "test", database "users", no encryption
```

※user1とuser2はusersロールのメンバなので、usersデータベースへログインできる。なお、usersロール自体はログイン権限がないため、ログインできない。また、testユーザはusersのメンバではないため、ログインできない

Column　特殊な名前のデータベースとユーザ

allというキーワードはpg_hba.confでは特殊な意味を持つのですが、PostgreSQLとしては、allという名称のデータベースやロールの作成を禁止していません。

では、allというデータベースやallというロールが存在した場合、どういった挙動になるのでしょうか？ この場合、allという名前のデータベースやロールが存在していても関係なく、allというキーワードで規定された特殊な挙動となります。

二重引用符でこれらの特殊なキーワードを引用すると、特殊な意味はなくなります。たとえばallという名前のロールを作成し、allというデータベースにのみ接続可能とした場合には、「"all"」のように引用します。

このように回避方法はありますが、all/samerole/sameuser/replicationなど、特殊な名称のデータベースやロールの作成は避けたほうが無難です。

3.3.5：接続元のIPアドレス

サーバに接続するクライアントのアドレスを記述します。アドレスの記述

方法は、「ホスト名」「IPアドレス(IPv4、IPv6)」を指定できます。

IPv4での「0.0.0.0/0」、IPv6での「::/0」は、それぞれすべてのIPアドレスを示す特殊な記法です。「all」は、IPv4/IPv6共にすべてのIPアドレスに一致するという意味になります。「samehost」はサーバが持つすべてのIPアドレスに一致し、「samenet」はサーバが接続しているサブネット内のIPアドレスに一致するという意味になります。

IPアドレスを指定する場合、CIDRマスク[注1]を指定することで、単一、または任意の範囲のIPアドレスからの接続を許容する記述も可能です。単一のアドレスを指定する場合、IPv4ではCIDRマスクとして32を指定し、IPv6では128を指定します。

3.3.6：認証方式

クライアントから接続するときの認証方式を記述します。PostgreSQLでは、**表3.9**の認証方式がサポートされています。

認証方式の一部には特定の接続方式を用いなければならないものもあります。ident認証とGSSAPI認証は、pg_hba.confファイルだけでなく、pg_ident.confファイル(次節)にも設定する必要があります。

どの認証方式を選択するのかは、システムの要件次第です。システム要件として明確に認証方式が要求されていれば、それに適合する認証方式を選択することになります。単純な認証制限を設けたい場合でも、パスワード文字列の暗号学的ハッシュ形式を送信する「scram-sha-256」方式を選択するのが無難でしょう。「trust」は、検証環境や外部から隔離されたネットワーク内で使用する(かつデータベースにアクセス可能なユーザを信頼できる)場合に使います。

特定のホストを除外するためには「reject」を使います。たとえば、reject指定のIPアドレスとして「192.168.100.100」と記述し、その後にtrust指定のIPアドレスとして「192.168.100.0/24」を指定したとします。こうすることで、192.168.100.*の範囲のIPアドレスから接続を行った場合に、192.168.100.100からの接続だけ拒否し、それ以外のすべてのIPアドレスからの接続を許可する指定となります。

注1　クライアントIPアドレスが一致しなければならない高位のビット数。CIDRはClassless Inter-Domain Routingの略。

表3.9　PostgreSQLでサポートする認証方式

種別	pg_hba.confの設定値	説明	備考
無条件	trust	接続を無条件で許可する	―
	reject	接続を無条件で拒否する	―
パスワード認証	md5	md5暗号化によるパスワード認証を行う	scram-sha-256が使用できない環境で使用
	password	平文によるパスワード認証を行う	非推奨
	scram-sha-256	scram-sha-256暗号化によるパスワード認証を行う	パスワード認証方式の推奨認証方式
GSSAPI認証	gss	GSSAPIによる認証を行う（Linux環境かつTCP/IP接続でのみ使用可能）	―
SSPI認証	sspi	sspiによる認証を行う（Windows環境でのみ使用可能）	―
Ident認証	ident	クライアントのOSのユーザ名をidentサーバから入手してデータベース接続ユーザ名として使用する（TCP/IP接続でのみ使用可能）	―
Peer認証	peer	OSのユーザ名をカーネルから入手してデータベース接続ユーザ名として使用する（ローカル接続でのみ使用可能）	―
LDAP認証	ldap	パスワード認証のためにLDAPサーバを使用する	―
RADIUS認証	radius	パスワード認証のためにRADIUSサーバを使用する	―
証明書認証	cert	SSLクライアント証明書を使った認証を行う	―
PAM認証	pam	パスワード認証のためにPAM（Pluggable Authentication Modules）を使用する	―
BSD認証	bsd	OSによって提供されたBSD認証サービスを使用する	OpenBSD環境のみ利用可能

Column　pg_hba_file_rulesビュー

PostgreSQL 10からpg_hba.confファイルの内容をSELECTコマンドで参照できる、pg_hba_file_rulesビューが追加されました（**コマンド3.A**）。このビューは、pg_hba.confのファイル内に記述エラーがあった場合、そのエラー内容をerror列に表示します。`pg_ctl reload`で設定を反映する前に、このpg_hba_file_rulesビューを確認して、設定ミスを未然に防ぐこともできます。なお、このビューは特権ユーザのみ参照できます。

コマンド3.A　pg_hba_file_rulesビュー

```
=# SELECT * FROM pg_hba_file_rules ; ↵
 line_number | type  |   database    | user_name |  address  |
-------------+-------+---------------+-----------+-----------+
          89 | local | {all}         | {all}     |           |
          91 | host  | {all}         | {all}     | 127.0.0.1 |
          93 | host  | {all}         | {all}     | ::1       |
          96 | local | {replication} | {all}     |           |
          97 | host  | {replication} | {all}     | 127.0.0.1 |
          98 | host  | {replication} | {all}     | ::1       |
(6 rows)
(↓に続く)              netmask                  | auth_method | options | error
-----------------------------------------+-------------+---------+-------
                                         | trust       |         |
 255.255.255.255                         | trust       |         |
 ffff:ffff:ffff:ffff:ffff:ffff:ffff:ffff | trust       |         |
                                         | trust       |         |
 255.255.255.255                         | trust       |         |
 ffff:ffff:ffff:ffff:ffff:ffff:ffff:ffff | trust       |         |
```

3.4　pg_ident.confファイル

pg_ident.confファイルは、ident認証(**図3.2**)やGSSAPI認証など外部の認証システムを利用する場合に使用される、データベースクラスタ配下のユーザ名マップ設定ファイルです。ident認証やGSSAPI認証は、外部の認証用のサーバに認証機能が委ねられます。このため、認証サーバは信頼できる環境でなければなりません。

外部の認証システムを使用する際には、OSのユーザ名がデータベースユーザ名と異なる場合があるので、pg_ident.confにユーザ名のマッピング情報を記述して対応します。pg_ident.confファイルは次の3つの列からなる行を1つの設定として記述します。

図3.2　ident認証のイメージ

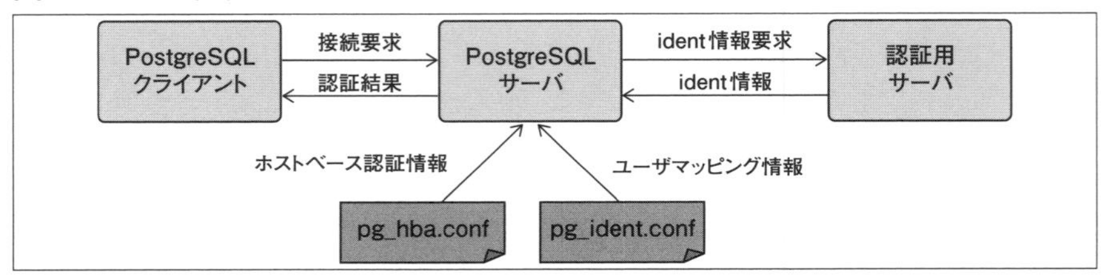

map name

pg_hba.confのauth-optionsで参照される任意の名称を設定します。

system user name

接続を許すクライアントのOSユーザ名を設定します。正規表現を用いた指定が可能で、詳細はPostgreSQL文書「21.2. ユーザ名マップ」を参照してください。

database user name

system user nameで設定したクライアントのOSユーザが、PostgreSQLサーバのどのユーザで接続するかを設定します。**リスト3.6**と**リスト3.7**は、pg_ident.confとpg_hba.confの設定例です。**リスト3.6**は、OSユーザfooでログインしたときに、データベースユーザuser1として接続する設定です。**リスト3.7**は、pg_hba.confのmapオプションでユーザ名マップの規則を設定する例です。

リスト3.6　pg_ident.confの設定例

```
# map-name   system-user-name   database-user-name
foo_ident    foo                user1
```

リスト3.7　pg_hba.confの設定例

```
# TYPE  DATABASE  USER    ADDRESS           METHOD
host    all       all     192.168.10.0/24   ident map=foo_ident
```

鉄則

- ☑ **デフォルト設定で運用せず、必要な設定は環境に合わせて変更します。**
- ☑ **システムのセキュリティ要件に合わせて、適切な接続認証を行います。**

第4章

処理／制御の基本

本章ではPostgreSQLのサーバプロセスの処理内容やクライアント／サーバ通信、問い合わせ実行の流れ、トランザクション制御について説明します。これらを理解すると、PostgreSQLをブラックボックスとして扱うのではなく、内部処理を意識したアプリケーションが設計できるようになります。また、万が一問題が発生したとしても、原因を解析しやすくなるでしょう。

4.1 サーバプロセスの役割

PostgreSQLではデータベース管理システムとして必要な動作を、複数のサーバプロセスとプロセス間で共用するリソースによって制御しています(図4.1)。それでは、各プロセスがどのような処理を行っているか見ていきましょう。

図4.1 PostgreSQLのプロセス構成（再掲）

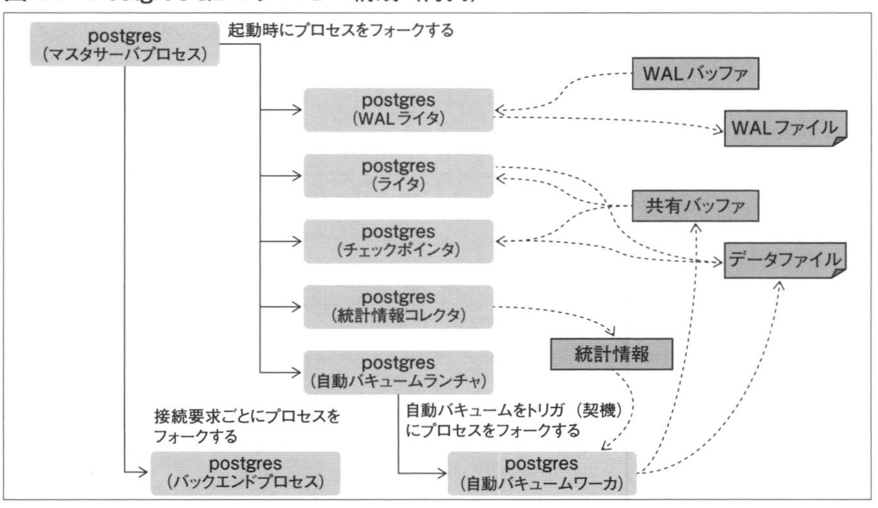

4.1.1：マスタサーバプロセス

マスタサーバは、PostgreSQLを制御するさまざまなプロセス（バックグラウンドプロセス）をfork()して起動する親プロセスです。また、外部からの接続を受け付け、接続に対応するプロセス（バックエンドプロセス）をfork()して起動します。

マスタサーバプロセス以外のプロセスはすべて子プロセスとして動作します。

4.1.2：ライタ

共有バッファ内の更新されたページを、対応するデータファイルのブロックに書き出すプロセスです。

ライタプロセスによるデータファイルへの書き出しは、クライアントから発行されるクエリの実行を阻害するものではありませんが、システム全体としてI/O量が増加し、クエリのレスポンスに大きな影響を与えることがあります。このため、ライタプロセスの設定によって、書き出しを遅延させてレスポンスへの影響を抑える工夫がなされています。

4.1.3：WALライタ

WALライタプロセスは、WAL（Write Ahead Logging）をファイルに書き出すプロセスです。WALはPostgreSQLの更新情報が記録されたログで、リカバリ時やストリーミングレプリケーションで使用される非常に重要な情報です。

WALライタプロセスでは、WALバッファに書き込まれたWALを設定に従ってWALファイルに書き出します。

4.1.4：チェックポインタ

チェックポイント（すべてのダーティページ[注1]をデータファイルに反映し、特殊なチェックポイントレコードがログファイルに書き込まれた状態）を設定に従って自動的に実行するプロセスです。

チェックポイントは、PostgreSQLがクラッシュしたときに、どの箇所からリカバリ処理を行うのかを示すポイントとなります。チェックポイント処理は、すべてのダーティページをディスク上のデータファイルに書き込むため、非

注1　ファイルシステムに書き戻す必要のあるデータを持ったページ。

常にI/O負荷が高くなることがあります。また、チェックポイントの頻度とクラッシュ後のリカバリ処理の時間には関連があります。チェックポイント処理が頻繁に発生する場合、性能への影響を受けやすくなりますが、クラッシュ後のリカバリ処理で実行すべきリカバリ処理量が減少し、起動までの時間が短縮されます。このため、システムの要件によって適切なチェックポイントの設定が必要です。

4.1.5：自動バキュームランチャと自動バキュームワーカ

自動バキュームを制御／実行するプロセスです。自動バキュームランチャは設定に従って自動バキュームワーカを起動し、自動バキュームワーカはテーブルに対して自動的にバキュームとアナライズを実行します。

バキュームは、データの更新や削除によって発生したデータファイルやインデックス内の不要領域を再利用できるようにする処理で、アナライズは、クエリを実行する際に利用する統計情報(各列の典型的な値と各列のデータ分布の概要を示す度数分布)を収集してpg_statisticシステムカタログを更新する処理です。どちらも正常な運用には欠かせない処理です。ワーカは、これらの処理を実行する前に、対象のテーブルに大量の更新(挿入、更新、削除)があったかどうかを(統計情報コレクタを利用して収集される)統計情報を参照して検査し、必要に応じて処理を行います。

4.1.6：統計情報コレクタ

データベースの活動状況に関する統計情報を一定間隔で収集するプロセスです。ここで収集された情報は、自動バキュームワーカで使用されます。

統計情報コレクタプロセスは設定によって起動させない運用も可能です。しかし、通常はこのプロセスを起動する運用を強く推奨します。なぜなら、このプロセスが起動しない場合、自動バキューム機能が有効に動作しなくなるためです。

4.1.7：バックエンドプロセス

クライアントから接続要求を受けたときに生成されるプロセスです。SQLの実行は、このバックエンドプロセス内で行われます。

Column バックグラウンドワーカプロセス

PostgreSQLでは、ユーザが独自のワーカプロセスを実装してPostgreSQLに組み込みを可能とするフレームワークが実装されています。このフレームワークを「バックグラウンドワーカプロセス」といいます。

バックグラウンドワーカプロセス規定の形式で実装したユーザ独自のワーカプロセスは、マスタサーバプロセス起動のバックグラウンドで起動され、PostgreSQLのサーバプロセスで監視され、マスタサーバの終了と同期して終了します。また、PostgreSQLの共有メモリへのアクセスや、データベースへの接続も可能です。独自のワーカプロセスの用途として、システム固有の監視機能を組み込みたい場合などが挙げられます。

詳細は、PostgreSQL文書「第48章:バックグラウンドワーカプロセス」を参照してください。

4.2 クライアントとサーバの接続/通信

クライアントからPostgreSQLに接続すると、PostgreSQLはバックエンドプロセスを生成し、クライアントとバックエンドプロセス間の接続を確立します。

クライアントから接続要求を受けた場合の動作を見ていきます(**図4.2**)。

図4.2 クライアントからの接続要求によるサーバの動作

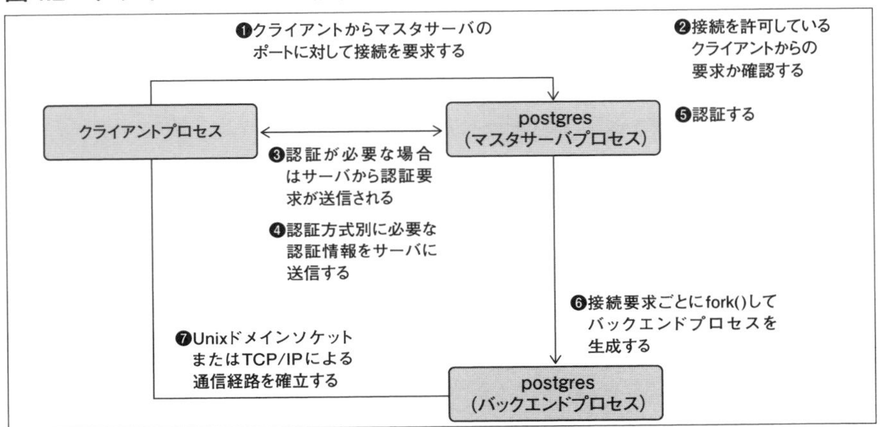

クライアントからは最初にマスタサーバのポート(デフォルト値では5432)に対して、ユーザ名と接続したいデータベース名を含むメッセージを送信します(❶)。マスタサーバはそのメッセージ内の情報と、pg_hba.confの内容を比較して、接続が許容されるかどうかを確認します(❷)。該当する接続が認証を必要とする場合には、認証を要求するメッセージをクライアントに送信し、クライアントは認証に必要な情報をサーバに送信します(❸❹)。なお、認証方式が認証を必要としない場合(認証方式がtrustなど)は、この処理をスキップします。

サーバは認証情報を受け取ると、認証方式に従った処理を行います(❺)。認証が成功すれば認証成功のメッセージをクライアントに返却し、バックエンドプロセスをfork()により生成します(❻)。マスタサーバはバックエンドプロセスの起動を行った後、クライアントに開始処理終了のメッセージを送信します。クライアントは認証成功のメッセージを受信した後、マスタサーバから開始処理終了のメッセージを受け取るまで待機しています。開始処理終了のメッセージを受信すると、接続が確立されたことになり、クライアントからクエリを送信することが可能になります(❼)。

これらの認証の各処理で、クライアントとマスタサーバ間ではPostgreSQLで規定されたプロトコルに従ってメッセージをやりとりしています。**psql**によるサーバへのアクセス時や、libpq/JDBCライブラリを使用してサーバへアクセスするときには、ライブラリ内でこうしたメッセージ処理を行っているため、利用者はユーザ／データベース／認証情報のみを意識すればよく、プロトコルについて意識する必要はありません。

クライアントとマスタサーバ間のプロトコルの詳細は、PostgreSQL文書の「第53章：フロントエンド/バックエンドプロトコル」を参照してください。

4.3 問い合わせの実行

問い合わせは**図4.3**のように、さまざまな処理を経由して実行されます。

4.3.1：パーサ

問い合わせはまずパーサで処理されます。パーサでは字句解析と構文解析を行います。

図4.3　問い合わせ処理の流れ

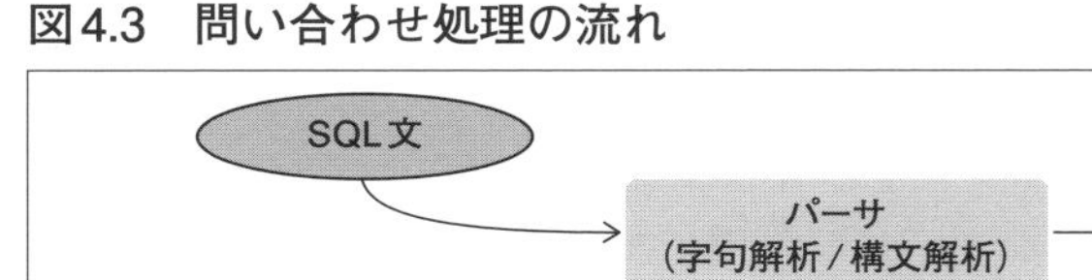

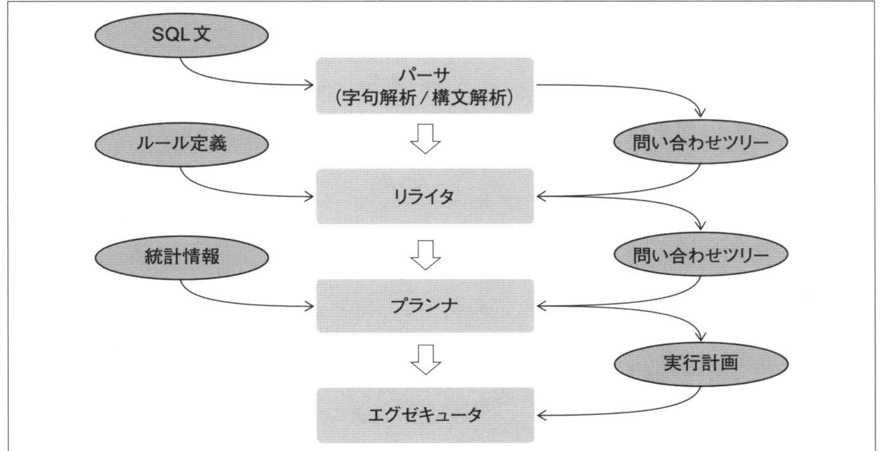

字句解析

字句解析とは、SQLがどういったトークン(構文の単位)から構成されるかを解析することで、オープンソースソフトウェア(OSS)の「flex[注2]」を用いています。字句解析では、拡張子が「.l」のファイル内容に基づき、SQLを識別子やSQLキーワードなどのトークンに分解して構文解析に移ります。

字句解析のルールは、PostgreSQLのソースコード(./backend/parser/scan.l)で定義されています。

構文解析

字句解析で分解された字句の並びがPostgreSQLで扱えるSQLの記述規則に合っているかを検査して問い合わせツリーを生成します。構文解析には、OSSの「bison[注3]」が利用さており、拡張子が「.y」のファイル内容(拡張BNF記法に似た記述内容)に基づき、渡されたSQLがPostgreSQLで規定された構文に合っているかをチェックします。

構文解析のルールは、PostgreSQLのソースコード(./backend/parser/gram.y)で定義されています。

注２　Unix標準コマンドのlexをもとにGNUプロジェクトで改良されたもの。字句解析プログラムのベースとなるソースを生成するツール。

注３　Unix標準コマンドのyaccをもとにGNUプロジェクトで改良されたもの。構文解析プログラムのベースとなるソースを生成するツール。

実在するかの確認

字句解析と構文解析に加えて、パーサでは問い合わせツリーの内容から、テーブル名や列名が実際にデータベース上に存在するか(アクセスできるか)を判断します。たとえば、存在しないテーブルをFROM句に指定した場合、エラーとして以降の処理を行いません。

構文解析の段階でエラーが発生する場合は**コマンド4.1**のように「syntax error」と表示されます。一方、構文上は正しいけれど検索対象となるテーブルがない場合には、**コマンド4.2**のように異なるエラーメッセージとなります。

字句解析と構文解析により妥当なSQLだと解析されると、パーサはSQLをツリー構造で表現した「問い合わせツリー」を生成し、次の処理となるリライタに渡します。

なお、問い合わせツリーの詳細に関してはPostgreSQL文書の「41.1：問い合わせツリーとは」を参照してください。

4.3.2：リライタ

SQLを実行するデータベースにルール(SQLを書き換える規則)が定義されている場合、そのルールを参照してリライタで問い合わせツリーを修正します。

コマンド4.1　構文解析エラーの例

```
=# CREATE TABLE foo (id int, data text); ↵
CREATE TABLE
=# \d ↵
        List of relations
 Schema | Name | Type  |  Owner
--------+------+-------+----------
 public | foo  | table | postgres
(1 row)

=# SELECT * foo; ↵
ERROR:  syntax error at or near "foo"
LINE 1: SELECT * foo;
                 ^
```

コマンド4.2　検索対象のテーブルがないときのエラー

```
=# SELECT * FROM bar; ↵
ERROR:  relation "bar" does not exist
LINE 1: SELECT * FROM bar;
                      ^
```

修正した問い合わせツリーは、次の処理であるプランナに渡されます。

PostgreSQLのビューは、ルールを使って定義されています。このため、ビューへアクセスする場合には、リライタによる問い合わせツリーの書き換えが行われています。

4.3.3：プランナ／オプティマイザ

プランナではリライタで修正された問い合わせツリーをもとに、最適な実行計画を生成します。

実行計画の作成には大きく分けて2つの段階があります。まず個々のテーブルに対するアクセス方法を選択して、次に結合方法を選択します。

個々のテーブルに対するアクセス方法の選択

まず、テーブル全体をスキャンする方式(SeqScan)を検索方式の候補とします。問い合わせ中にそのテーブルに対する検索条件が設定され、かつそのテーブルに設定されたインデックスが使用可能であれば、インデックス検索(IndexScan)やビットマップ検索(BitmapScan)を検索方式の候補とします。

結合方法の選択

問い合わせツリーが複数のテーブルを対象とする場合は結合方法を選択します。PostgreSQLは、「入れ子ループ結合」「マージ結合」「ハッシュ結合」の3つの結合方法をサポートしています。プランナではこの3つから適用可能な結合方法を、統計情報をもとに判断します。

また、結合対象となるテーブルが3つ以上の場合には、結合の順序も考慮されます。個々のテーブルに対するアクセス方法、結合方法、結合順序の組み合わせの候補群から、最も効率がよい(実行コストの小さい)と判断した方法の組み合わせが実行計画として生成され、エグゼキュータに渡されます。

なお、プランナが生成した実行計画は、EXPLAINコマンドで確認できます。

4.3.4：エグゼキュータ

エグゼキュータではプランナで決定された実行計画に従って必要な行の集合を抽出します。エグゼキュータではDML(Data Manipulation Language：データ操作言語)のみを対象に処理を行います。

エグゼキュータは実行するDMLの種類(SELECT/INSERT/UPDATE/DELETE)によって動作が異なります(**表4.1**)。

表4.1　エグゼキュータの動作

実行コマンド	説明
SELECT	問い合わせ計画を再帰的に辿り、結果を取得または返却する
INSERT	受け取ったデータを指定されたテーブルに挿入する（ただし、INSERT …… SELECTのように検索結果をもとに挿入する場合は、SELECTの結果を受け取って同等の処理をする）
UPDATE	すべての更新対象となる列の値を含んだ行単位の演算結果とタプルID（TID）を返却する
DELETE	削除の処理（実際には削除用のフラグを立てるだけ）のために必要なタプルID（TID）を返却する

4.3.5：SQLの種別による動作

PostgreSQLで使われるSQLは、大別するとデータ操作を行うDMLとデータ定義を行うDDL(Data Definition Language)、トランザクションなどの制御を行うDCL(Data Control Language)の3種類があります。

DDLは「CREATE」「DROP」「ALTER」など、データベースオブジェクトの生成や削除、変更を行うコマンドです。DCLは「BEGIN」「COMMIT」「ROLLBACK」など、トランザクションの制御のためのコマンドです。

DDLとDCLはDMLと同様にパーサとリライタを経由してプランナに問い合わせツリーを渡しますが、プランの選択がないため、何も行わずにプランナを抜けます。さらにエグゼキュータでは処理をせず、対応する個々のコマンドを実行します。

4.4　トランザクション

トランザクション処理とは、お互いに関連する複数の処理を、トランザクションと呼ばれる不可分な処理単位として扱うことです。トランザクション処理はPostgreSQLをはじめとするRDBMSの根幹となる機構です。ここでは、トランザクション処理の概要と、PostgreSQLでのトランザクション処理の対応について説明します。

4.4.1：トランザクションの特性

トランザクションは、大きく4つの要件を満たす必要があります。

原子性（atomicity）

複数の処理を1つにまとめて、それらの処理がすべて実行されたか、またはまったく実行されないかのどちらかの結果となることです。

一貫性（consistency）

トランザクションの開始および終了時点で、業務として規定された整合性を満たすことです。

独立性（isolation）

作業中のトランザクションによる更新は、確定するまでほかのトランザクションから不可視となることです。

永続性（durability）

確定したトランザクションの結果はデータベースに永続的（恒久的）に保存されることです。

4.4.2：トランザクションの制御

PostgreSQLでは、トランザクションの制御には「BEGIN」（開始）、「COMMIT」（確定）、「ROLLBACK」（破棄）を使用します。また、分離レベルの指定には「SET TRANSACTION」を使用します。

トランザクションが異常状態になると、後続するデータ操作コマンドはすべてエラーになります。このような場合は、トランザクションを破棄（ROLLBACK）して開始前の状態に戻します。

4.4.3：トランザクションの分離レベル

トランザクションは、同時に1つだけ実行されるとは限りません。複数のトランザクションが同時に実行された場合に、それぞれのトランザクション間で相互に与える影響の度合いを示すものが、トランザクションの分離レベルです。

トランザクションの分離レベルは、標準SQLでは**表4.2**のように規定されています。トランザクションの分離レベルが弱い（ほかのトランザクションの影響を受けやすい）場合、ダーティリード、反復不能読み取り、ファントムリードといった影響が発生し、意図しない結果になることがあります（**表4.3**）。

PostgreSQLでは、これら分離レベルのうち、「リードコミッティド（READ

表4.2 トランザクション分離レベル

分離レベル	意味	PostgreSQLでの扱い
リードアンコミッティド(READ UNCOMMITTED)	コミットされていないデータが参照される可能性がある	この指定を行ってもREAD COMMITTEDとして扱う
リードコミッティド(READ COMMITTED)	問い合わせが実行される直前までにコミットされたデータのみを参照する	デフォルトの分離レベル
リピータブルリード(REPEATABLE READ)	トランザクションが開始される前までにコミットされたデータのみを参照する。単一トランザクション内の連続するSELECTコマンドは、常に同じデータを参照する	
シリアライザブル(SERIALIZABLE)	最も厳しいトランザクションの分離レベル。並列実行された複数のトランザクションの実行であっても、逐次的に扱われたものと同じ結果を要求される	

表4.3 分離レベルが不十分な場合の挙動

事象	説明	抑止可能な分離レベル
ダーティリード	同時に実行されているほかのトランザクションが書き込んだ、コミット前のデータを読み込んでしまう	リードコミッティド(READ COMMITTED)
反復不能読み取り	同一トランザクション内で一度読み込みを行い、2回目の読み込みの間に、別トランザクションで更新とコミットがされた場合、その別トランザクションの影響を受け、値が変わってしまう	リピータブルリード(REPEATABLE READ)
ファントムリード	同一トランザクション内で一度読み込みを行い、2回目の読み込みの間に、別トランザクションで挿入とコミットがされた場合、その別トランザクションの影響を受け、検索結果が変わってしまう(レコードの増減を含む)	シリアライザブル(SERIALIZABLE)

COMMITTED)」「リピータブルリード(REPEATABLE READ)」「シリアライザブル(SERIALIZABLE)」を指定できます。なお、リードアンコミッティド(READ UNCOMMITTED)レベルを指定した場合もリードコミッティドと同じ挙動となるので、事実上PostgreSQLではダーティリードは発生しません。

トランザクション分離レベルは必ずしも分離レベルが高ければよいというものではなく、システムの要件によって許容可能な分離レベルを選択する必要があります。PostgreSQLでは、分離レベルが比較的低いリードコミッティドをデフォルトの挙動としています。これは通常のアプリケーション要件ではリードコミッティドの分離レベルで十分かつ扱いやすいためだと考えられます。

反復不能読み取りやファントムリードが発生することで、アプリケーションとして致命的な問題が発生する場合には、リピータブルリードやシリアライザブルのレベルの指定を検討する必要があります。ただし、リピータブルリードやシリアライザブルを指定した場合、同時実行中のトランザクションの直列化に失敗する可能性がでてくるため、失敗したトランザクションの再実行などは別途考慮する必要があります。

リピータブルリードやシリアライザブルの分離レベルにおいて、直列化が失敗するケースを**図4.4**、**図4.5**に示します。

Column postgres_fdwのトランザクション分離レベル

PostgreSQL自体のデフォルトのトランザクション分離レベルはリードコミッティドですが、PostgreSQLの拡張機能 contrib/postgres_fdw モジュール内で実行されるリモートトランザクションの分離レベルはリードコミッティドではなく、リピータブルリードまたはシリアライザブル(ローカルトランザクションのトランザクションの分離レベルがシリアライザブルの場合)となります。

図4.4　直列化が失敗するケース（リピータブルリード）

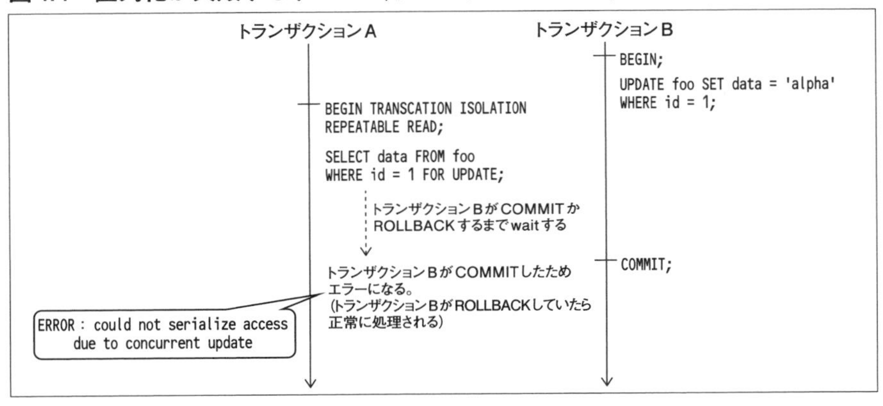

図4.5　直列化が失敗するケース（シリアライザブル）

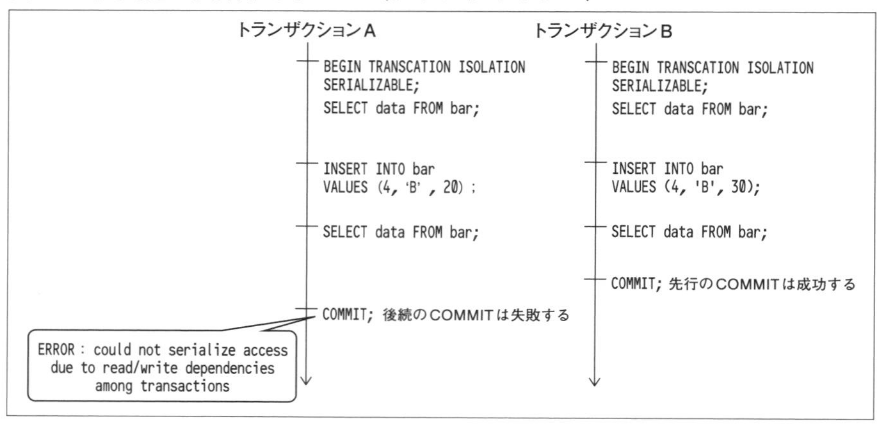

4.5 ロック

トランザクションからの同時実行を確実にするため、テーブル／行に対して明示的なロックを獲得できます。テーブル単位のロックはLOCKコマンドを使用します。行単位のロックは、SELECTコマンドのオプション指定としてSELECT FOR UPDATEまたはSELECT FOR SHAREを使用します。

表4.4　ロックモード一覧

ロックモード	獲得タイミング
ACCESS SHARE	SELECTによる参照で獲得される
ROW SHARE	SELECT FOR UPDATE、SELECT FOR SHARE、FOR NO KEY UPDATE、FOR KEY SHAREで獲得される
ROW EXCLUSIVE	INSERT、UPDATE、DELETEで獲得される
SHARE UPDATE EXCLUSIVE	VACUUM、ANALYZE、CREATE INDEX CONCURRENTLY、およびALTER TABLE(SET STATISTICS), SET (attribute = value), RESET (attribute = value), VALIDATE CONSTRAINT, CLUSTER ON, SET WITHOUT CLUSTER, で獲得される
SHARE	CREATE INDEX実行のタイミングで獲得される
SHARE ROW EXCLUSIVE	同一セッション内での競合を防止するためのロックモード。明示的にこのロックモードを獲得するコマンドはない
EXCLUSIVE	明示的にこのロックモードを獲得するコマンドはない
ACCESS EXCLUSIVE	ALTER TABLE※、DROP TABLE、TRUNCATE、REINDEX、CLUSTER、VACUUM FULLで獲得される。LOCK TABLEコマンド発行時のデフォルトのロックモード

※表内で明記されていない動作はACCESS EXCLUSIVEになる

また、PostgreSQLは、明示的なロックを獲得していない場合でも、SQL実行の裏で適切なモードのロックを自動的に獲得します。SQL実行で獲得されるロックモードは**表4.4**のように分類されます。また各ロックモードが競合した場合は**表4.5**、**表4.6**のようになります。

明示的なロックを使用する場合、発行順序によってはデッドロックが発生する可能性があります。PostgreSQLにはデッドロックを検知する機構があります。デッドロックを検知した場合には、起因となったトランザクションの片方を中断します(中断されたトランザクションは必要に応じて再実行する必要があります)。

単純なデッドロックの例を**図4.6**に示します。

表4.5　ロックモード間の競合（○：競合しない、×：競合する）

ロックモード	ACCESS SHARE	ROW SHARE	ROW EXCLUSIVE	SHARE UPDATE EXCLUSIVE	SHARE	SHARE ROW EXCLUSIVE	EXCLUSIVE	ACCESS EXCLUSIVE
ACCESS SHARE	○	○	○	○	○	○	○	×
ROW SHARE	○	○	○	○	○	○	×	×
ROW EXCLUSIVE	○	○	○	○	×	×	×	×
SHARE UPDATE EXCLUSIVE	○	○	○	×	×	×	×	×
SHARE	○	○	×	×	○	×	×	×
SHARE ROW EXCLUSIVE	○	○	×	×	×	×	×	×
EXCLUSIVE	○	×	×	×	×	×	×	×
ACCESS EXCLUSIVE	×	×	×	×	×	×	×	×

表4.6　ROW SHAREの詳細な競合（○：競合しない、×：競合する）

ロックモード	FOR KEY SHARE	FOR SHARE	ROW SHARE	FOR UPDATE
FOR KEY SHARE	○	○	○	×
FOR SHARE	○	○	×	×
FOR NO KEY UPDATE	○	×	×	×
FOR UPDATE	×	×	×	×

図4.6　単純なデッドロックの例

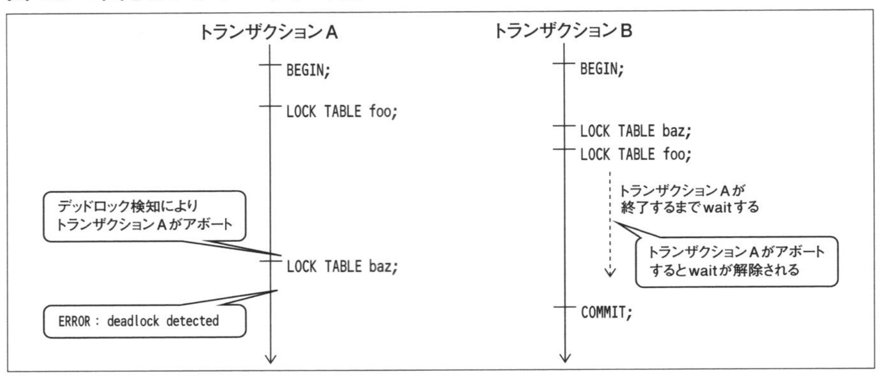

Column　勧告的ロック

リソースへの暗黙的なロックやLOCKコマンドによる明示的なロックのほかに、アプリケーション固有の排他制御を行いたい場合に使用する「勧告的ロック」と呼ばれる機構があります。

勧告的ロックの使用はアプリケーション側で責任をもって管理する必要があります。たとえば、トランザクション内で勧告的ロックを行った後、トランザクションがロールバックしても、その勧告的ロックは自動的に解放されませんし、デッドロック相当の状態になってもPostgreSQL側でそれを検知して解消するといったことも行いません。

勧告的ロックについてはPostgreSQL文書の「13.3.5. 勧告的ロック」を参照してください。

4.6　同時実行制御

PostgreSQLは追記型アーキテクチャを採用することで、MVCC(Multi Version Concurrency Control：多版型同時実行制御)と呼ばれる同時実行制御方式を実現しています。

追記型アーキテクチャとは、データの更新時にもともとあったデータを直接更新するのではなく、更新前のデータはそのままに更新後のデータを追記するという仕組みです(**図4.7**)。

PostgreSQLでは、データが挿入/更新されたときに、トランザクションを識別するためのトランザクションID(XID)が付与されます。つまり、テーブルデータの各行にXIDを保持した状態です。複数のトランザクションが異なるXIDのデータを取得することで、それぞれが異なる時点のデータを参照できます。

追記型アーキテクチャをもとに実装されたMVCCにより、トランザクションの同時実行制御という複雑な仕組みを、比較的簡易に実装できるという利点があります。その代わりに、古い行のデータが物理的に格納領域を使用することや、それらの領域を再利用するための仕組みが別途必要になるという欠点があります。

更新前の古い行を参照するトランザクションが存在しなくなると、不要領域として扱われます(この時点では再利用できない領域です)。PostgreSQLではバキューム処理によって更新前の古い行があった領域を空き領域マップに記録し、再利用可能とします。

以前のPostgreSQLでは、このバキューム処理が運用上の重要な課題となっていましたが、PostgreSQL 8.3で採用されたHOT(Heap Only Tuple)や、

図4.7 追記型アーキテクチャ

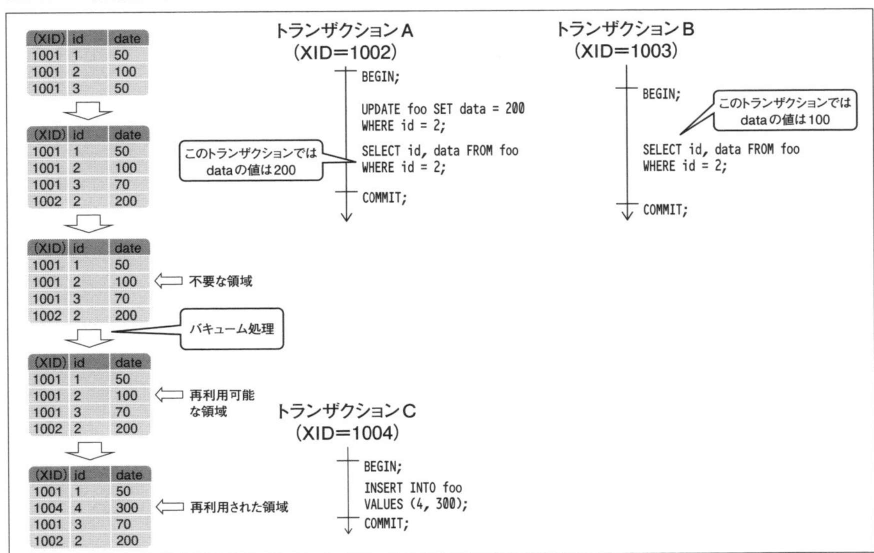

自動バキューム機能の強化により、バキューム処理を意識する必要がなくなってきました。

鉄則

- ☑ **SQL 実行時に自動的に設定されるロック種別を設計／運用に活かします。**
- ☑ **必要に応じてトランザクションの分離レベルを分けます。**

Part 2

設計／計画編

設計や運用計画は適切ですか？　過去の案件での設計を踏襲しているので大丈夫、という方もいるかもしれません。たしかに、過去の成功事例は何にも代えがたい重要なノウハウでしょう。しかし、ノウハウが活かせない新規案件の場合はどうしたらよいでしょう？本Partでは「なぜ」といった部分も含めて解説します。いざという場面で応用がきくように、その理由も含めて習得しましょう。

第5章

テーブル設計

理想的なテーブル設計はRDBMSに依存しないことですが、現実には各RDBMSに特化した知識が必要になることも多くあります。本章では、データ型や制約のテーブル設計だけでなく、TOAST、結合などPostgreSQL固有のノウハウも説明します。PostgreSQLの機能を活用したテーブル設計ができるように、しっかりと身につけましょう。

5.1 データ型

PostgreSQLはさまざまなデータ型をサポートしていますが、基本的に用いられるデータ型は**表5.1**の種別に分けられます。

以降、通常の運用で用いられるデータ型とその選択方針について見ていきます。特定用途向けのデータ型（JSON型やXML型など）はPostgreSQL文書「第8章：データ型」を参照してください。

5.1.1：文字型

文字型は名前のとおり文字列を格納するためのデータ型です。通常使用される文字型には**表5.2**の3種類があります。

文字型は、格納時に次の規則に従います。固定長文字列を格納するchar型（character(n)）も同じ規則が適用されることに注意が必要です。

表5.1　基本的なデータ型の種別

データ型	説明
文字型	任意の長さの文字を格納する。格納される文字はデータベースに指定されたエンコーディングで規定された範囲に限定される
数値データ型	数値データをバイナリ表現で格納する
日付／時刻データ型	日付や時刻、時間間隔をバイナリ表現で格納する
バイナリ列データ型	任意の長さのバイト列を格納する。文字型とは異なり、データベースエンコーディングで規定された範囲外の文字や任意の値のバイトを格納できる

表5.2　文字型

型名	説明
character varying(n)、varchar(n)	上限n文字までを格納可能な可変長データ型
character(n)、char(n)	上限n文字までを格納可能な固定長データ型。格納時にn文字に満たない場合は末尾に空白を付与して格納する。検索時にも末尾の空白を含めた結果が取得される
text	上限指定なしの可変長データ型(最大1GBまで格納可能)

- 文字列長が126バイト以下の場合、ヘッダ情報として1バイト使用する
- 文字列長が127バイト以上の場合、ヘッダ情報として4バイト使用する
- 非常に長い文字列(テーブル内に格納される値が2kBを超える)の場合、TOAST領域に分割して格納される

文字列がデータベース内に格納されているイメージを**図5.1**に示します。

文字型は基本的にはtext型(可変長、データサイズ上限指定なし)を用いることが推奨されます。text型は最大で1GBまで格納することが可能です。char型は使用領域、性能上の観点からはメリットがありませんが、列値として末尾に空白が存在していることを前提とした使い方をするときに使用します。varchar型はtext型とほぼ同じですが、格納時のサイズ上限のチェックが行われます。サイズ上限のチェックのため、ごくわずかですがtext型よりも遅くなります(通常、無視できる程度の差です)。

Column　内部的に使用される文字型

PostgreSQLにはシステムカタログ内で使用される特殊な文字型が2種類ありますが、ユーザがカラムの型を定義するときに使うものではありません。

1つは"char"型(二重引用符が付いた型名)で、1バイトの領域しか使用しません。もう1つはname型で、PostgreSQLで使用される識別子の格納のために使用されます(型の長さはPostgreSQL自体のコンパイル時に決定され、通常は64バイトの領域を持ちます)。

図5.1　文字型の格納イメージ

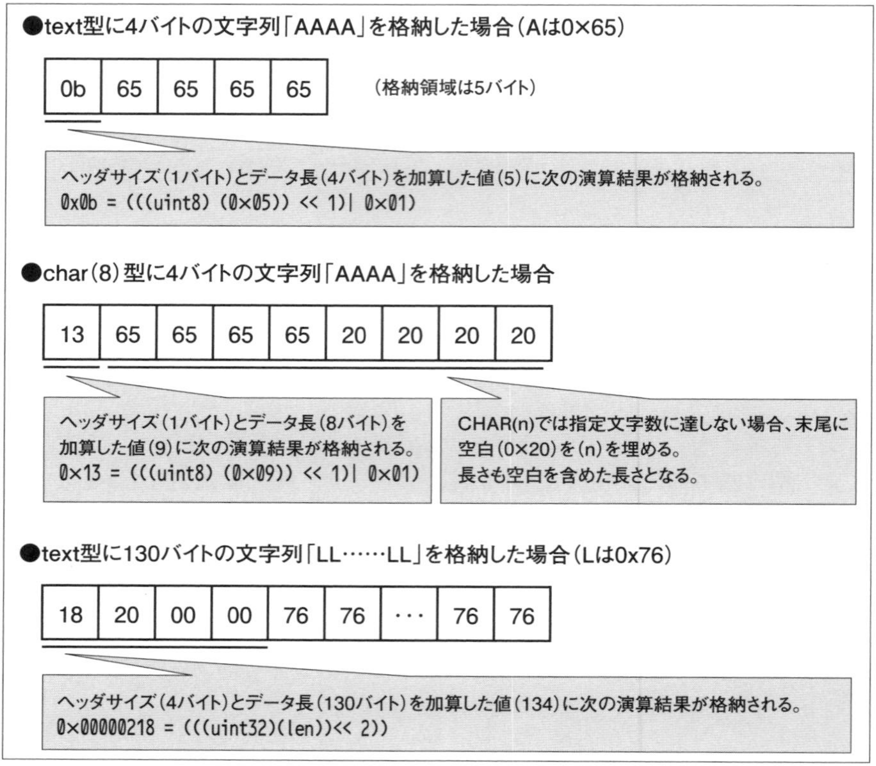

●text型に4バイトの文字列「AAAA」を格納した場合（Aは0×65）

0b	65	65	65	65

（格納領域は5バイト）

ヘッダサイズ（1バイト）とデータ長（4バイト）を加算した値（5）に次の演算結果が格納される。

```
0x0b = (((uint8) (0×05)) << 1)| 0×01)
```

●char(8)型に4バイトの文字列「AAAA」を格納した場合

13	65	65	65	65	20	20	20	20

ヘッダサイズ（1バイト）とデータ長（8バイト）を加算した値（9）に次の演算結果が格納される。

```
0×13 = (((uint8) (0×09)) << 1)| 0×01)
```

CHAR(n)では指定文字数に達しない場合、末尾に空白（0×20）を（n）を埋める。
長さも空白を含めた長さとなる。

●text型に130バイトの文字列「LL……LL」を格納した場合（Lは0x76）

18	20	00	00	76	76	・・・	76	76

ヘッダサイズ（4バイト）とデータ長（130バイト）を加算した値（134）に次の演算結果が格納される。

```
0×00000218 = (((uint32)(len))<< 2))
```

Column　char型に対する文字列操作の注意点

PostgreSQLの文字列操作関数や文字列操作演算子は、文字列を入力する場合、char型、varchar型、text型をそれぞれ受け付けます。しかし、固定長文字列をこうした文字列関数や文字列操作演算子で扱う場合、空白の扱いが異なる場合があるため注意が必要です。

たとえば**コマンド5.A**のようなchar(8)とvarchar(8)の場合、concat関数でchar(8)の列とvarchar(8)の列を連結した場合と、||演算子で連結した場合では、char(8)の末尾空白を除去せずに連結するか、末尾空白を除去して連結するかの違いがあります。

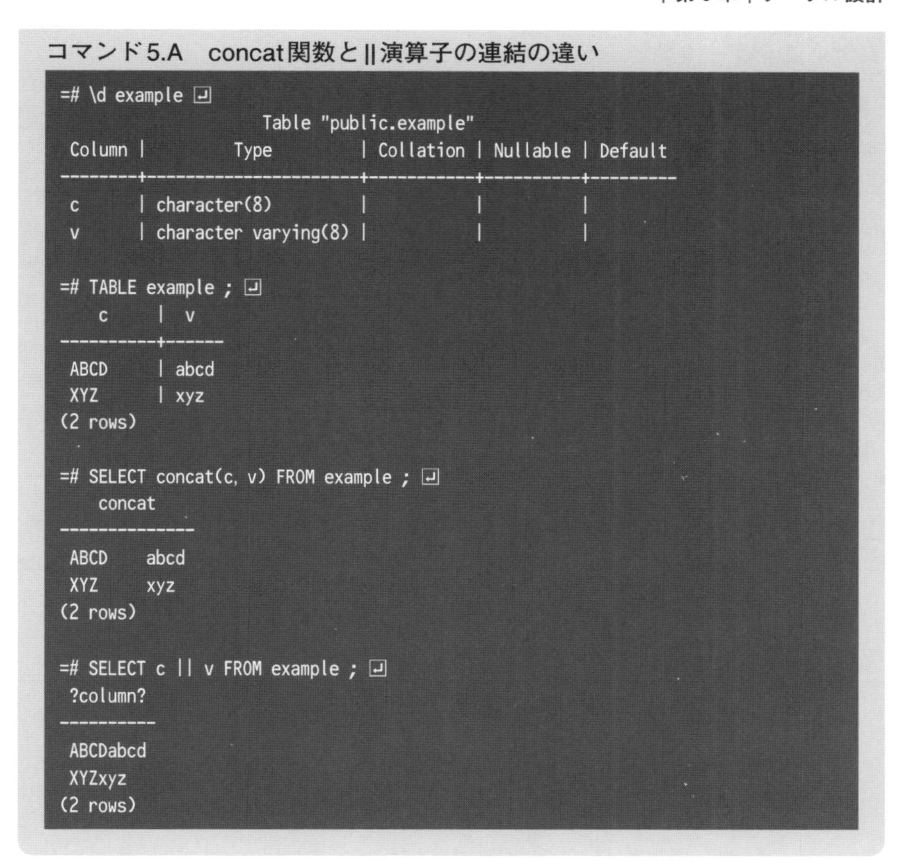

コマンド5.A　concat関数と||演算子の連結の違い

```
=# \d example ↵
                    Table "public.example"
 Column |         Type         | Collation | Nullable | Default
--------+----------------------+-----------+----------+---------
 c      | character(8)         |           |          |
 v      | character varying(8) |           |          |

=# TABLE example ; ↵
    c     | v
----------+------
 ABCD     | abcd
 XYZ      | xyz
(2 rows)

=# SELECT concat(c, v) FROM example ; ↵
    concat
--------------
 ABCD    abcd
 XYZ     xyz
(2 rows)

=# SELECT c || v FROM example ; ↵
 ?column?
----------
 ABCDabcd
 XYZxyz
(2 rows)
```

5.1.2：数値データ型

数値データ型はバイナリ形式で数値を管理する型の総称で、**表5.3**に挙げる種類があります。また、整数データ型、浮動小数点データ型、任意精度の数値型の格納イメージを**図5.2**に示します。

数値データ型は用途により使い分けることが推奨されます(**図5.3**)。最初に格納する値として、整数値のみか小数値を含むかどうかで型を選択します。整数値を格納するデータ型にはsmallint、integer、bigintの3種類から利用したい範囲に合わせて選択します。小数値を含む場合は、システムで扱うのに必要な精度により型を選択します。

表5.3 数値データ型

型名	格納サイズ(バイト)	説明	範囲
smallint	2	整数データ型	-32768~32767
integer	4	整数データ型	-2147483648~2147483647
bigint	8	整数データ型	-9223372036854775808~9223372036854775807
decimal	可変長	正確な精度を保持する(小数も指定可能)	小数点より上は131072桁まで、小数点より下は16383桁まで
numeric	可変長	正確な精度を保持する(小数も指定可能)	小数点より上は131072桁まで、小数点より下は16383桁まで
real	4	6桁の精度を持つ不正確なデータ型(小数も指定可能)。格納形式はIEEE規格754の実装	
double precision	8	15桁の精度を持つ不正確なデータ型(小数も指定可能)。格納形式はIEEE規格754の実装	
smallserial	2	連番型。内部的にシーケンスを生成し、デフォルト値としてシーケンスから払い出された値を設定する。シーケンスを使用しているため連番の抜けが発生するケースもある	
serial	4		
bigserial	8		

図5.2 数値データ型の格納イメージ

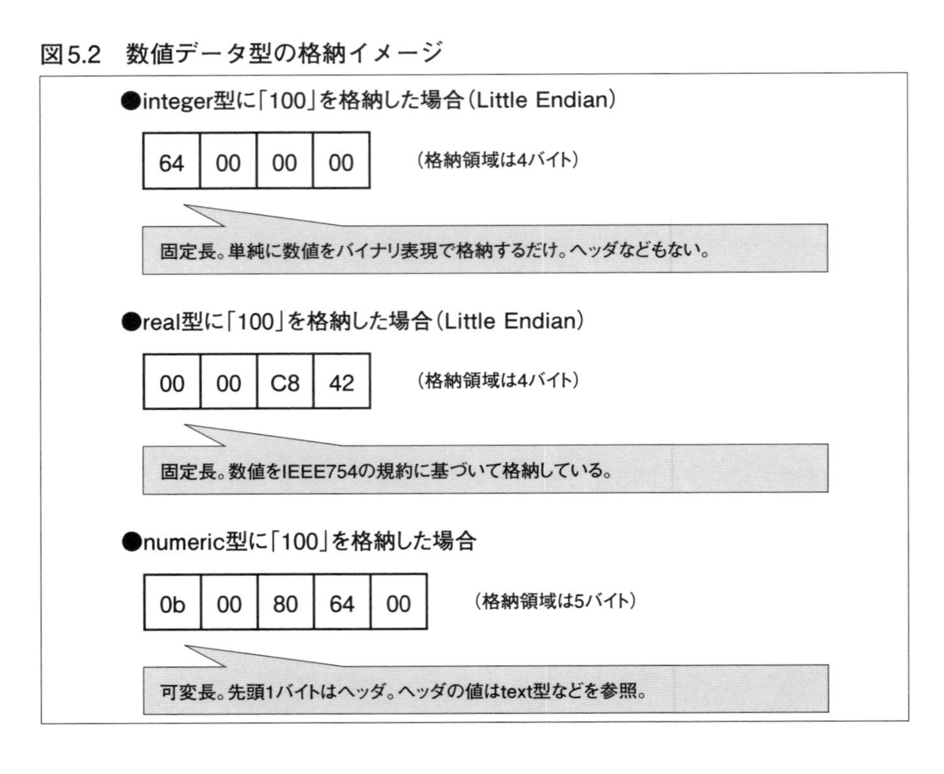

図5.3　数値データ型の選択フロー

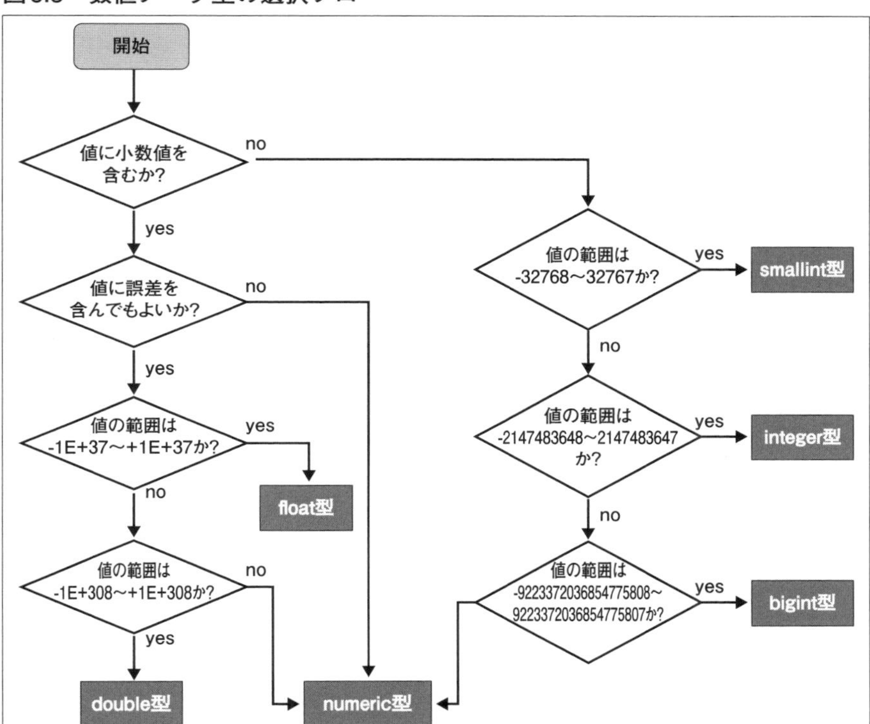

5.1.3：日付／時刻データ型

日付／時刻データ型(**表5.4**)は、日付型と時刻型、さらにこれらを組み合わせたタイムスタンプ型、時間間隔を示すインターバル型に大別されます。時刻型とタイムスタンプ型は、タイムゾーン(time zone)の有無によりさらに分けられます。**図5.4**に日付型、タイムスタンプ型、インターバル型の格納イメージを示します。

タイムゾーンありのtime型およびtimestamp型は、実際にはUTC(世界協定時。グリニッジ標準時とほぼ同じ)で格納されています。検索結果としてタイムゾーンありのデータを表示する場合、クライアントに返却する前に指定したタイムゾーンに合わせた時刻にサーバ側で変換されます。

表5.4 日付/時刻データ型

型名	格納サイズ(バイト)	説明	範囲
timestamp [(*p*)] [without timezone]	8	日付と時刻両方(時間帯なし)保持する	紀元前4713年~西暦294276年
timestamp [(*p*)] with time zone	8	日付と時刻両方(時間帯あり)保持する	紀元前4713年~西暦294276年
date	4	日付を保持する	紀元前4713年~西暦5874897年
time [(*p*)] [without timezone]	8	時刻を保持する	00:00:00~24:00:00
time [(*p*)] with time zone	12	時刻を保持する	00:00:00+1459~24:00:00-1459
interval [*fields*] [(*p*)]	16	時間間隔を保持する	-178000000年~178000000年

図5.4 日付/時刻データ型の格納イメージ

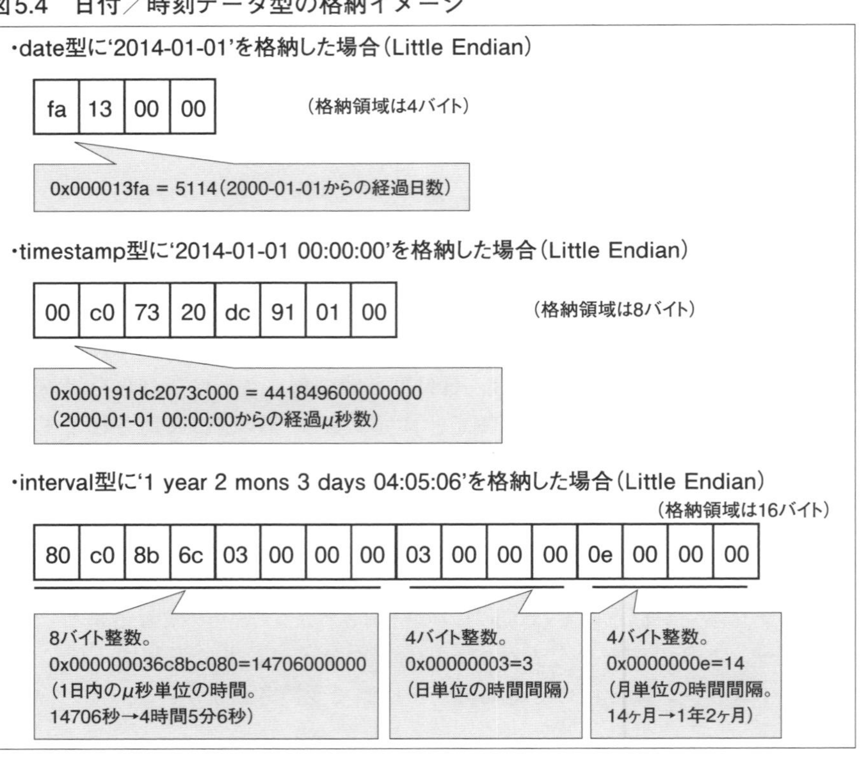

タイムゾーン

PostgreSQLではタイムゾーンの指定方式として3つの方式をサポートしています(**表5.5**)。タイムゾーンの指定例を**コマンド5.1**に示します。JSTは日本の、GMTはグリニッジ標準時のタイムゾーンの略称です。

時刻型にタイムゾーンを含めるかどうかは、システムで扱う情報が時間帯を跨がる必要があるかどうかによります。1つの時間帯に時刻情報が収まるようなケース(たとえば日本国内の時刻のみを意識すればよいケース)では、タイムゾーンなしの型で問題ないと考えられます。タイムゾーンを含む場合は、time with time zoneよりtimestamp with time zoneを使用するほうが望ましいです。これはtime型のみでは日付情報を持っていないために、夏時間への対応が不十分となることと、データ格納領域の観点からもtime with time zoneよりtimestamp with time zoneのほうが有利だからです。

表5.5 タイムゾーンの指定方式

指定方式	説明
正式名の指定	タイムゾーンの正式名称を指定する。タイムゾーン名は大文字/小文字を区別しない。タイムゾーン名の一覧は、システムカタログのpg_timezone_namesビューで確認できる
略称の指定	タイムゾーンの略称を指定する。略称は大文字/小文字を区別しない。タイムゾーン名の略称の一覧は、システムカタログのpg_timezone_namesビューまたはpg_timezone_abbrevsビューで確認できる
オフセットの指定	略称とオフセットを指定する

コマンド5.1 タイムゾーンの指定例

```
=# SELECT '1999-10-29 01:30:00'::timestamptz; ↵
      timestamptz
------------------------
 1999-10-29 01:30:00+09
(1 row)

=# SELECT '1999-10-29 01:30:00 JST'::timestamptz; ↵
      timestamptz
------------------------
 1999-10-29 01:30:00+09
(1 row)

=# SELECT '1999-10-29 01:30:00 GMT'::timestamptz; ↵
      timestamptz
------------------------
 1999-10-29 10:30:00+09
(1 row)
```

Column アンチパターン：文字型で日時を管理する

日付や時刻は表示可能な文字で表現することも可能なので、日時を文字型に格納するケースがありますが、これは2つの観点から望ましくありません。

1つ目は格納領域が無駄になることです。たとえばYYYY-MM-DD形式の日付をvarchar型へ格納すると、ヘッダ(1バイト)＋10バイトの領域をとることになりますが、date型であれば4バイトで済みます。同様にYYYY-MM-DD hh:mm:ss形式の日付をvarchar型へ格納すると、ヘッダ(1バイト)＋19バイトの領域をとることになりますが、timestamp型であれば8バイトで済みます。

2つ目は日時に関する演算が文字型のままではできないためです。date型またはtimestamp型であれば、PostgreSQLで用意しているさまざまな演算関数をそのまま使用できます。文字型で格納した場合は、いったん、日付／時刻データ型へ型変換するか、自分で演算処理を作成する必要があります。このため、日時を文字型で管理することは避けるべきです。

アプリケーションなどで日時を文字型として扱いたい場合などは、日付／時刻データ型をtext型でキャストした結果を取得することで対応できます。

5.1.4：バイナリ列データ型

バイナリ列データ型を扱う場合は、基本的にbytea型を使用します。しかし格納するデータ量が非常に大きい場合やデータの一部のみを書き換えるなどの使い方を想定する場合は、ラージオブジェクトの使用も検討してください。

定量制限として、bytea型では最大で1GBまでしか格納できません。ラージオブジェクトは4TBまで格納できます。性能の観点では、格納するデータ量が大きい場合、内部でのデータコピー量が多くなることからbytea型へのアクセス性能が悪くなる傾向があります。格納するデータ量が100kBまではbytea型を、それ以上の場合にはラージオブジェクトを使用することを推奨します。

ラージオブジェクトは、PostgreSQL内部での管理方法やアクセス方法がbytea型とはまったく異なります。ラージオブジェクト型のようなデータ型があるわけではなく、テーブル定義上はラージオブジェクトへのポインタとなるラージオブジェクト識別子(oid型)の列を定義します。

図5.5　ラージオブジェクトの管理

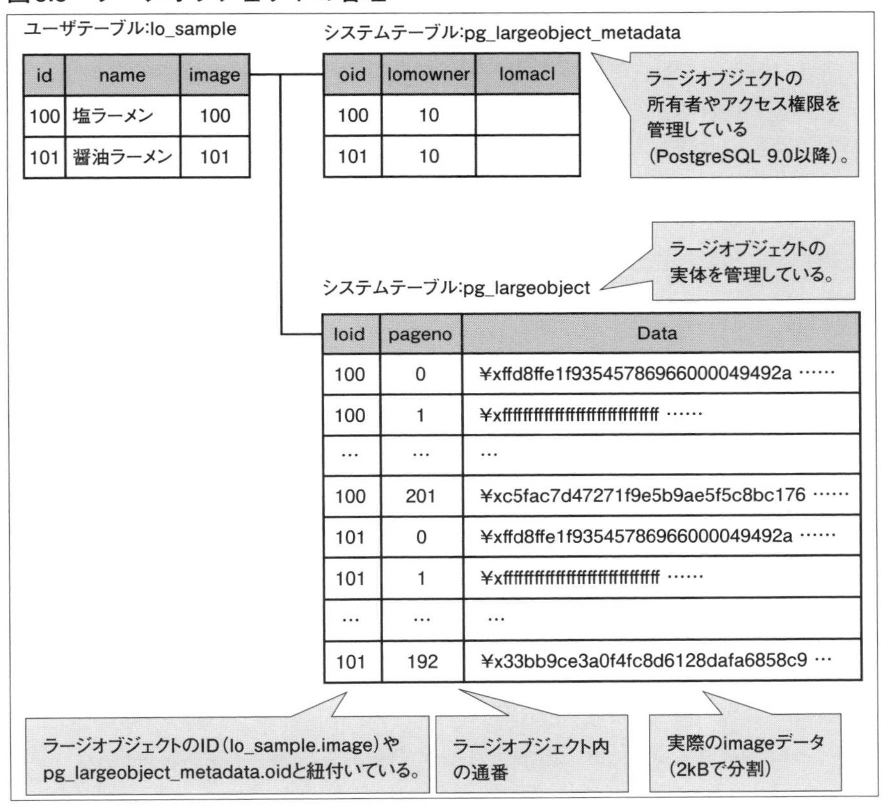

ラージオブジェクトの実体はpg_largeobjectというシステムテーブルに格納されます。ラージオブジェクトデータはTOASTと同様に2kB単位のチャンクとして分割して格納されます(**図5.5**)。

ラージオブジェクトへのアクセスは、OSのファイルアクセスに似たAPIを用いて、任意の箇所へシーク／読み込み／書き込みを行います。ラージオブジェクトの詳細な使用方法はPostgreSQL文書の「第35章：ラージオブジェクト」を参照してください。

Column JSON型とJSONB型

PostgreSQL 9.4からはJSON型だけではなく、JSONB型というデータ型が追加されました。JSON型とJSONB型の実装上の違いは格納方法にあります。JSON型はJSON文字列そのものを格納しますが、JSONB型はJSON演算子を高速に処理するためのバイナリ形式として格納します。このため、挿入処理はJSON型が、JSON演算子を用いた検索処理はJSONB型が高速です。用途に応じて両者を使い分けることも重要です。

Column 型名のエイリアス

PostgreSQLでは、異なる名称で同じ意味を示すデータ型がいくつか存在します。たとえば、整数値型を示す型名として、int2(smallintと同じ)、int4(integerと同じ)、int8(bigintと同じ)を使用できます。同様に、numericと同等のdecimalや、double precisionと同等のfloatという型名を使用できます。

なお、PostgreSQLのシステムカタログ(pg_type.typname)上では、SQL標準規定のsmallint、integer、bigintではなく、int2、int4、int8が登録されています。しかし、**psql**の\dメタコマンドで列の情報を表示するときにはsmallint、integer、bigintの名前で表示されます(**コマンド5.B**)。これは、\dメタコマンドで発行されるSQL内で使用している、pg_catalog.format_type()の中で変換しているためです。

コマンド5.B　\dメタコマンドでの表示

```
=# CREATE TABLE foo (c1 INTEGER, c2 int4, c3 SMALLINT, c4 int2); ↵
CREATE TABLE
=# \d foo ↵
                Table "public.foo"
 Column |   Type   | Collation | Nullable | Default
--------+----------+-----------+----------+---------
 c1     | integer  |           |          |
 c2     | integer  |           |          |
 c3     | smallint |           |          |
 c4     | smallint |           |          |
```

5.2 制約

5.2.1：主キー

主キーは、テーブルの行を一意に特定するため、PRIMARY KEY指定で明示的に設定する列の集合です。PostgreSQLでは主キーに対して、暗黙のうちにB-treeインデックスが設定されます。

5.2.2：一意性制約とNOT NULL制約

一意性制約とNOT NULL制約により、それぞれ列値に重複がないこと、NULLを含まないことを保証できます。なお、暗黙のB-treeインデックスは主キーだけでなく、一意性制約が定義された列にも作成されます(**コマンド5.2**)。

5.2.3：外部キー制約

複数のテーブル間でデータの整合性をとる(参照整合性と呼びます)場合、外部キーを使用します。外部キーを指定する場合、REFERENCESで指定することで、指定した先のテーブルに存在しない値を、該当の列値として使用できなくなります。

また、RESTRICT指定により、参照先の行への削除を抑止したり、CASCADE指定により他テーブルに依存している行を同時に削除することもできます。更新についても同様の指定が可能です(**コマンド5.3〜コマンド5.6**)。

コマンド5.2　暗黙的なインデックスの設定

```
=# CREATE TABLE foo (id1 int unique not null, id2 int unique, data1 int, data text); ⏎
CREATE TABLE
=# \d foo ⏎
                Table "public.foo"
 Column |  Type   | Collation | Nullable | Default
--------+---------+-----------+----------+---------
 id1    | integer |           | not null |
 id2    | integer |           |          |
 data1  | integer |           |          |
 data   | text    |           |          |
Indexes:
    "foo_id1_key" UNIQUE CONSTRAINT, btree (id1)
    "foo_id2_key" UNIQUE CONSTRAINT, btree (id2)
```

外部キー制約の注意点

外部キー制約は複数のテーブル間でデータの整合をとるために非常に有効ですが、PostgreSQLで使う場合にはいくつか注意点があります。

1つ目の注意点は、外部キーには暗黙的なインデックスが設定されない点です。たとえばテーブルAの主キー列をテーブルBの外部キー列として指定した場合、テーブルAの主キー列には暗黙的なインデックスが設定されますが、テーブルBの外部キー列には暗黙的なインデックスが設定されません。この状態でテーブルBの外部キー列を条件とするクエリを発行した場合、テーブルBをフルスキャンしてしまいます。これを防止するため、外部キー側にも明示的なインデックスを必要に応じて設定してください。

2つ目の注意点は、テーブル間で外部キーの型を一致させることです。通常は異なる型で外部キーを作成することはないですが、もし型が異なる場合には型変換や関数で型を一致させる必要があります。

コマンド5.3　外部キー制約の例

```
=# \d ⏎
          List of relations
 Schema |    Name     | Type  |  Owner
--------+-------------+-------+----------
 public | order_items | table | postgres
 public | orders      | table | postgres
 public | products    | table | postgres
(3 rows)

=# \d products ⏎
              Table "public.products"
   Column   |  Type   | Collation | Nullable | Default
------------+---------+-----------+----------+---------
 product_no | integer |           | not null |
 name       | text    |           |          |
 price      | integer |           |          |
Indexes:
    "products_pkey" PRIMARY KEY, btree (product_no)
Referenced by:
    TABLE "order_items" CONSTRAINT "order_items_product_no_fkey" FOREIGN KEY (product_
no) REFERENCES products(product_no) ON DELETE RESTRICT

=# \d orders ⏎
                 Table "public.orders"
      Column      |  Type   | Collation | Nullable | Default
------------------+---------+-----------+----------+---------
```

（前ページからの続き）

```
 order_id         | integer |           | not null |
 shipping_address | text    |           |          |
Indexes:
    "orders_pkey" PRIMARY KEY, btree (order_id)
Referenced by:
    TABLE "order_items" CONSTRAINT "order_items_order_id_fkey" FOREIGN KEY (order_id)
REFERENCES orders(order_id) ON DELETE CASCADE

=# \d order_items ⏎
              Table "public.order_items"
   Column   |  Type   | Collation | Nullable | Default
------------+---------+-----------+----------+---------
 product_no | integer |           | not null |
 order_id   | integer |           | not null |
 quantity   | integer |           |          |
Indexes:
    "order_items_pkey" PRIMARY KEY, btree (product_no, order_id)
Foreign-key constraints:
    "order_items_order_id_fkey" FOREIGN KEY (order_id) REFERENCES orders(order_id) ON
DELETE CASCADE
    "order_items_product_no_fkey" FOREIGN KEY (product_no) REFERENCES products(product_
no) ON DELETE RESTRICT

=# TABLE products ; ⏎
 product_no |  name  | price
------------+--------+-------
        101 | Orange |    50
        102 | Banana |   150
        103 | Melon  |   300
(3 rows)

=# TABLE orders; ⏎
 order_id | shipping_address
----------+------------------
     1001 | Kanagawa
     1002 | Tokyo
(2 rows)

=# TABLE order_items ; ⏎
 product_no | order_id | quantity
------------+----------+----------
        101 |     1001 |        5
        102 |     1001 |        2
        101 |     1002 |        3
(3 rows)
```

コマンド5.4　外部キー制約による挿入失敗（例）

```
=# INSERT INTO order_items VALUES (104, 102, 1); ↵
ERROR:  insert or update on table "order_items" violates foreign key constraint "order_
items_product_no_fkey"
DETAIL:  Key (product_no)=(104) is not present in table "products".
```

コマンド5.5　外部キー制約による削除の抑止（例）

```
=# DELETE FROM products WHERE product_no = 101; ↵
ERROR:  update or delete on table "products" violates foreign key constraint "order_
items_product_no_fkey" on table "order_items"
DETAIL:  Key (product_no)=(101) is still referenced from table "order_items".
```

コマンド5.6　外部キー制約による削除のカスケード（例）

```
=# DELETE FROM orders WHERE order_id = 1002; ↵
DELETE 1
=# TABLE orders; ↵
 order_id | shipping_address
----------+------------------
     1001 | Kanagawa
(1 row)

=# TABLE order_items ; ↵
 product_no | order_id | quantity
------------+----------+----------
        101 |     1001 |        5
        102 |     1001 |        2
(2 rows)
```

5.2.4：検査制約

これまで述べてきた制約のほかに、任意の制約（検査制約）を指定できます。検査制約を用いることで、システム要件に合わせた列の値域を制約して、不正なデータが登録されないようにできます。PostgreSQLの検査制約には、列制約（1つの列に対する制約）、テーブル制約（複数の列に対する制約）の2種類があります。

列制約（1つの列に対する制約）

列定義にCONSTRAINT句と条件式を指定することで、列に対する検査制約を設定できます。たとえば、**コマンド5.7**ではinteger型の「price」に対して「0

コマンド5.7　検査制約（列制約）の例

```
=# CREATE TABLE book (id INTEGER PRIMARY KEY, name TEXT, price INTEGER CONSTRAINT ↩
positive CHECK (price >= 0)); ↵
CREATE TABLE
=# \d book ↵
                Table "public.book"
 Column |  Type   | Collation | Nullable | Default
--------+---------+-----------+----------+---------
 id     | integer |           | not null |
 name   | text    |           |          |
 price  | integer |           |          |
Indexes:
    "book_pkey" PRIMARY KEY, btree (id)
Check constraints:
    "positive" CHECK (price >= 0)

=# INSERT INTO book VALUES (1, 'PostgreSQL note', -1000); ↵
ERROR:  new row for relation "book" violates check constraint "positive"
DETAIL:  Failing row contains (1, PostgreSQL note, -1000).
```

以上の数」という検査制約を設定することで、負数の登録を抑止します。

テーブル制約

複数の列に関連するテーブル制約を指定したい場合には、列定義のリストとして「CHECK(*条件式*)」という形式で記述します。たとえば、**コマンド5.8**ではdiscountはpriceよりも必ず小さな値になるという制約を設定できます。

コマンド5.8　検査制約(テーブル制約)の例

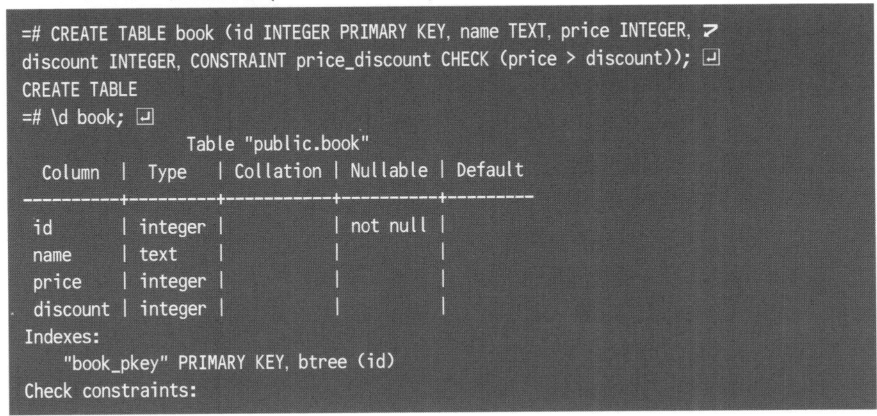

```
=# CREATE TABLE book (id INTEGER PRIMARY KEY, name TEXT, price INTEGER, ↩
discount INTEGER, CONSTRAINT price_discount CHECK (price > discount)); ↵
CREATE TABLE
=# \d book; ↵
                Table "public.book"
  Column  |  Type   | Collation | Nullable | Default
----------+---------+-----------+----------+---------
 id       | integer |           | not null |
 name     | text    |           |          |
 price    | integer |           |          |
 discount | integer |           |          |
Indexes:
    "book_pkey" PRIMARY KEY, btree (id)
Check constraints:
```

（前ページからの続き）

```
    "price_discount" CHECK (price > discount)

=# INSERT INTO book VALUES (1, 'PostgreSQL note', 1000, 1200); ⏎
ERROR:  new row for relation "book" violates check constraint "price_discount"
DETAIL:  Failing row contains (1, PostgreSQL note, 1000, 1200).
```

Column　検査制約の適用順序

1つの表に対して列制約やテーブル制約を複数記述できますが、その場合、どういった順序で制約が評価されるのかは、PostgreSQLバージョンによって異なります。

PostgreSQL 9.4までは、制約の評価順序は不定でした。PostgreSQL 9.5以降は、列制約およびテーブル制約の名称順に評価されます。どれか1つの制約に違反しても挿入や更新は失敗するので、制約の評価順序を意識して制約を定義する必要はありませんが、PostgreSQL 9.5以降では制約違反が発生した場合に出力されるエラーメッセージを確認することによって、どの制約まで妥当と評価されたのかが判断しやすくなりました。

Column　生成列

生成列は、ほかの列から計算された値をデフォルト値として設定する特殊な列です。生成列はPostgreSQL 12から使用できます。生成列に対するINSERTコマンドやUPDATEコマンドによる値の設定はできません。詳細はPostgreSQL文書「5.3. 生成列」を参照してください。

5.3 PostgreSQL固有のテーブル設計

5.3.1：TOASTを意識したテーブル設計

TOASTとは「The Oversized-Attribute Storage Technique：過大属性格納技法」の略称で、名前のとおり非常に大きな列の値を格納する実装技法です（**図5.6**）。

図5.6　TOAST格納のイメージ

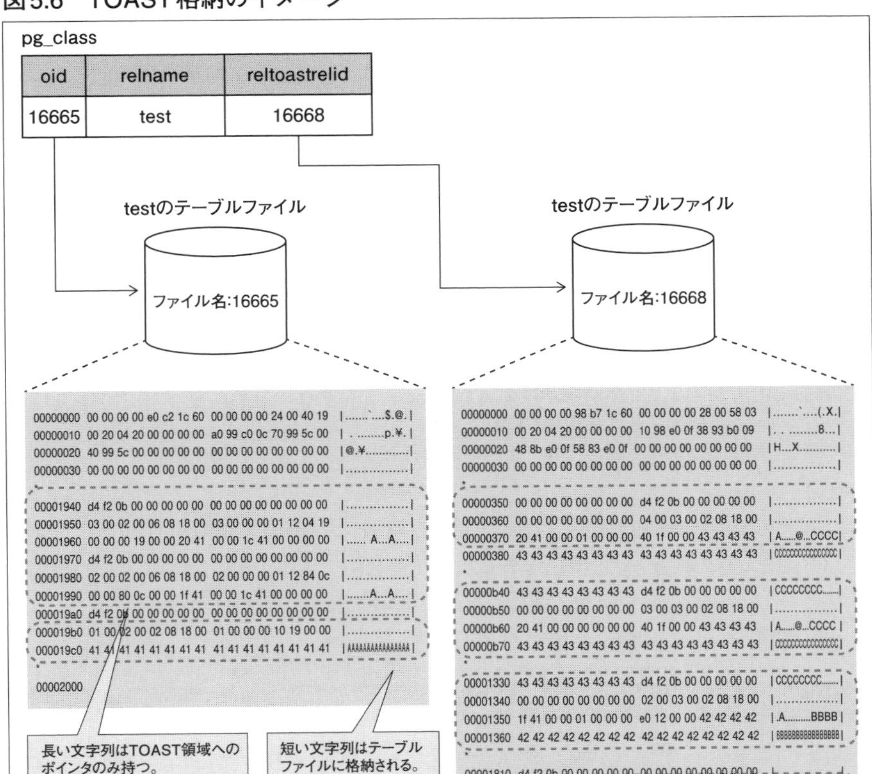

PostgreSQLサーバ側でこうした管理をすることで、データベースにアクセスするクライアントは1行のサイズが短くても長くても、とくにアクセス方式やSQLを変えることなくデータの参照や更新を行えます。

非常に大きなデータを1つの列に格納する場合や、大量の列を持ち1行の長さが大きくなる場合は、PostgreSQLではTOASTと呼ばれる特殊な領域にデータを配置し、データブロック内にはそのTOAST領域への参照情報を持ちます。TOAST化はテーブルに格納しようとする行のサイズが2kB[注1]を超えるときに実行されます。TOAST化の処理では、行のサイズが2kBより小さくなる

注1　通常は2kBです。ソースファイルからPostgreSQLをビルドするときにファイルのブロックサイズを変更した場合、そのブロックサイズの1/4のサイズとなります。

表5.6　TOASTの格納方法

指定方式	説明	対応する主なデータ型
PLAIN	圧縮や行外への格納を行わない。固定長データ型などTOAST不可能なデータ型に適用する	INTEGER
		FLOAT
		DOUBLE PRECISION
		DATE
		TIMESTAMP
EXTENDED	圧縮と行外の格納を行う。ほとんどのTOAST可能なデータ型のデフォルトはこの方法である	CHAR(n)
		VARCHAR(n)
		TEXT
		BYTEA
		JSON/JSONB
EXTERNAL	非圧縮の行外格納を行う。TEXTとBYTEAに対して設定すると格納領域が増加する代わりに列全体に対する部分文字列操作が高速化される	
MAIN	圧縮を行うが、行外の格納は極力行わない	NUMERIC

まで個々の列の値を圧縮し、行内とは別の領域に列の値を移動しようとします。

TOASTの格納方法は4種類あります(**表5.6**)。格納方法は通常、データタイプごとに決められていますが、テーブル作成後に次のコマンドで変更することも可能です。必要に応じて変更しましょう。

```
ALTER TABLE テーブル名 ALTER 列名 SET STORAGE 格納方式
```

TOASTされた行が格納されるときに分割処理や圧縮処理などが行われ、また逆にそうした行を参照する場合には、圧縮されたデータが伸長／結合されることになります。

PostgreSQLのTOAST処理は十分に効率化されているため、TOASTを発生させないように意識する必要はそれほどありません。しかし、列数が非常に多くなることで1行の格納サイズがTOAST対象になる場合には、表を適切に垂直分割することでTOAST対象外にできます。

Column　TOAST圧縮方式

PostgreSQL 13までは、TOAST時の圧縮方式は規定の圧縮方式(pglz～)のみ対応していました。PostgreSQL 14から、TOAST時の圧縮方式として、lz4という圧縮方式が選択可能になりました。pglzまたはlz4のどちらの圧縮方式が有利なのかは、格納されるデータ内容やサイズによって変わってくるため、実際にシステムに格納するデータを用いて、挿入性能や検索性能を評価してください。

5.3.2：結合を意識したテーブル設計

テーブルの結合処理(JOIN)は、性能に大きな影響を与えることがあります。テーブルの論理設計で忠実に正規化を行ったことにより、業務上必要なクエリを発行するときに結合数が増加することがあります。結合数が非常に多くなると、通常の問い合わせ最適化より若干精度の劣る問い合わせ最適化が行われることがあります。このような場合は、正規化を崩して結合数を減らすことも検討します。

Column 遺伝的問い合わせ最適化

PostgreSQLのプランナでは、結合方式の最適化のために実行計画を総当たりで評価します。この方式は、結合対象となるテーブルの数が少ない場合には性能上大きな問題にはなりませんが、テーブルの数が増加していくにつれ指数関数的に最適化処理のコストが増加します。

このため、クエリ内で扱うテーブル数がある一定の閾値(通常は12です)を超えた場合に、遺伝的問い合わせ最適化という手法により実行計画を生成します。遺伝的問い合わせ最適化で生成された実行計画は、総当たり方式で生成された実行計画よりも精度の面では劣ることがありますが、実行計画自体の作成時間を総当たり方式より短縮できます。

詳細はPostgreSQL文書「第60章：遺伝的問い合わせ最適化」を参照してください。

5.4 ビューの活用

ビューとは1つ以上の表から任意の問い合わせの結果を表として表現するものです。ビューを有効に使うことで、アプリケーションに対するクエリを簡易化する、セキュリティの観点で参照させたくない列を見せなくするといったことが可能になります。

ビューには大きく分けて「ビュー」「マテリアライズドビュー」の2種類があります。

5.4.1：ビュー

ビューには実体はありません。ビューを定義するときにはクエリを指定します。たとえば、**コマンド5.9**のようなテーブルが存在するデータベースがあるとします。

pgbench_accountsとpgbench_branchesを結合したビューを定義します(**コマンド5.10**)。

ビューの内容は**psql**のメタコマンド「\d+」で確認できます(**コマンド5.11**)。ビューの表示内容はテーブルの表示内容と似ていますが、View definitionとして、CREATE VIEWコマンドの実行時に指定したクエリ内容も表示されます。

ビューには実体がないため、テーブルサイズの取得関数をビューに対して実行しても、サイズは0として表示されます(**コマンド5.12**)。

定義したビューを検索するときには、ビューの定義時に指定したクエリが実行され、そのクエリの結果を見せます。ビューに対して全列・全件取得するクエリ(TABLEコマンド)をEXPLAINを付けて実行してみると、ビューの定義時に指定したクエリの計画が表示されます(**コマンド5.13**)。

コマンド5.9　テーブルの一覧

```
=# \d ↵
              List of relations
 Schema |       Name        | Type  |  Owner
--------+-------------------+-------+----------
 public | pgbench_accounts  | table | postgres
 public | pgbench_branches  | table | postgres
 public | pgbench_history   | table | postgres
 public | pgbench_tellers   | table | postgres
(4 rows)
```

コマンド5.10　ビュー定義の例

```
=# CREATE view v_accounts_branches AS ↵
=# SELECT a.aid, b.bid, a.abalance, b.bbalance ↵
=# FROM pgbench_accounts a ↵
=# JOIN pgbench_branches b ON a.bid = b.bid; ↵
CREATE VIEW
```

もちろん、ビューに対する検索時に、別の条件を指定することもできます(**コマンド5.14**)。

別の条件を付与した場合でも、ビューの結果に対して別の条件を適用するわけではなく、プランナがビューに指定したクエリと別に指定した条件を合わせて最適な実行計画を作成します。

基本的にはビューを指定することによって実行計画が劣化する心配はあり

コマンド5.11　ビュー内容の表示の例

```
=# \d+ v_accounts_branches ⏎
                     View "public.v_accounts_branches"
  Column  |  Type   | Collation | Nullable | Default | Storage | Description
----------+---------+-----------+----------+---------+---------+-------------
 aid      | integer |           |          |         | plain   |
 bid      | integer |           |          |         | plain   |
 abalance | integer |           |          |         | plain   |
 bbalance | integer |           |          |         | plain   |
View definition:
 SELECT a.aid,
    b.bid,
    a.abalance,
    b.bbalance
   FROM pgbench_accounts a
     JOIN pgbench_branches b ON a.bid = b.bid;
```

コマンド5.12　ビューのサイズ表示

```
=# SELECT pg_relation_size('v_accounts_branches'); ⏎
 pg_relation_size
------------------
                0
(1 row)
```

コマンド5.13　ビューに対する検索例

```
=# EXPLAIN TABLE v_accounts_branches; ⏎
                                 QUERY PLAN
-----------------------------------------------------------------------------------
 Hash Join  (cost=1.02..3016.02 rows=100000 width=16)
   Hash Cond: (a.bid = b.bid)
   ->  Seq Scan on pgbench_accounts a  (cost=0.00..2640.00 rows=100000 width=12)
   ->  Hash  (cost=1.01..1.01 rows=1 width=8)
         ->  Seq Scan on pgbench_branches b  (cost=0.00..1.01 rows=1 width=8)
(5 rows)
```

コマンド5.14　ビューに対する検索例（条件を付与）

```
=# EXPLAIN SELECT aid, abalance, bbalance FROM v_accounts_branches WHERE aid = 100; ⏎
                                          QUERY PLAN
-----------------------------------------------------------------------------
 Nested Loop  (cost=0.42..9.67 rows=1 width=12)
   Join Filter: (a.bid = b.bid)
   ->  Index Scan using pgbench_accounts_pkey on pgbench_accounts a
         (cost=0.42..8.44 rows=1 width=12)
          Index Cond: (aid = 100)
   ->  Seq Scan on pgbench_branches b  (cost=0.00..1.10 rows=10 width=8)
(5 rows)
```

ません。ビューを使うことでアプリケーションから見たクエリの見通しを良くすることもできるため、積極的に使っておきたい機能です。

PostgreSQLでは、単純なビュー定義の場合、そのビューに対して更新(INSERT、UPDATE、DELETE)が可能です。単純なビュー定義というのは、たとえば、ただ1つのFROM句から構成されたSELECTコマンドである、集約関数を使用しないなどの条件を満たすものです。

詳細はPostgreSQL文書の「SQLコマンド CREATE VIEW」を参照してください。

5.4.2：マテリアライズドビュー

マテリアライズドビューは、名前のとおり「実体化された」ビューです。

先ほど説明したように、ビューはデータの実体を持たず、ビュー定義としてクエリを保持し、ビューに対して検索されたときに、定義されたクエリを実行して結果を返却するものです。マテリアライズドビューも定義時にクエリを指定しますが、こちらはビュー作成時に指定したクエリを実行して、その結果を保持します。つまりテーブルのように実体を持ちます。ただし、実際のテーブルとは異なり、マテリアライズドビューに対する更新操作はできません。

ビューの場合、定義されたクエリで使用しているテーブルの内容が変更されれば、それに応じてビューを検索した結果は変わります。しかし、マテリアライズドビューの場合には、もとになったテーブルの内容が変更されても、マテリアライズドビューの検索結果は変わりません。

マテリアライズドビューの内容を更新するには、REFRESH MATERIALIZED VIEWという別の更新コマンドを使用します。

マテリアライズドビューが有効なケース

マテリアライズドビューを有効的に利用するケースは、集約処理などの複雑で時間のかかるクエリの結果を保存する場合です。クエリの結果に対しても検索できるので、複雑な検索処理の中間結果として使えます。しかし、最初に説明したように、マテリアライズドビューを生成するもとになったテーブルが更新された場合にも、マテリアライズドビューの結果は変わりません。そのため、「必ずしも最新の情報から結果を得る必要がない」といった場合に有効なビューといえます。

マテリアライズドビューの更新

現状のPostgreSQLではマテリアライズドビューの更新は、以前の結果を破棄して新規に再生成します。残念ながら更新差分のみを取り出して反映できません。このため、マテリアライズドビューの更新は、初期生成時と同じ程度のコストがかかる処理であると意識してください。

デフォルトの動作では、マテリアライズドビューの更新中はほかのセッションからの検索もロックされてしまいます。特定条件件を満たす場合、かつCONCURRENTLYオプションを付けることで、更新中にほかのセッションからの検索が可能になります(更新処理に時間はかかるようになります)。

5.5 パーティションテーブルの活用

PostgreSQLはテーブルの分割(パーティショニング)をサポートしています。本節では、PostgreSQL 10以降でサポートされた宣言的パーティショニングについて解説します。従来型である継承やトリガーを使用した方式については、マニュアルをご確認ください。

5.5.1:パーティショニング概要

パーティショニングは、論理的に1つのテーブルを、物理的に小さなテーブルに分割する技法です。パーティショニングによるメリットは次のとおりです。

物理的な分割によってデータのアクセス範囲を絞り込める

たとえば去年の1月のデータを参照したい場合など、特定のデータのみを参照する際にテーブル全体にアクセスすると無駄なI/Oが発生します。パーティショニングによって物理的にテーブルを分割しておくことで、特定の範囲のみにアクセスできるようになり、I/O負荷の低減や、条件によっては参照性能の改善を見込めます。

一括削除にかかる運用コストの削減

保持期間を過ぎたデータを削除する際、DELETEコマンドでは大量の不要領域が発生し、それをバキュームする必要が出てしまいます。パーティショニングによってテーブルを分割しておくことで、保持期間を過ぎたデータをテーブルごとDROP/TRUNCATEすることができるため、処理時間やマシンリソースの消費を最小限に抑えられます。

PostgreSQLでは、バージョン9.6以前から継承やトリガーを利用したパーティショニング方式が存在していましたが、バージョン10からは宣言的パーティションが実装され、パーティショニングの運用面や性能面が改善されました。

宣言的パーティショニングの実装当初は、いくつかの機能的な制約が存在しました。その多くは、年々、機能改善により解消されています。該当バージョンに存在する制約はマニュアルを参照してください。

・PostgreSQL 14.0文書
https://www.postgresql.jp/document/14/html/ddl-partitioning.html#DDL-PARTITIONING-DECLARATIVE-LIMITATIONS

5.5.2：宣言的パーティショニングでサポートされる分割方式

ここでは、PostgreSQL 14でサポートされている宣言的パーティショニングの分割方式について、SQLのサンプルを用いて紹介します。

範囲パーティショニング

パーティションキー(分割に使用されるカラム)の範囲に基づいて振り分けを行う方式です(**図5.7**)。個々のパーティションにパーティションキーの範囲を定義することで、挿入されたレコードのパーティションキーの値によって振り分けが行われます。パーティションキーに選択できる型はB-tree演算子クラスを持つ型です(つまり、B-treeインデックスを定義できない幾何データ型などは選択できません)。

図5.7　範囲パーティショニング

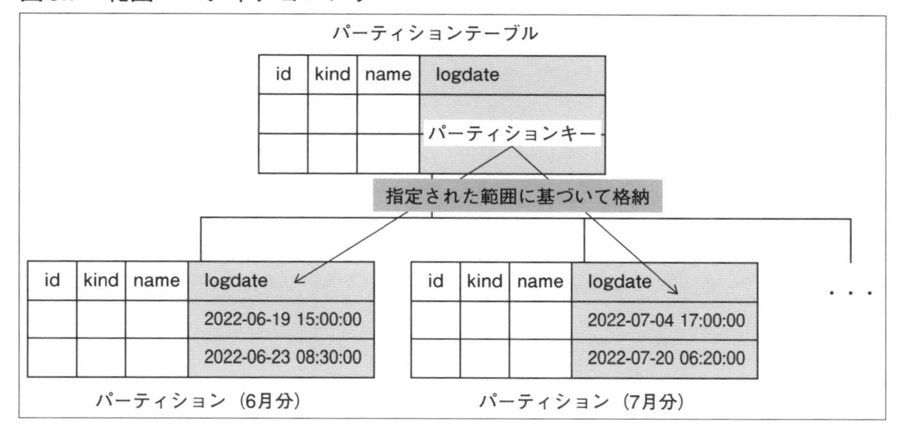

コマンド5.15　範囲パーティショニングの使用

```
・パーティションテーブル作成
=# CREATE TABLE table_r ( ↵
=#     id   text not null, ↵
=#     kind text not null, ↵
=#     name text, ↵
=#     logdate date not null ↵
=# ) PARTITION BY RANGE (logdate); ↵

・パーティション作成
=# CREATE TABLE table_r_202206 PARTITION OF table_r FOR VALUES FROM ('2022-06-01') ↗
TO ('2022-07-01'); ↵
=# CREATE TABLE table_r_202207 PARTITION OF table_r FOR VALUES FROM ('2022-07-01') ↗
TO ('2022-08-01'); ↵
```

範囲パーティショニングの使用例を**コマンド5.15**に示します。想定用途として、ログデータや売上情報のような日付情報を含む時系列データを、日次や月次単位に分割したい場合が挙げられます。

リストパーティショニング

パーティションキーの値が、事前に列挙された値リストのどれに該当するかによって振り分けを行う方式です(**図5.8**)。パーティションキーの取り得る値を列挙し、個々のパーティションへの割り当てを行うことで振り分けを行います。パーティションキーに選択できる型はB-tree演算子クラスを持つ型です。

図5.8　リストパーティショニング

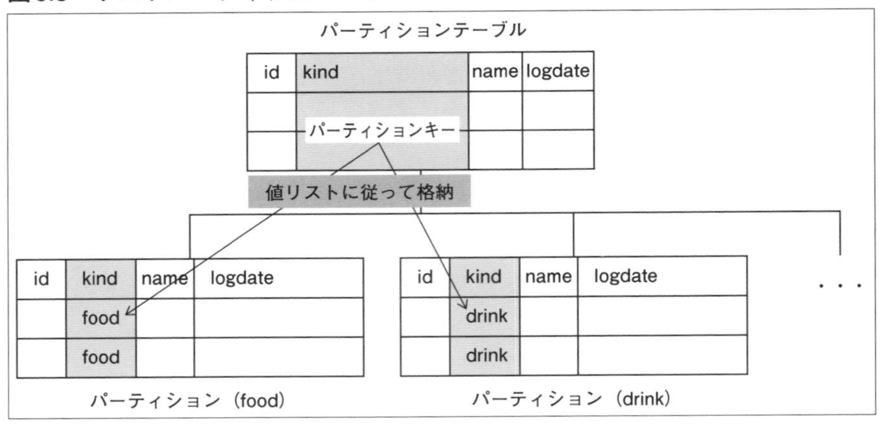

コマンド5.16　リストパーティショニングの使用

```
・パーティションテーブル作成
=# CREATE TABLE table_l ( ↵
=#     id   text not null, ↵
=#     kind text not null, ↵
=#     name text, ↵
=#     logdate date not null ↵
=# ) PARTITION BY LIST (kind); ↵

・パーティション作成
=# CREATE TABLE table_l_food PARTITION OF table_l FOR VALUES IN ('food'); ↵
=# CREATE TABLE table_l_drink PARTITION OF table_l FOR VALUES IN ('drink'); ↵
```

リストパーティショニングの使用例を**コマンド5.16**に示します。想定用途として、種別・地域などの不連続なデータを任意のグループに分割したい場合が挙げられます。

ハッシュパーティショニング

パーティションキーの値から、定義された数のパーティションに均等に振り分けを行う方式です。パーティションキーのハッシュ値を分割数で割った余りで振り分け先を決定することで、ほぼ均等な振り分けを行います(**図5.9**)。算出にはパーティションキーのハッシュ値が使用されるため、対象のカラムとして文字列も指定可能です。パーティションキーに選択できる型は、ハッシュ演算子クラスを持つ型です(つまり、ハッシュインデックスを定義できな

図5.9　ハッシュパーティショニング

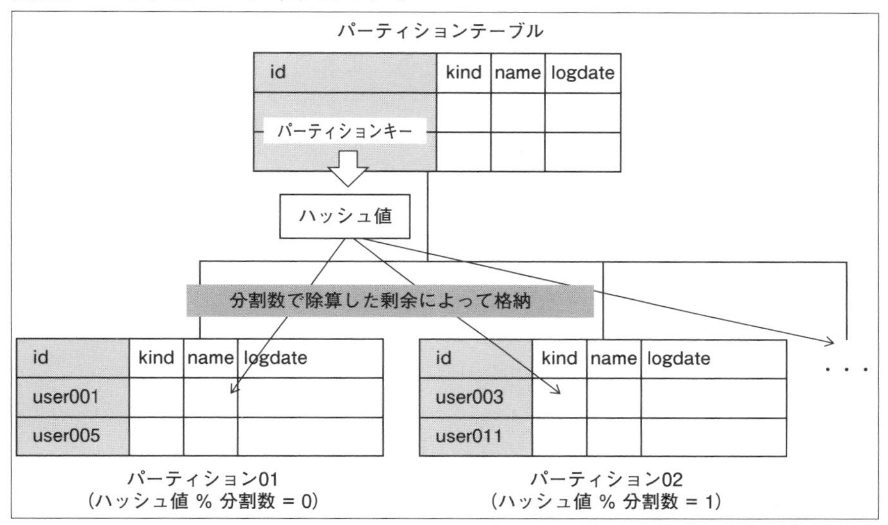

コマンド5.17　ハッシュパーティショニングの使用

```
・パーティションテーブル作成
=# CREATE TABLE table_h ( ↵
=#     id   text not null, ↵
=#     kind text not null, ↵
=#     name text, ↵
=#     logdate date not null ↵
=# ) PARTITION BY HASH (id); ↵

・パーティション作成
=# CREATE TABLE table_h_0 PARTITION OF table_h FOR VALUES WITH (MODULUS 2, ➡
REMAINDER 0); ↵
=# CREATE TABLE table_h_1 PARTITION OF table_h FOR VALUES WITH (MODULUS 2, ➡
REMAINDER 1); ↵
```

い幾何データ型や通貨型などは選択できません)。

ハッシュパーティショニングの使用例を**コマンド5.17**に示します。想定用途として、事前に分割のルールを決められないデータを「均一」に分割したい場合が挙げられます。

5.5.3：パーティショニング利用要否の判断

パーティショニングによるテーブルの物理的な分割には、メリットだけではなくデメリットも存在します。単一のテーブルとは異なり、パーティショニングされたテーブルへのデータ操作では分割されたテーブルへの振り分けなどのオーバヘッドが発生します。そのため、基本的に単一のテーブルと比較して処理性能は劣化します。

パーティショニングの適用は必要なテーブルのみに行います。適用の要否についての判断のポイントとなる条件を紹介します。

ポイント1：テーブルが巨大であるかどうか

パーティショニングによるメリットを享受できるかはアプリケーションのワークロードに依存しますが、一般的にテーブルのサイズがサーバの物理メモリを上回っているテーブルが候補となります。

ポイント2：パーティションキーを使用した検索が行われるか

パーティショニングのメリットの1つに、検索の条件によって物理的にアクセスする範囲を絞るパーティションプルーニングという機能があります。この機能は、パーティションキーを絞り込みの条件に加えることで利用でき、必要なパーティションにのみアクセスすることで処理で発生するI/O量を減らすことができます。逆に絞り込み条件にパーティションキーが含まれない場合は、このメリットを享受できないうえ、全パーティションへの無駄な検索処理を行い、その結果のAppend処理が行われるという分割によるオーバヘッドが加わる分、性能に悪影響を与える可能性があります。

ポイント3：一括削除の運用が行われるかどうか

1つのテーブルから特定期間のデータをDELETEコマンドで削除することに比べると、個々のパーティションのDROP処理は高速に完了します。また、削除(DELETE)ではなくDROPを使用することで、VACUUM対象となるレコードを削減できます。データの一括操作を行う運用がある場合には、処理時間の短縮、サーバのI/O負荷の軽減が可能です。

なお、一括削除の運用が可能なのは範囲パーティショニングのみです。パーティション方式の選定と合致しているかどうかは確認してください。

これらの条件を1つ以上満たす場合に、パーティショニングの要否について検討を行ってください。逆に1つの条件も満たさない場合は、パーティショニングは不要と判断できます。条件を複数満たしたとしても、パーティショニングが不要となるケースも存在します。パーティショニングによる恩恵が十分に得られない場合は通常のテーブルを利用してください。

5.5.4：パーティションテーブルの設計方針

パーティションキーとパーティショニング方式の選定

どのパーティションテーブルに振り分けられるかは、パーティションキーの値とパーティション方式によって決まります。

日次、月次の処理で定期的にまとまったデータを削除するような運用がある場合には、範囲パーティショニングをおすすめします。一括で削除する運用はないが、たとえば関東・関西など地域ごとにデータを扱いたい場合には、リストパーティショニングを使用できます。入力されるデータに自由度があり、事前に分割ルールを決められない場合はハッシュパーティショニングを使用します。パーティションキーのハッシュ値を用いて、決められた数にほぼ均一に分散させられます。

なお、更新される可能性があるカラムはパーティションキーにすべきではありません。パーティションキーが更新されて現在の格納先のパーティション境界を満たさない場合、条件に合うパーティションへとデータが移動します。この処理はオーバヘッドが大きいため、更新が行われる可能性のあるカラムがパーティションキーにならないようにします。

パーティションプルーニングが有効かどうか

パーティションプルーニングとは、パーティショニングされたテーブルへのSQL実行時に、必要なパーティションのみにアクセスを行うことでI/O量を抑え、パフォーマンスを向上させるクエリ処理の最適化手法です。実行されたSQLの絞り込み条件にパーティションキーが含まれた場合に、自動でパーティションプルーニングが行われます。パーティションキーの選定とも関わりますが、実行予定のSQLにパーティションキーが含まれない場合、パーティショニングによるI/O量削減の恩恵を受けられません。パーティションプルーニングが行われるようにSQLの絞り込み条件を変更できるかどうか、また、パーティションキーの変更が難しい場合はあらためてメリット・デメリットを整理し、パーティショニングの要否を再検討してください。

サブパーティションの要否

パーティションをパーティショニングテーブルとして定義でき、これをサブパーティションと呼びます。データ量が多く、1度のパーティショニングでは絞り込みが不足している場合は、より細かな単位に分割するサブパーティションの利用を検討します。利用要否の判断やパーティショニング方式の選定は、通常のパーティショニングと変わりありません。ただし、処理のオーバヘッドはパーティショニングの階層を増やすほど大きくなるため、むやみにサブパーティションを利用することはおすすめしません。

パラレルクエリとの併用

パーティショニングされたテーブルでのパラレルクエリは実行可能です。ただし併用した場合は、各パーティションに対してパラレルクエリが起動されるため、パーティションのテーブルサイズによって起動するパラレルクエリの数が決まる点に注意してください。論理的に1つの巨大なテーブルに対してはパラレルクエリが起動されません。

大量のパーティションが存在する場合の注意点

バージョンによってパーティションを検索するロジックは異なりますが、基本的に、パーティション数が増えるとSQL実行時のプランニング時間が増加します。もし、運用の中で参照することはないが、保存期間が定められていて削除することができないパーティションが存在する場合、処理対象とならないパーティションをパーティションテーブルからDETACHすることも検討してください。

パーティショニングは積極的に改善が行われています。古いメジャーバージョンでは大量のパーティションが存在すると性能が出ないケースがあるため、必要な場合はなるべく最新のメジャーバージョンを利用してください。

鉄則

- ☑ **文字列型を扱う場合はTOASTの影響を考慮します。**
- ☑ **暗黙的に作成されるインデックスを確認し、無駄なインデックスを排除します。**
- ☑ **ビューやマテリアライズドビューの作成も考慮します。**
- ☑ **パーティショニングはメリット・デメリットを把握したうえで要否を判断します。**

第6章
物理設計

データベースを効率よく運用するためには、各ファイルをどこに、どのように格納するかといった物理的な面を考慮した設計が重要です。本章では、性能を引き出すためのデータ配置のポイントやインデックス定義について解説します。

6.1 各種ファイルのレイアウトとアクセス

データベースの容量を設計する際に必要な、PostgreSQLで使われる各種ファイルのレイアウトやファイルサイズが増加／減少するタイミングを説明します。

6.1.1：PostgreSQLのテーブルファイルの実体

PostgreSQLでは、テーブル用のファイルもインデックス用のファイルもファイル形式は統一されています。

基本的には8,192バイトのページと呼ばれる固定長領域が連続して配置されたものになります。固定長領域は、最大約1GBまで拡張され、それを超える場合はファイル名(ファイルノード番号がファイル名になります)が同一で、異なる拡張子(連番が付与されます)を持つセグメントとして分割管理されます。つまり、1GB以上のテーブル／インデックスは、「ファイルノード番号」「ファイルノード番号.1」「ファイルノード番号.2」……といった形で管理されていきます(**図6.1**)。このような構成にすることで、ファイルシステムの制約により長大なファイルを管理できないOS上でも、非常に大きなサイズのテーブルを管理することが可能になります。

コマンド6.1に、3つのセグメントに分かれているテーブルファイルの例を示します。pgbench_accountsテーブルのファイルノード番号をpg_classシステムテーブルから検索しています(**コマンド6.1**では16479です)。このテーブルが属するデータベースディレクトリに、16479という名称のファイルと、セ

図6.1　テーブル／インデックスファイルの構成

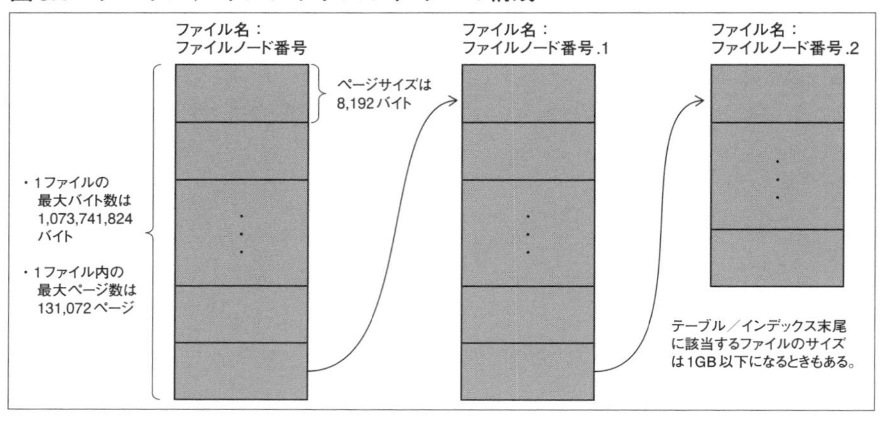

コマンド6.1　複数のセグメントを持つテーブルファイルの例

```
=# SELECT relname, relfilenode FROM pg_class WHERE relname = 'pgbench_accounts'; ↵
     relname      | relfilenode
------------------+-------------
 pgbench_accounts |       16479
(1 row)

pgbench=# \q ↵
$ ls -l base/16384/16479* ↵
-rw------- 1 postgres postgres 1073741824 Jul 18 11:40 base/16384/16479
-rw------- 1 postgres postgres 1073741824 Jul 18 11:40 base/16384/16479.1
-rw------- 1 postgres postgres  538419200 Jul 18 11:44 base/16384/16479.2
-rw------- 1 postgres postgres     679936 Jul 18 11:44 base/16384/16479_fsm
-rw------- 1 postgres postgres      90112 Jul 18 11:44 base/16384/16479_vm
```

グメントのファイルを示す拡張子が「.1」と「.2」のファイルが存在していることが分かります。

なお、PostgreSQLで管理できる1つのテーブルやインデックスのサイズの上限は32TBです。ただし、テーブルのパーティショニングを用いて、32TBよりも大きなテーブルを管理することも可能です（後述）。

6.1.2：テーブルファイル

テーブルファイルは、データ実体を格納するファイルで、固定長領域（ページ）が連続して配置されています。ページ内のレイアウトは**図6.2**のとおりです。また、各ページは大きく分けて、**表6.1**に示す5つの領域に分けられています。

図6.2　ページ内のレイアウトイメージ

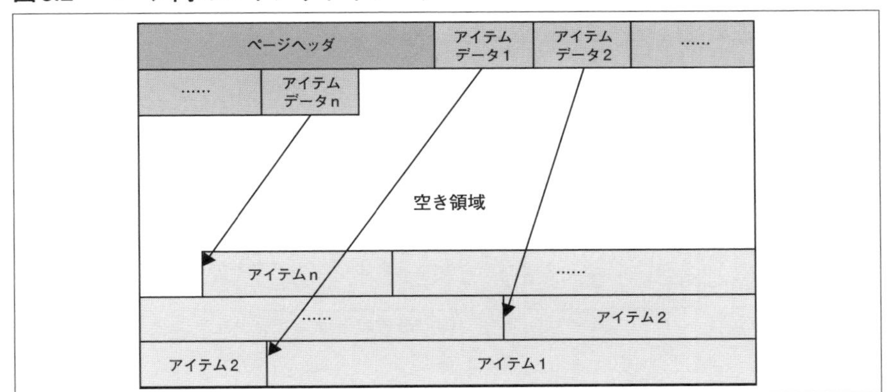

表6.1　ページ内の領域

領域名	サイズ	内容
ページヘッダ	24バイト	ページ内の管理情報と自ページに対する最近の更新情報(WALに関する情報)
アイテムIDデータ	可変	アイテムのオフセットや長さ、アイテムの属性情報
空き領域	可変	アイテムデータ末尾とアイテム先頭の間の使用されていない領域。FILLFACTORの設定でデータ挿入時に使用可能な空き領域の割合が変動する
アイテム	可変	タプルの実体。空き領域の末尾から格納される
特殊な空間	可変	空き領域の後に配置される。ページ内容がインデックスの場合に設定される(テーブルの場合は設定されない)

ページヘッダ

ページヘッダ(PageHeaderData)はページ先頭にある領域で、サイズは24バイト固定です。ページヘッダには、自ページ内の管理情報が格納されています(**表6.2**)。

アイテムIDデータ

アイテムIDデータは、行データの開始オフセットと行長、行の状態を示すフラグが格納されています(**表6.3**)。必要なアイテムIDデータの数は行データの個数と同じになり、個々のアイテムIDデータは32ビット(4バイト)の領域が必要です。つまり、アイテムIDデータ領域全体のサイズは次のとおりです。

```
4 * ページ内に格納されている行数
```

表6.2　ページヘッダ

領域名	長さ（バイト）	内容
pd_lsn	8	LSN（Log Sequence Number：このページに対して行われた最後の更新ログの位置）
pd_checksum	2	ページチェックサム
pd_flags	2	フラグ（ビット列）の格納領域
pd_lower	2	空き領域の開始箇所のページ先頭からのオフセット
pd_upper	2	空き領域の終了箇所のページ先頭からのオフセット
pd_special	2	特殊な空間のページ先頭からのオフセット
pd_pagesize_version	2	ページサイズおよびレイアウトのバージョン番号の情報
pd_prune_xid	4	ページ内で最古のトランザクションID

表6.3　アイテムIDデータ

領域名	長さ（ビット）	内容
lp_off	15	対応するタプルの開始オフセット（バイト数）
lp_flags	2	タプルの状態を示すビットフラグ。次の4つのいずれかの状態がセットされている 0：未使用 1：使用中 2：HOT更新でリダイレクトされている 3：無効
lp_len	15	対応するタプルの長さ（バイト数）

空き領域

空き領域はアイテムIDデータの末尾とアイテムデータの先頭までの領域です。行の追加時にFILLFACTORで設定した比率の充填率を超える場合は、新規にページを作成して追加します。

アイテム

行データそのものが格納される領域で、ページ末尾からページ先頭方向に向かって格納されます。行データの大きさは可変で、行ヘッダと各列の値によって決まります。

特別な領域

インデックスアクセスメソッドに関連する特殊な情報が格納されるため、テーブルファイルの場合は使用されません。たとえば、B-treeインデックスのインデックスファイルの場合は、ツリー構造上の両隣のページへのリンクなどが格納されます。

テーブルファイルおよびページ内のレイアウトを理解することで、次のようにテーブルファイルの総サイズの概算値を算出できます。テーブルファイルの形式はバージョンによって異なりますが、PostgreSQL 8.3以降のファイル形式(ページサイズ＝8,192バイト)を例にします。

テーブルファイルの概算値を求めるために必要な入力情報は、「行の想定平均サイズ(TS)[注1]」「想定レコード数(RN)」「FILLFACTOR(FF)」の3つです。

総ページ数の概算値の算出例を示します。

```
総ページの概算値 = (RN * TS) / ((8192 * FF) - 24)
```

たとえば、「行の想定平均サイズが100バイト」「想定レコード数が10万件」「FILLFACTORが80%」の場合は、次のようなページ数となります。

```
1532(ページ数) ≒ 100000 / ((8192 * 0.8) - 24 ) / 100)
```

テーブルファイルのサイズは、次のタイミングで増加します。

- データの挿入時
- データ更新時に既存の再利用可能な領域が使用できず、新規ページが追加された場合

また、テーブルファイルのサイズは、次のタイミングで減少します。

- DROP TABLEでテーブル自体を削除した場合
- TRUNCATE TABLEでテーブル全体を空化した場合
- CLUSTERでテーブルをインデックス順に再構成した場合[注2]
- VACUUM FULLを実行した場合[注2]

なお、テーブルファイルの末尾に無効領域しか存在しない場合はFULLオプションのないVACUUMでもテーブルファイルが減少することがあります。

注1　行ヘッダや可変長列ヘッダサイズを含みます。

注2　CLUSTER／VACUUM FULLの処理中には、再構成対象のテーブルと同じ大きさの中間領域が必要です。このため、ディスク容量があふれそうな状態では、これらのコマンドの実行が失敗する可能性があります。

Column テーブルアクセスメソッド

PostgreSQL 12からテーブルアクセスメソッドが導入され、現状のテーブルファイルとは別形式のテーブルファイルを使うことが可能になりました。PostgreSQL 11まで使われていたテーブルファイルは「heap」と呼ばれる形式です。現在、PostgreSQL本体に組み込まれているテーブルアクセスメソッドはheap形式テーブル用のものだけですが、サードパーティが提供している拡張機能では、heap以外のテーブルアクセスメソッド(たとえば列指向のテーブルアクセスメソッドなど)も実装されています。今後、PostgreSQL本体にもheap以外のテーブルアクセスメソッドが導入されるかもしれません。

6.1.3：インデックスファイル

インデックスファイルは、CREATE INDEXコマンドで作成されたインデックスの実体を格納するファイルです。

インデックスファイルの構成は、テーブルファイルの構成(**図6.1**)とほぼ同様ですが、各ページの末尾で「特別な領域」を持ち、行の代わりにインデックスエントリが格納されます。インデックスは、メタページ、ルート、インターナル、リーフの4種類のページから構成され、全体として1つの木構造を構成します(**図6.3**)。

インデックスファイルの先頭ページは、必ずルート用のノード情報が格納されたページとなります。インデックスファイルのサイズは、次のタイミングで増加します。

・データの挿入時
・データ更新時に既存の再利用可能な領域が使用できず、新規ページが追加された場合

また、インデックスファイルのサイズは、次のタイミングで減少します。

・DROP INDEXでテーブル自体を削除した場合
・TRUNCATE TABLEでテーブル全体を空にした場合
・REINDEXでインデックスを再構成した場合

図6.3　インデックスファイルとインデックスツリー

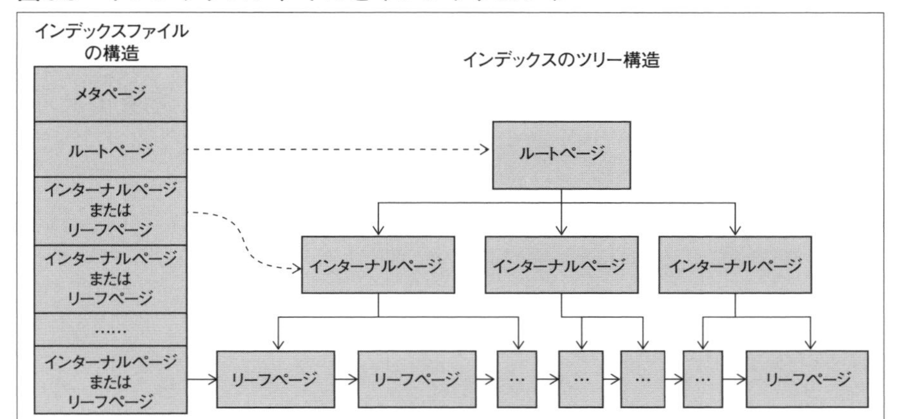

6.1.4：テーブルファイルに対するアクセス

テーブルに対するアクセスは、大別すると「シーケンシャルアクセス」と「インデックスアクセス」に分類されます。

シーケンシャルアクセス

シーケンシャルアクセスは名前のとおり、テーブルファイルのすべてのページを順々に参照するアクセス方法で、条件を与えない検索やインデックスを使用しない場合に行われます。すべてのページを参照するため、テーブルファイルのサイズに応じてほぼ線形に処理時間が増大します。また、更新によって発生した不要領域もページに含まれるため、不要領域の量が多いと参照に時間がかかることがあります。

インデックスアクセス

インデックスアクセスは、インデックスファイル内に格納されたインデックスを辿り、インデックスのリーフに設定されたテーブルファイルへのポインタからテーブルファイルの特定のページを取得します。シーケンシャルアクセスと比較すると、ファイル先頭から各ページを読む必要はないため、テーブルサイズによる性能への影響は低くなります。代わりにファイルに対するランダムアクセスが頻発することになります。

6.2 WALファイルとアーカイブファイル

PostgreSQLに限らず、データベースシステムにおいて信頼性、つまりコミットされたトランザクションを担保する仕組みはとても重要です。PostgreSQLでは停電、OSの障害、PostgreSQL自体の障害などによる異常が発生しても、異常発生直前にコミットされた状態までリカバリ(クラッシュリカバリ)できます。また、データベースファイルの破壊があっても過去の更新ログを用いてリカバリ(ポイントインタイムリカバリ)することもできます。ここでは、リカバリ時に使用されるファイルの内容について説明します。

6.2.1：WALファイル

WALファイルは、先行書き込みログ(WAL：Write Ahead Logging)が格納される非常に重要なファイルです。PostgreSQLに対して更新要求があった場合、まず更新のログをWALバッファに書き込みます。そしてトランザクションがコミットされる、あるいは更新量が多いためWALバッファがあふれる場合に、WALバッファの内容がWALファイルに書き込まれます。

WALファイルは固定長(デフォルト：16MB)単位のファイルとして作成され、サイズは変動しません。また、シーケンシャルにWALの情報が書き込まれています。なお、ポイントインタイムリカバリ(PITR：Point In Time Recovery)によるリカバリでは、WALファイルだけでは完全な復旧ができないケースがあります(PITRによる復旧にはアーカイブファイルも必要です)。

テーブルファイルやインデックスファイルとは異なり、WALファイルの総ファイルサイズの上限は、PostgreSQLの設定パラメータ「max_wal_size」によって決定します。

WALファイルの領域は、少なくともmax_wal_size分の容量が必要です。ただし、書き込み負荷の状況によっては、max_wal_sizeを多少超過するWALファイルが作成される可能性があります。レプリケーション構成の場合には、wal_keep_size(PostgreSQL 12までの場合はwal_keep_segments)の設定も考慮したWALファイル領域の容量を設計する必要があります。またアーカイブファイルの取得に失敗するケースなどでは上限を超える可能性があることに注意が必要です。なお、max_wal_sizeの値はチェックポイントが動作するタイミングを制御するものでもあります。チェックポイントが動作するWALファイル数には、checkpoint_completion_targetパラメータも関与しており、次の式で求められます。

```
チェックポイントが動作するWALファイル数 =
(max_wal_size / 16MB) / (1 + checkpoint_completion_target)
```

WALファイルは増え続けるものではなく、以下の契機で再利用または削除されます。

アーカイブされたWALファイルは不要となり、チェックポイント契機で再利用または削除されます。再利用というのは、WALファイル自体は削除せず、今後発生するWALの書き込み用のファイルとして残し、新たにWALの書き込みが発生する契機でWALファイル名をリネームして上書きする動きを指します。

また、min_wal_sizeの設定がmax_wal_sizeよりも小さい場合、チェックポイント契機でmin_wal_sizeを超えるWALファイルは削除されます。

Column **WALセグメントサイズ**

PostgreSQL 11から、**initdb**ユーティリティまたは、**pg_ctl**のinit/initdbモードでデータベースクラスタを作成するときに、WALセグメントサイズを--wal-segsizeオプションで指定可能になりました。デフォルトは従来のWALセグメントサイズと同様に16MBです。ほとんどの運用ケースでは、WALセグメントファイルサイズを変更する必要はありません。非常に多くのWALセグメントファイルが生成される場合には、WALセグメントサイズの数値を大きくすることで、WALセグメントファイル数を減らせます。

6.2.2：アーカイブファイル

アーカイブファイルは、ポイントインタイムリカバリで必要となる過去の更新ログファイルです。アーカイブファイルは、PostgreSQLの設定でアーカイブモードを有効にしているときに、WALファイルのコピーとして生成されます[注3]。アーカイブファイルの内容は、前述のWALファイルと同一のものとなります。

アーカイブファイルは最新のベースバックアップ取得後のもののみ使用さ

注3　PostgreSQLの設定パラメータで「wal_level=replica」「archive_mode=on」を設定する必要があります。また、archive_commandで指定したコマンド(通常はOSのcpコマンドを使用)によってWALファイルからアーカイブファイルへコピーが行われます。

れます。つまり、最新のベースバックアップより以前のアーカイブファイルは、保持しても意味がないため、古いアーカイブファイルを削除する運用が必要です。

アーカイブファイルはWALファイルとは異なり、循環的に利用することはないため、ディスク上限まで増加します。アーカイブファイル格納領域がディスク上限に達した場合、WALファイルのアーカイブ化が失敗します。アーカイブ化が失敗した場合、WALファイルは再利用されず、WALファイル格納領域に残ったままとなります。このまま更新が継続すると、WALファイル格納領域がディスク上限に達してしまいPostgreSQLはPANICを起こし停止してしまいます。そうなる前に、アーカイブファイル格納領域の空きを作る必要があります。

6.3 HOTとFILLFACTOR

6.3.1：HOT

PostgreSQL 8.3からHOT(Heap Only Tuple[注4])という仕組みが導入され、PostgreSQLの更新性能が大幅に向上しました。また、HOTによりバキュームの対象となる不要領域そのものの発生量が減少しました。

HOTでは次の処理を行うことで、更新性能を向上させています。

・UPDATE時のインデックスエントリの追加処理をスキップする
・VACUUM処理を待つことなく不要領域を再利用可能にする

HOTが有効になるのは、インデックスを持たない列への更新時で、さらに更新対象の行と同じページ内に空きがあり、新しい行を挿入可能な場合です。空きがない場合にはHOT更新とはならず、新規にページを払い出して行を挿入します(**図6.4**)。次のような更新処理の場合、HOTは働きません。

・DELETE + INSERTのような更新シーケンス
・インデックス列を更新するUPDATE
・一度に大量の行を更新するようなUPDATE

注4　PostgreSQLではテーブル内に格納する行を「タプル(tuple)」と呼びます。

図6.4 HOT機能

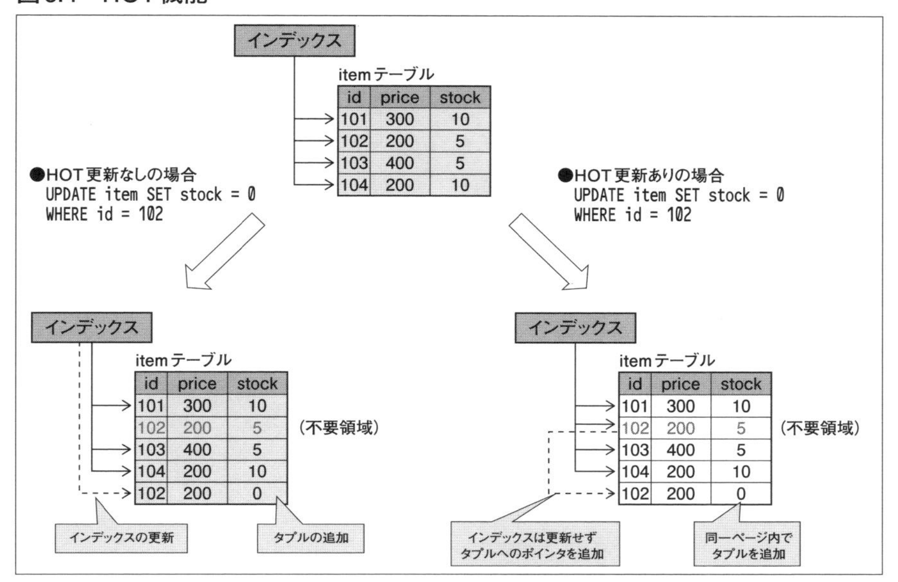

なお、TOAST対象となった列へのUPDATEでは、HOT機能のうちインデックスエントリの追加処理をスキップする機能は働きません。これは、TOASTの更新が削除と挿入の組み合わせで実装されているためです。ただし不要領域の即時再利用は動作します。

HOT機能自体は、更新文を実行するユーザが意識的に制御できるものではありませんが、HOTを効果的に活用するためにはFILLFACTORによる物理設計を考慮する必要があります。

6.3.2：FILLFACTOR

FILLFACTORはページ内の空き領域を、どの程度データ挿入用に利用するのかを示すパラメータです。パラメータを小さくすると、挿入時に使用できる領域は減りますが、更新時に空き領域を有効活用できます。

PostgreSQLは追記型のアーキテクチャをとっているため、データページに更新があった場合、同一ページに空き領域があればその領域を更新のために使用しますが、空き領域がない場合には、新しくページを生成して更新情報を格納します(図6.5)。

更新操作が発生するテーブルの場合、ある程度の更新用の領域を確保して

図6.5　FILLFACTOR有無による挙動の違い

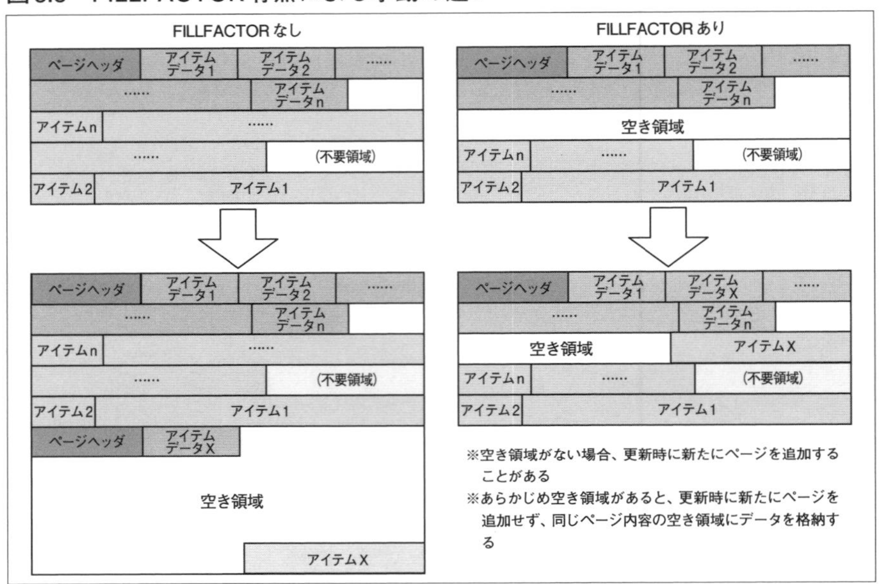

おくことで、新しいページの生成を抑止できます。FILLFACTORのデフォルト値は、テーブルでは「100%」、インデックスでは「90%」になっています。テーブルのFILLFACTOR値は、次の考え方で設定します。

・該当テーブルに対する更新や削除がない場合（挿入と検索しか行わない場合）は「100%」のままとする
・更新がある場合、該当テーブルの平均的なレコード長の2倍程度の空き領域を確保するように設定する（2レコード分の空き領域があれば、同時にそのページに対する更新がかからない限り空き領域を交互に使う可能性が高いため、更新操作により新規ページを確保する可能性が減少する）
・FILLFACTORはあまり小さくし過ぎると各ページで多くの空き領域を抱えることになり無駄が生じる（同じレコード数を格納する場合に、より多くのディスク容量を使用する）。一般的にFILLFACTORの下限は70%程度が適切と考えられる

Column FILLFACTORの確認方法

FILLFACTORはCREATE TABLEコマンドを用いてテーブル作成時に設定したり、ALTER TABLEコマンドを使って変更したりできますが、設定したFILLFACTORの値はどう確認するのでしょうか？

実はFILLFACTORの値は、**psql**のメタコマンド\dなどでは表示されません。FILLFACTORの値は、pg_classシステムカタログのreloptionsという列に「fillfactor=数値」という書式で格納されています（reloptionsにほかのオプションも設定されている場合、それも一緒に設定されています）。このため、テーブルごとのFILLFACTORの値を確認したい場合には、**コマンド6.A**のようなクエリを実行します。なお、FILLFACTORを明示的に設定していない場合は空白になります。

コマンド6.A　テーブルごとのFILLFACTORの値を確認

```
=# SELECT nspname as schema, relname, relkind, reloptions ↗
FROM pg_class c LEFT JOIN pg_namespace n ON relnamespace = n.oid ↗
WHERE relkind IN ('i','r') AND nspname = 'public'; ↵
 schema |        relname        | relkind |   reloptions
--------+-----------------------+---------+-----------------
 public | pgbench_accounts      | r       | {fillfactor=80}
 public | pgbench_branches      | r       | {fillfactor=80}
 public | pgbench_history       | r       |
 public | pgbench_tellers       | r       | {fillfactor=80}
 public | pgbench_branches_pkey | i       |
 public | pgbench_tellers_pkey  | i       |
 public | pgbench_accounts_pkey | i       |
(7 rows)
```

6.4　データ配置のポイント

PostgreSQLの各種ファイルは、通常データベースクラスタ内に格納されています。ただし、設定により各種ファイルをデータベースクラスタ外に配置できます。ここでは、それぞれの領域についてデータベースクラスタ外に配置するときの注意点を確認します。

6.4.1：base領域

base領域には、データベースディレクトリが格納され、その配下にテーブルファイルやインデックスファイルなどが格納されます。基本的にはデータの挿入によりサイズが増加します。この領域のサイズは、初期時の想定サイズだけでなく、運用開始後のデータ増分予測も踏まえて検討する必要があります。なお、テーブル空間機能(後述)によって、テーブルやインデックスの物理的なディスク配置場所を変更することも可能です。

6.4.2：WAL領域

WAL領域はWALファイルが格納される領域で、更新のタイミングでWALが生成されると増加します。ただし増加する数には上限があり、上限に達した以降は以前使用したWALファイルを再利用するため、領域全体のサイズは増加しません。

WALファイルは、リカバリ時に必要なファイルです。このため、テーブルやインデックスが格納されたデータベースクラスタと別の領域に配置することで、データベースクラスタが置かれたHDDが故障しても、オンラインバックアップとアーカイブファイル、そしてWALファイルからの復旧が可能になります。WAL領域はデータベースクラスタとは別のディスクに配置し、さらに可能であれば二重化が可能なストレージ上に配置することも検討します。

WAL領域をデータベースクラスタの外に配置する場合、`initdb`コマンド(あるいは`pg_ctl`コマンドのinit/initdbモード)のオプションとして、--waldirオプションまたは-Xオプションを指定します。

6.4.3：アーカイブ領域

設定パラメータarchive_commandで指定されたコピー先のディレクトリがアーカイブ領域です。アーカイブファイルはWALファイルとは異なり、循環的に利用しないためにHDD容量の上限まで増加します。もしHDD容量の上限まで使用して書き込めなくなると、WAL切り替えのタイミングで発生するアーカイブ領域へのコピーに失敗しリトライを試みます。

アーカイブ領域がディスクフルになった場合、即座にPostgreSQLサーバが異常終了するわけではありません。しかし、この状態を放置すると、WALファイルがWAL領域に残り続けます。WAL領域が配置されたディスクがディスクフルになると、PANICが発生して異常終了します。異常終了のリスクを軽減するためにも、アーカイブ領域も、WAL領域とは別領域に配置します。

6.5 テーブル空間とテーブルパーティショニング

データベースやテーブル、インデックスを格納する領域を、テーブル空間として定義できます(テーブル空間が属する物理的なディスク領域を指定します)。PostgreSQLのテーブル空間は、物理的なディスク領域へのシンボリックリンクをデータベースクラスタに生成する実装となっています(**図6.6**)。

I/O分散を考慮した物理設計を行う場合、PostgreSQLのテーブル空間を利用する方法と、ストレージ側の機能を利用する方法があります。

PostgreSQLのテーブル空間を利用する方法として、たとえばアクセス頻度の高いテーブルやインデックスが複数存在する場合に個々のディスク上にテーブル空間を設定し、それぞれのテーブル空間にテーブルやインデックスを配置することで、並列に読み込みや書き込みができます。

ストレージ側の機能を使う場合には、ストレージ側でストライピングを構成し、PostgreSQLとしてはテーブル空間定義を用いずにI/Oを分散します。ストレージの構成は耐障害性の要件(ミラーリングの要否)も含めて検討が必要です。

図6.6 テーブル空間の使用例

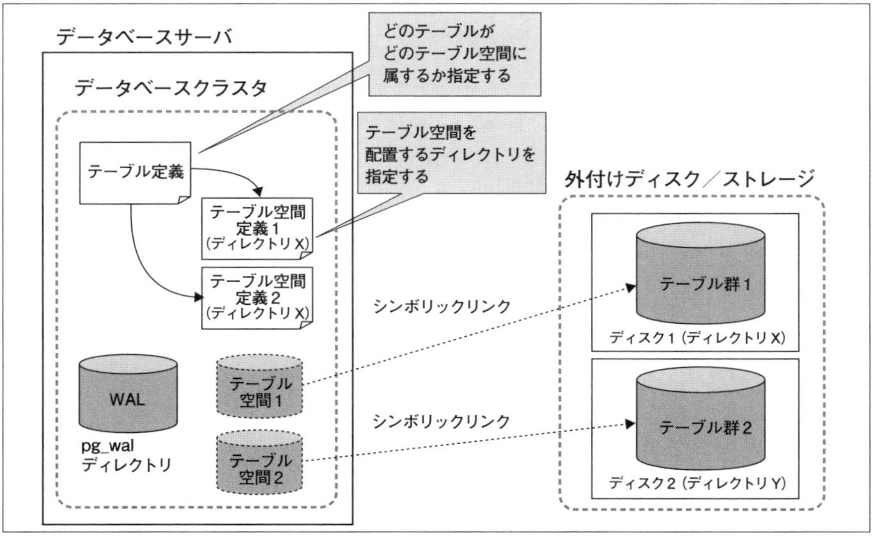

なお、テーブル空間によって複数のディスク上にテーブルやインデックスを分散させた場合、バックアップの取得時には、すべてのテーブル空間に割り当てたディスクを一括して取得する必要があります。

6.5.1：テーブルパーティショニングとの組み合わせ

テーブル空間を使うもう1つの目的として、巨大なテーブルを複数のディスクに分割し、1つのテーブルとして管理したいケースがあります。これはテーブルパーティショニングとの組み合わせで実現します。

1つのディスクに格納しきれない大きなサイズのテーブルを構築する場合は、テーブルをパーティショニング(複数の子テーブルに分割する)し、各子テーブルを別々のディスクに作成したテーブル空間に配置します。こうすることで、物理的に分散して格納されているテーブルを1つのテーブルとして扱えます。

Column　別のテーブル空間へのデータベース・オブジェクトの一括移動

PostgreSQL 9.4以降では、ALTER TABLEコマンド、ALTER INDEXコマンド、ALTER MATERIALIZED VIEWコマンドのオプションが追加され、複数のテーブル／インデックス／マテリアライズドビューをまとめて別のテーブル空間へ移動できるようになりました。

6.6　性能を踏まえたインデックス定義

検索性能を向上させるためにインデックスの設計は必須です。インデックスを使用しない検索は、データ量が少ない場合にはあまり遅く感じなくても、データ量が多くなってくるとデータ量に対し線形に処理時間が増加する傾向があります。

ここでは、インデックス定義で注意が必要な点を確認します。

6.6.1：インデックスの概念

インデックスの基本的な概念は、書籍における索引(インデックス)と同じです。たとえば何百ページもある書籍からある単語を含むページを探し出そうとするケースを考えてみてください。索引が存在しなければ、書籍の先頭ページから1ページずつ順々に参照して、調べたい内容が含まれているかを確認しなければならず、その作業のコストは非常に大きくなるでしょう。

索引が存在する場合、数ページにまとめられた(そして語順でソートされた)索引のページから、調べたい内容に該当する単語を探し出します。索引には、その単語が何ページに記載されているかという情報もセットで記述されており、このページの情報をもとに素早く調べたいページを参照できます。

インデックスを利用するには、インデックスによる検索を行いたい列に対してCREATE INDEXコマンドを使ってインデックスを作成しておきます。基本的にはこれだけで、以降、検索時にインデックスを使った高速な検索が可能になります(実際に問い合わせでインデックスが使われるかどうかは、後述の実行計画の生成によって決定されます)。また、インデックス対象となる列の更新、行の追加や削除があった場合にもインデックスは自動的に更新されます。

6.6.2：更新に対するインデックスの影響

PostgreSQLのインデックスは、インデックス対象の列の更新や、追加・削除があった場合に自動的に追随してインデックスを更新してくれます。逆に言うと、本来のテーブルへの更新以外にインデックスを更新するコストが加算されることになります。そのため、検索で使われないインデックスを作成するというのは、ディスク容量の無駄になるばかりでなく、更新処理の性能が劣化する原因の1つにもなります。

6.6.3：複数列インデックス使用時の注意

PostgreSQLでは複数の列値を組とした複数列インデックスも作成できます。しかし、複数列インデックスを作成しても、実際の問い合わせで使用されないケースがあるので注意が必要です。たとえば、検索時の条件として複数列インデックス作成時に最初に指定した列が含まれない場合には、作成した複数列インデックスは使用されません(**コマンド6.2**)。

検索条件中に複数列インデックスに指定した列をすべて含む必要は必ずしもありませんが、複数列インデックス作成時に記述した列のうち、先頭側に記述した列による絞り込みの効果が高いとプランナが判断した場合に、複数列インデックスは使用されます。

複数列インデックスは、問い合わせ内の検索条件の対象となる複数の列が決まっている場合に有効です。しかしほとんどの場合には、検索条件として

コマンド6.2　複数列インデックスが検索時に使用されない例

```
=# \d test ↵
                Table "public.test"
 Column |  Type   | Collation | Nullable | Default
--------+---------+-----------+----------+---------
 c1     | integer |           |          |
 c2     | integer |           |          |
 c3     | integer |           |          |
 d      | text    |           |          |
Indexes:
    "test_multi_idx" btree (c1, c2, c3)

=# EXPLAIN SELECT * FROM test WHERE c1 < 10 and c2 < 100; ↵
                                QUERY PLAN
-----------------------------------------------------------------------------
 Index Scan using test_multi_idx on test  (cost=0.42..22.60 rows=9 width=44)
   Index Cond: ((c1 < 10) AND (c2 < 100))
(2 rows)

=# EXPLAIN SELECT * FROM test WHERE c2 < 100 and c3 < 100; ↵
                        QUERY PLAN
-------------------------------------------------------------
 Seq Scan on test  (cost=0.00..2041.00 rows=100000 width=44)
   Filter: ((c2 < 100) AND (c3 < 100))
(2 rows)
```

※c1、c2、c3を複数列インデックスとして作成したケース。検索条件にc1とc2を含む場合はインデックスを使った検索を行うが、検索条件に先頭側に指定したc1を使わない場合は、インデックスを使った検索を行わない

使われる可能性がある個々の列に対して、別々のインデックスを作成すれば十分なケースが多いと考えられます。

6.6.4：関数インデックスの利用

インデックスの対象となるのは列値そのものだけではなく、列値を用いた演算結果やSQL関数を適用した結果も含まれます。これを関数インデックスと呼びます。関数インデックスを使う場合は、発行するクエリ側でも同じ形式で関数を呼び出す必要があります(**コマンド6.3**)。関数インデックスは、列値そのままでは評価する演算子を持たないXML型の列を評価するときなどにも使用されます。

コマンド6.3　関数インデックスの使用例

```
=# \d example ⏎
              Table "public.example"
 Column |  Type   | Collation | Nullable | Default
--------+---------+-----------+----------+---------
 id     | integer |           |          |
 data   | text    |           |          |
Indexes:
    "func_idx" btree (upper(data))

=# EXPLAIN SELECT * FROM example WHERE upper(data) = 'XYZ'; ⏎
                               QUERY PLAN
-----------------------------------------------------------------------
 Index Scan using func_idx on example  (cost=0.42..4.44 rows=1 width=9)
   Index Cond: (upper(data) = 'XYZ'::text)
(2 rows)
```

6.6.5：部分インデックスの利用

部分インデックスは、特定の条件を満たす行の値のみをインデックス化の対象とし、列値の分布に偏りがある場合に有効です。たとえば、通常のインデックスを作成しても、頻出する値を検索条件に設定した問い合わせではインデックスを使った検索を行いません。つまり、出現頻度が高い値はインデックスに含まれていますが、検索時に使われない無駄な情報となります。

部分インデックスを使うことで、出現頻度が低いデータのみをインデックス化の対象にできます。また、部分インデックスを作成することで、インデックスサイズの増大を抑止できます。さらに、インデックス対象の列を更新する場合も、部分インデックスの条件で対象外となった行の列値はインデックス更新対象外となり、無駄な更新も発生しなくなります。

部分インデックスを構築するには、CREATE INDEXコマンドで指定する列にWHERE条件を付加します。このとき、WHERE条件には出現頻度の高い値を除外する条件を指定するとよいでしょう。

アプリケーション要件で事前に値の出現頻度が判明し、頻度の高い値が存在する、あるいはNULLが多いなどの情報がある場合には、部分インデックスの適用を検討する価値があります。値の分布が事前に予測できない場合には、部分インデックスを適用するのはリスクを伴うので慎重に検討してください。

部分インデックスの使用例を**コマンド6.4**に示します。この例では、1, 2という値の最頻値を除いた条件を付与してインデックスを設定します。

コマンド6.4　部分インデックスの使用例

```
=# CREATE INDEX test_idx ON test (value) ; ↵
CREATE INDEX
=# SELECT pg_indexes_size('test'); ↵
 pg_indexes_size
-----------------
        22487040
(1 row)

=# EXPLAIN SELECT * FROM test WHERE value = 2;↵
                          QUERY PLAN
-------------------------------------------------------------
 Seq Scan on test  (cost=0.00..21846.00 rows=496467 width=41)
   Filter: (value = 2)
(2 rows)

=# DROP INDEX test_idx ;
DROP INDEX
=# CREATE INDEX test_idx ON test (value) WHERE value >= 100;
CREATE INDEX
=# SELECT pg_indexes_size('test');
 pg_indexes_size
-----------------
          245760
(1 row)

=# EXPLAIN SELECT * FROM test WHERE value = 120;↵
                              QUERY PLAN
------------------------------------------------------------------
 Index Scan using test_idx on test  (cost=0.29..7.34 rows=1 width=41)
   Index Cond: (value = 120)
(2 rows)
```

※この例では値の99％が１または２、残り１％が100以上という数値の分布になっている。部分インデックスを使用せずにインデックスを作成して、最頻値の値で検索してもインデックスは使われていない。このような数値の分布の場合は、最頻値を除いた範囲（100以上）で部分インデックスを作成すると、インデックスサイズが大幅に削減される

Column インデックスの種類

PostgreSQLは、さまざまな種別のインデックスをサポートしているのも特徴の1つです。PostgreSQLでは**表6.A**の組み込みインデックス種別をサポートしています。B-treeインデックスはCREATE INDEXコマンドのデフォルトのインデックス種別です。ほとんどのケースではこの種別のインデックスを使うことになるでしょう。このため、本書で説明するインデックスもB-treeインデックスを対象としています。

表6.A　PostgreSQLでサポートしているインデックスの種類

種別	説明
B-tree	最も一般的なインデックス。ある順番でソート可能なデータに対する等価性や範囲を問い合わせる場合に用いる。CREATE INDEXコマンドで作成されるデフォルトのインデックス種別
Hash	単純な等価性比較で問い合わせる場合に用いる。9.6以前のバージョンではHashインデックスに対する操作はWALに記録されないため、クラッシュリカバリ後に別途REINDEXが必要となる、また、ストリーミングレプリケーションに対応できていないため使用は推奨されていない（PostgreSQL 10からはWALに記録されるようになり、これらの制約はなくなった）
GiST	汎用的なインデックス実装の基盤となるインデックス種別
SP-GiST	GiSTと同様に汎用的なインデックス実装の基盤となるインデックス種別。SPとは空間分割（Space Partitioned）を示し、主に分割管理されるデータ構造をインデックスファイルとして格納する。PostgreSQL 9.2以降からサポートされている
GIN	汎用転置インデックス種別。インデックスの対象となる項目が複数存在するデータに用いる。たとえば全文検索で文書に含まれる単語をGINインデックスとして構築するような用途で使われる
BRIN	ブロックレンジインデックス。論理的な値の並びと物理的な並びに強い相関があり、かつ大規模なテーブルに対する範囲検索で有効になる
bloom	contribモジュールとして提供されるブルームフィルターを利用したインデックス。任意の列の組み合わせに対する等価性比較を行う場合に有効になる

6.7 文字エンコーディングとロケール

6.7.1：文字エンコーディング

PostgreSQLでは、さまざまな文字エンコーディングをサポートしています（**表6.4**）。エンコーディングはサーバ側とクライアント側で設定できますが、それぞれのエンコーディングが異なる場合、エンコーディングの変換が発生する

表6.4　日本語をサポートしているエンコーディング

エンコーディング名	内容
EUC_JP	日本語拡張Unixコード
EUC_JIS_2004	日本語拡張Unixコードの一種（JIS X 0213の符号化方式の1つ）
SJIS	Shift JIS コード。主にWindows系OSで使用されている
SHIFT_JIS_2004	Shift JISコードの一種（JIS X 0213の符号化方式の1つ）
UTF-8	UTF8 Unicodeで定義された文字列を表現するコード

ため、性能上のロスが発生します。このため、サーバとクライアントのエンコーディングは、可能な限り同一のものを使用することが望ましいです。

データベースのエンコーディングとして何を指定すべきかは、アプリケーション要件にも依存します。一般的にJavaアプリケーション内でのエンコーディングはUTF-8になるため、余分なエンコードの変換を行わずに済むUTF-8エンコーディングを指定するのが無難です。

6.7.2：ロケール

ロケールとは、地域（国）によって異なる表記や比較規則を指します。具体的には、単位、記号、日付、通貨などに適用される規則です。PostgreSQLではこうしたロケールの概念をサポートしており、データベースクラスタ全体、またはデータベース単位（PostgreSQL 8.4以降）でロケールを指定することが可能です。ただし、ロケールの使用はメリットだけでなくデメリットもあるため、使用には注意が必要です。

ロケールを適用するメリット

- 文字列関数（upperなど）で半角英数字と全角英数字を等価に扱えるようになる。ロケールを使用すると、半角英数字と全角英数字が等価にみなされるため、厳密に区別したい場合にはロケールの使用は適さない
- 文字列に対してORDER BYを指定したときに、バイトコード順ではなくロケールの辞書による順序で並べ替えられる
- 通貨型を参照するときに、ロケールに従った通貨記号（日本の場合だと¥記号）が付与される

ロケールを適用するデメリット

- 並べ替えやインデックス作成処理などでロケール処理によるオーバヘッドが発生する

・前方一致検索(LIKE '条件値%')でインデックスが使用できなくなる。ロケールを設定しない場合は、前方一致検索でインデックスを使用できる
・OSのロケール機能に依存しているため、同じロケールであってもOSのバージョンやライブラリバージョンが異なると挙動が変わる可能性がある
・ロケールを指定することで、指定できるエンコーディングが固定される可能性がある。UTF-8以外のエンコーディングを使う場合には、ロケールを使うことは推奨できない

このように、メリットもありますがデメリットも多いため、本書ではロケールを使用しない設定を推奨します。ロケールを使用しないようにするには、データベースクラスタを作成するときに--no-localeオプションを指定します。PostgreSQL 8.4以降では、データベースを作成するときにも--localeオプションでロケールを指定できます。データベースクラスタ作成時と異なるロケールをデータベースに設定する場合は、**createdb**コマンドで--template=template0オプションを指定しなければなりません。

createdbコマンドによりロケールを設定する例を**コマンド6.5**に示します。

コマンド6.5　createdbコマンドによるロケールの設定例

```
$ createdb --locale=ja_JP.UTF-8 --template=template0 lc_sample ↵
$ psql -l ↵
                                 List of databases
   Name    |  Owner   | Encoding |   Collate   |    Ctype    |   Access privileges
-----------+----------+----------+-------------+-------------+-----------------------
 lc_sample | postgres | UTF8     | ja_JP.UTF-8 | ja_JP.UTF-8 |
 postgres  | postgres | UTF8     | C           | C           |
 template0 | postgres | UTF8     | C           | C           | =c/postgres          +
           |          |          |             |             | postgres=CTc/postgres
 template1 | postgres | UTF8     | C           | C           | =c/postgres          +
           |          |          |             |             | postgres=CTc/postgres
(4 rows)
```

鉄則

☑ **データファイルのレイアウトを理解し、HOTやFILLFACTORを考慮した設計を心がけます。**

☑ **データファイル、WALファイル、アーカイブファイルの書き出し先を分けます。**

第7章 ロール設計

本章では主に「認可」を対象に、PostgreSQLでのオブジェクトのアクセスコントロールを行うためのロールの設計について説明します。

7.1 データベースセキュリティ設計の概要

データベースセキュリティ設計の要素には以下の4つが挙げられます。

・認証
・認可
・監査
・暗号化

PostgreSQLにおけるロールの役割には「認証」「認可」の2つがあり、セキュリティ設計の一部としてこれらを設計する必要があります。

・認証：データベースへの接続を制御する
・認可：データベースオブジェクトの操作を制御する

ロールによって制御が行われるのは**図7.1**の点線に示す範囲です。

図7.1　セキュリティ設計におけるロールが関与する範囲

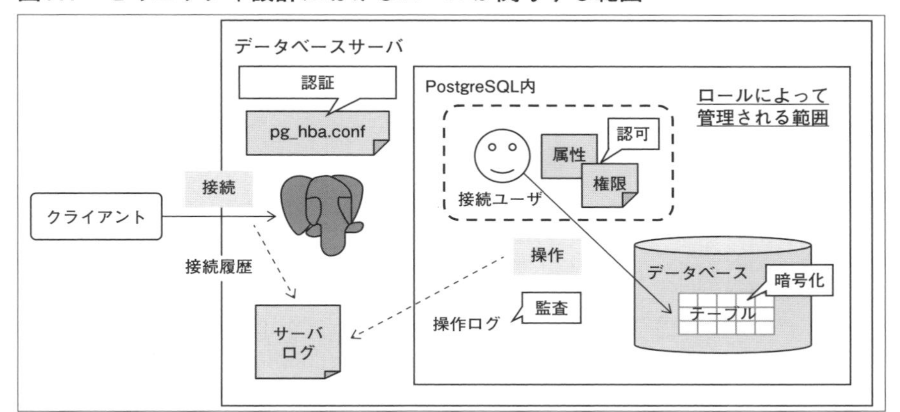

7.2 PostgreSQLにおけるロールの概念

PostgreSQLにおけるロールの概念には、「ユーザの概念」と「グループの概念」が含まれます。

まず、ユーザの概念として、データベースへの接続承認の管理を行えます。次にグループの概念として、データベースオブジェクトへのアクセス権限の管理、ロールのメンバ資格をほかのロールに付与できます。PostgreSQL 8.1以前では、ユーザとグループはそれぞれ異なるものとして扱われていましたが、現在はロールという同一の実体に集約されています。

Oracleなどのほかの RDBMSにおいてロールは「権限の集合」を指し、「ユーザ」とは異なる概念であるため、データベースにログインする際にロールを使用することはできません。

7.2.1：PUBLICロール

PostgreSQLでは、デフォルトで存在し、削除できない特別なロールとしてPUBLICロールが存在します。PostgreSQLで作成したロールはすべてPUBLICロールを継承する形で作成されます(**図7.2**)。PUBLICロールが持つ権限はすべてのロールが無条件で持つことになるため、扱いには注意が必要です。

PUBLICロールはロール名が表示されません。**コマンド7.1**のように権限情報を取得した際、「=UC/postgres」とロール名が空欄で表示されます。

図7.2　暗黙的に付与されるPUBLICロール

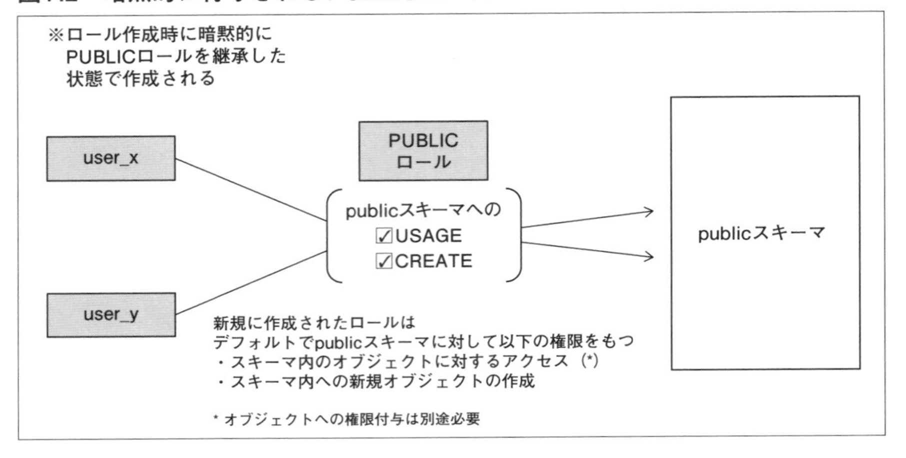

コマンド7.1　publicスキーマに対する権限の状態を確認する

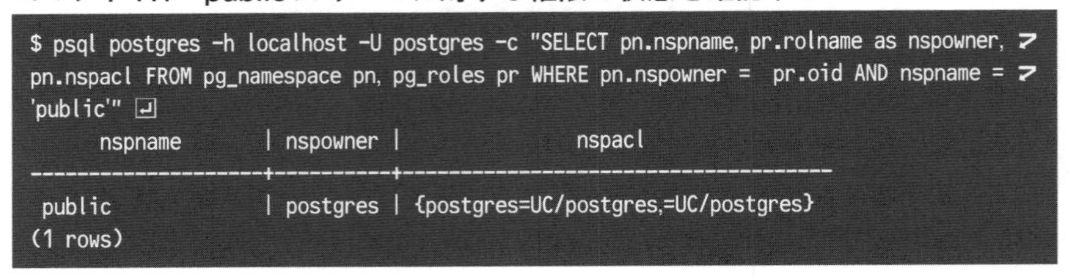

```
$ psql postgres -h localhost -U postgres -c "SELECT pn.nspname, pr.rolname as nspowner, ⤶
pn.nspacl FROM pg_namespace pn, pg_roles pr WHERE pn.nspowner =  pr.oid AND nspname = ⤶
'public'" ↵
      nspname       | nspowner |                 nspacl
--------------------+----------+--------------------------------------
 public             | postgres | {postgres=UC/postgres,=UC/postgres}
(1 rows)
```

アクセスコントロール情報(nspacl等)の読み方は以下のとおりです。

<ロール名>=<付与されたアクセス権限>/<対象のロールに権限を付与したロールの名前>

PostgreSQL 14時点での仕様で注意すべき点として、PUBLICロールはデフォルトで作成されるpublicスキーマへのCREATE権限を持つことが挙げられます。CREATE権限を持つロールは、publicスキーマ上にオブジェクトを自由に作成できます。

システム構築時にpublicスキーマ内にオブジェクトを作成して使用するケースでは特に注意が必要で、デフォルト設定のままでは、任意に作成した一般ユーザがpublicスキーマ上に自由にテーブルなどを作成できてしまいます。通常、オブジェクトには、アクセス権限を付与しない限り無断でアクセスされるこ

コマンド7.2　publicスキーマに対するPUBLICロール（すべてのユーザ）の権限を剥奪する

```
=# REVOKE ALL ON SCHEMA public FROM PUBLIC; ↵
REVOKE
```

とはありませんが、publicスキーマを利用している場合はシステムで確保した領域に意図しないオブジェクトが作成される可能性があります。

コマンド7.2のSQLを実行することで、PUBLICロールからpublicスキーマに対する権限を剥奪し、上記のようなトラブルを防ぐことが可能です。

7.2.2：定義済みロール（Predefined Roles）

PostgreSQLでは、バージョンを重ねるごとにセキュリティ強化を目的とした改善が行われてきました。その改善の1つに定義済みロール[注1]というものが存在します。

PostgreSQLにはスーパーユーザしか許可されていない操作やデータがいくつか存在し、その操作の中にはDBのメンテナンス処理として実行するものも含まれています。しかし、これらすべての操作においてスーパーユーザ権限を付与するのは、権限を過剰に与えることになってしまいます。そこで、スーパーユーザの権限の一部を一般ユーザに持たせることができるように権限群が提供されるようになりました。それが定義済みロールです。

定義済みロールの種類は徐々に増えており、PostgreSQL 14では11種類が実装されています(**表7.1**)。

PostgreSQL 14からは、参照用ユーザや更新用ユーザを作成する際に便利なpg_read_all_data, pg_write_all_dataが新たに実装されました。

pg_read_all_dataは、複数の業務用スキーマを用意している場合において、全データに参照権限を持たせる場合に有効な権限です。通常、テーブルなどのデータベースオブジェクトに対するアクセス権限はGRANTコマンドで個別に指定する必要がありますが、このロールを付与することで個別に設定する手順を省略できます。

pg_write_all_dataの利用にあたっては少し注意が必要です。こちらはデータの更新を許可するためのロールですが、UPDATEなどの参照権限が必要なSQLはpg_write_all_data権限だけでは権限が不足しており、処理に失敗します。

注1　PostgreSQL 13までは「デフォルトロール」という名称でしたが、14から名称が変更されました。

表7.1　定義済みロール一覧

ロール名	9.6	10	11	12	13	14	許可されたアクセス
pg_read_all_data						○	すべてのスキーマへのUSAGE権限、すべてのテーブル、ビュー、シーケンスに対してSELECT権限と同等のアクセスを許可する。BYPASSRLS属性は持たない
pg_write_all_data						○	すべてのスキーマへのUSAGE権限、すべてのテーブル、ビュー、シーケンスに対してINSERT、UPDATE、DELETE権限と同等のアクセスを許可する。BYPASSRLS属性は持たない
pg_read_all_settings		○	○	○	○	○	すべての設定変数の参照を許可する。スーパーユーザのみが取得できる情報も参照可能
pg_read_all_stats		○	○	○	○	○	すべてのpg_stat_*ビューの参照を許可し、統計関連の拡張機能の使用を許可する。スーパーユーザのみが取得できる情報も参照可能
pg_stat_scan_tables		○	○	○	○	○	長時間シェアロックを取得する可能性があるモニタリング関数の実行を許可する
pg_monitor		○	○	○	○	○	pg_read_all_settings、pg_read_all_stats、pg_stat_scan_tablesを包括して許可する
pg_database_owner						○	暗黙的に現在のデータベース所有者のメンバとして構成する
pg_signal_backend	○	○	○	○	○	○	ほかのバックエンドのクエリのキャンセルやセッションの終了を許可する
pg_read_server_files			○	○	○	○	データベースサーバ上でアクセスできる場所からファイルの読み込みを許可する
pg_write_server_files			○	○	○	○	データベースサーバ上でアクセスできる場所へのファイルの書き込みを許可する
pg_execute_server_program			○	○	○	○	データベースを実行するユーザで、COPYなどのサーバサイドプログラムを実行することを許可する

定義済みロールに限りませんが、上記のとおり、必要な権限を満たしているかどうか説明だけでは確認が難しい面もあります。ロールの設計を行った際は、設定した権限に過不足がないか動作確認することをおすすめします。

Column **publicスキーマに対するセキュリティ強化（PostgreSQL 15）**

PostgreSQL 15からは、14で新たに追加された定義済みロール（pg_database_owner）がpublicスキーマに適用されたことで、デフォルトでpublicスキーマへのCREATE権限をもつロールがデータベースの所有者に制限されました。

publicスキーマに対してデフォルトでCREATE権限を持っていることを前提にした設計を行っている場合、PostgreSQL 15では、権限不足によるエラーが発生します。これを機会にロールの設計を行うようにしてください。

```
$ psql postgres -h localhost -U postgres -c "SELECT pn.nspname, pr.rolname as ↗
nspowner, pn.nspacl FROM pg_namespace pn, pg_roles pr WHERE pn.nspowner =  pr.oid ↗
AND nspname = 'public'" ↵
     nspname      |      nspowner      |                 nspacl
------------------+--------------------+----------------------------------------
 public           | pg_database_owner | {pg_database_owner=UC/pg_database_owner,
                                                 =U/pg_database_owner}
(1 row)
```

7.3 ロールの設計方針

セキュリティ対策として一般的な考えに、職務分掌と最小権限の原則があり、データベースのセキュリティ対策もこの原則に従うことをおすすめします。

PostgreSQLは、デフォルトでスーパーユーザ属性を持つロールが作成されます。RPMでインストールした場合は、このロールはpostgresという名前で作成されます。スーパーユーザ属性を持つロールはあらゆる操作が可能です。最小権限の原則に則り、スーパーユーザ属性を持つロールを実システムの通常運用時に使用することは避けましょう。また、職務分掌として、運用で必要な分のロールを新たに作成し、実施内容に合わせて使い分けましょう。

7.3.1：PostgreSQLにおける職務分掌・最小権限の対応機能

PostgreSQLでは、スーパーユーザ属性を持つロールのみが許可されている操作がいくつか存在します。しかし、その操作を許可したいためにロールにスーパーユーザ属性を付与することは、職務分掌・最小権限の原則から外れてしまいます。ここで重要になるのが、「7.2.2　定義済みロール」で説明したロールです。すでに説明したとおり、定義済みロールはスーパーユーザ属性のみが可能な特定の操作を許可するロールなので、対象のロールに定義済みロールをGRANTすることで部分的にスーパーユーザ属性のみが可能な操作を実行できます。

7.3.2：管理者ユーザと一般ユーザの分離の例

ここでは、スーパーユーザ属性を持つロールを「管理者ユーザ」、それ以外を「一般ユーザ」という分類で、一般的なシステムでの運用において必要と想定されるユーザを用いた分離の例を示します（**表7.2**）。

表7.2では、ロールはユーザとしてのみ使用し、グループとして使用していません。ユーザを多く作成する場合は、グループとしてのロールを利用することで管理しやすくできます。なお、こちらはあくまで分離の例なので、実際にはシステムの要件に応じたロール設計が必要である点に注意してください。

データベースの一部の操作には、スーパーユーザ属性のみに許可されたものが存在します。これらの操作についても、定義済みロールを付与することで、スーパーユーザ属性を持たないロールでも操作できるものがあります。ただし、定義済みロールがスーパーユーザ属性のすべての操作を網羅しているわけではありません。定義済みロールでも操作できない操作を行う場合は、そのケースのみスーパーユーザ属性を持ったロールで作業するといった運用方針にすることが求められます。

7.3.3：設計が必要な要素

ロールの設計要素には大きく分けて、以下の2種類が存在します。

表7.2　必要と想定されるユーザの例と分類

分類	ユーザ名	スーパーユーザ属性	用途
管理者ユーザ	システム管理ユーザ	有	システム管理者用のユーザ。スーパーユーザ属性が必要な操作のみで使用する
一般ユーザ	アプリケーションユーザ	無	アプリケーションがデータベースを操作する際に使用する
	保守メンテナンスユーザ	無	サービス開始後、保守担当者がデータベースのメンテナンス処理を行う際に使用する

・属性
　例：スーパーユーザ属性、データベースへのログイン属性など
・権限
　例：テーブルの参照権限、削除権限など

ロールの属性の変更はALTER ROLEコマンドで行い、権限の変更はGRANTコマンド、REVOKEコマンドによって行います(**表7.3**、**表7.4**)。なお、権限はデータベースオブジェクト単位(データベース、スキーマ、テーブルなど)に設定する必要があります。権限名が同じであっても、対象オブジェクトによって許可される内容が異なる場合があるため、各オブジェクトで「それぞれの権限が何を許可するか」は理解しておく必要があります。

表7.3　変更可能な属性（抜粋）

属性名	制御する内容
SUPERUSER	スーパーユーザ属性の有無を定義する
CREATEDB	データベースの作成に関する属性を定義する
CREATEROLE	新しいロールを作成する属性を定義する
INHERIT	属するロールの権限を継承するかを定義する
LOGIN	データベースへのログイン属性を定義する

表7.4　変更可能な権限（抜粋）

オブジェクト	権限名	制御する内容
データベース	CREATE	データベース内での新たなオブジェクト作成を許可する
	CONNECT	データベースに接続することを許可する
	TEMPORARY	データベース内で一時テーブル作成を許可する
スキーマ	CREATE	スキーマ内に新しいオブジェクトを作ることを許可する
	USAGE	スキーマ内に含まれるオブジェクトへのアクセスを許可する
テーブル	SELECT	テーブル、ビューにSELECTすることを許可する
	INSERT	テーブル、ビューに新しい行をINSERTすることを許可する
	UPDATE	テーブル、ビューの列をUPDATEすることを許可する
	DELETE	テーブル、ビューの列をDELETEすることを許可する
	TRUNCATE	テーブル、ビューのTRUNCATEを許可する
	REFERENCES	テーブルの列を参照する外部キー制約作成を許可する
	TRIGGER	テーブル、ビューでのトリガ作成を許可する

Column 監査のためのロールの分離

セキュリティ設計の要素の1つに「監査」が存在します。PostgreSQLでは標準機能で監査を行うことは難しいですが、いざ監査を行う場合に誰が何をしていたのかを特定するため、ロールを分けておく必要があります。どの時間に、どのロールが、どこにアクセスしていたのかをログに残せますが、ロールを分けずすべて同じロールで処理を行っていた場合、該当時間の作業者を特定できず監査が機能しません。

また、監査した内容はログファイルに出力されるため、全ロールを監査すると大量のログによって性能への影響が問題となる可能性があります。そこで「強権限を持つロールのみを監査の対象とする」などの運用によって、性能への影響を極力抑えつつも、監査によってセキュリティを強化できます。

7.4 ロール設計のサンプル

表7.2で示した「システム管理ユーザ」「アプリケーション用ユーザ」「保守メンテナンス用ユーザ」を作成し、必要な権限を設定する際のSQL文のサンプルを以下に示します。

管理者ユーザとしてsuperuser属性を持つadminユーザを作成し（**コマンド7.3**）、アプリケーション用ユーザは更新用と参照用を作成します。デフォルトのpostgresユーザは、使用できないようにログイン属性を外します。なお、testdbデータベース上の業務用スキーマ（gyomu_schema）には複数の業務用テーブル（gyomu_table01〜gyomu_table03）があり、hosyu_userで作成されることを前提とします。

コマンド7.4のコマンド例は、adminユーザで実施しているものとします。

最初に、システムの運用で使用するログイン権限を持つロールを作成します。このとき、CREATEROLE属性は安易に一般ユーザに設定しないことをおすすめします。CREATEROLE属性を持つユーザは新たなロールを作成できます。CREATEROLE属性を持つユーザは**表7.1**に示す定義済みロールを付与でき

コマンド7.3　管理者ユーザの作成

```
testdb=# CREATE ROLE admin WITH LOGIN superuser; ↵
CREATE ROLE
```

コマンド7.4　一般ユーザの作成

```
testdb=# CREATE ROLE app_user_w WITH LOGIN; ↵
CREATE ROLE
testdb=# CREATE ROLE app_user_r WITH LOGIN; ↵
CREATE ROLE
testdb=# CREATE ROLE hosyu_user WITH LOGIN; ↵
CREATE ROLE
```

るため、悪意のある利用者がCREATEROLE属性を持つユーザを使用した場合、やりかたによってはOSの操作など想像以上に自由な操作を行うことができるので注意が必要です。ロールの作成は一般ユーザではなく、管理者ユーザのみで行うようにしましょう。

なお、**コマンド7.4**では、testdbに接続した状態で該当のロールを作成していますが、ロールはデータベースクラスタ内で共通で使用されるため、どのデータベースで作成しても問題ありません。また、ログイン権限を持つロールを作成する場合はCREATE USERコマンドを使用することでも実施可能です。

次に**コマンド7.5**で、システムの運用に必要なオブジェクトを操作する権限をロールに付与します。注意が必要なのは、業務用スキーマへの権限とスキーマ内に作成されたオブジェクトの権限が独立している点です。業務用テーブルにアクセスするためには、テーブルへの権限に加え作成先のスキーマへの

コマンド7.5　運用に必要なオブジェクトの権限付与

```
testdb=# GRANT CONNECT, TEMPORARY ON DATABASE testdb TO app_user_w; ↵
GRANT
testdb=# GRANT CONNECT, TEMPORARY ON DATABASE testdb TO app_user_r; ↵
GRANT
testdb=# GRANT CREATE, CONNECT, TEMPORARY ON DATABASE testdb TO hosyu_user; ↵
GRANT
testdb=# GRANT USAGE ON SCHEMA gyomu_schema TO app_user_w; ↵
GRANT
testdb=# GRANT USAGE ON SCHEMA gyomu_schema TO app_user_r; ↵
GRANT
testdb=# GRANT USAGE, CREATE ON SCHEMA gyomu_schema TO hosyu_user; ↵
GRANT
testdb=# GRANT SELECT, INSERT, UPDATE, DELETE ON ALL TABLES IN SCHEMA gyomu_schema TO ➡
app_user_w; ↵
GRANT
testdb=# GRANT SELECT ON ALL TABLES IN SCHEMA gyomu_schema TO app_user_r; ↵
GRANT
```

USAGE権限が必要となります。

なお、hosyu_userでgyomu_schemaにテーブルなどのオブジェクトを作成した後、app_userが新規に作成されたオブジェクトにアクセス可能にするには、都度、対象のオブジェクトに対するGRANT操作が必要です。

デフォルトで作成されるpublicスキーマで自由にデータベースオブジェクトを作成できないよう、PUBLICロールからCREATE権限、USAGE権限を剥奪します(**コマンド7.6**)。

システムの運用で使用しないpostgresロールの利用を停止します(**コマンド7.7**)。postgresロールは自動作成されるロールで、DROP ROLEで削除することはできません。postgres利用の停止は、運用のために作成したsuperuser属性を持つadminロールを使用してpostgresロールにNOLOGIN属性を付与することで実現できます。

ロールが設計どおりの属性、権限を持っているかどうかは**コマンド7.8**、**コマンド7.9**のSQLで確認できます。

コマンド7.6　publicスキーマへの権限を剥奪

```
testdb=# REVOKE ALL ON SCHEMA public FROM PUBLIC; ↵
REVOKE
```

コマンド7.7　postgresロールの停止

```
testdb=# ALTER ROLE postgres WITH NOLOGIN; ↵
ALTER
```

コマンド7.8　ロールの属性を確認

```
testdb=# \du ↵
                                   List of roles
 Role name  |                         Attributes                          | Member of
------------+-------------------------------------------------------------+-----------
 admin      | Superuser                                                   | {}
 app_user_r |                                                             | {}
 app_user_w |                                                             | {}
 hosyu_user |                                                             | {}
 postgres   | Superuser, Create role, Create DB, Cannot login,            | {}
            | Replication, Bypass RLS
```

コマンド7.9　各オブジェクトへの権限の状態を確認

```
testdb=# SELECT grantee, table_name, string_agg(privilege_type, ',' ORDER BY privilege_↩
type) FROM information_schema.role_table_grants WHERE grantee LIKE '%_user_%' AND ↩
table_schema = 'gyomu_schema' GROUP BY (grantee, table_name); ⏎
  grantee   |  table_name   |         string_agg
------------+---------------+-----------------------------
 app_user_r | gyomu_table01 | SELECT
 app_user_r | gyomu_table02 | SELECT
 app_user_r | gyomu_table03 | SELECT
 app_user_w | gyomu_table01 | DELETE,INSERT,SELECT,UPDATE
 app_user_w | gyomu_table02 | DELETE,INSERT,SELECT,UPDATE
 app_user_w | gyomu_table03 | DELETE,INSERT,SELECT,UPDATE
(6 rows)


testdb=# \dn+ ⏎
                              List of schemas
     Name     |   Owner    |    Access privileges     |      Description
--------------+------------+--------------------------+------------------------
 gyomu_schema | hosyu_user | hosyu_user=UC/hosyu_user+|
              |            | app_user_w=U/hosyu_user +|
              |            | app_user_r=U/hosyu_user  |
 public       | postgres   | postgres=UC/postgres     | standard public schema
(2 rows)


testdb=# \l ⏎
                              List of databases
   Name    |  Owner   | Encoding | Collate | Ctype |   Access privileges
-----------+----------+----------+---------+-------+-----------------------
 postgres  | postgres | UTF8     | C       | C     |
 template0 | postgres | UTF8     | C       | C     | =c/postgres          +
           |          |          |         |       | postgres=CTc/postgres
 template1 | postgres | UTF8     | C       | C     | =c/postgres          +
           |          |          |         |       | postgres=CTc/postgres
 testdb    | admin    | UTF8     | C       | C     | =Tc/admin            +
           |          |          |         |       | admin=CTc/admin      +
           |          |          |         |       | app_user_w=Tc/admin  +
           |          |          |         |       | app_user_r=Tc/admin  +
           |          |          |         |       | hosyu_user=CTc/admin
(4 rows)
```

鉄則

- ☑ 最低限のロールの設計として、管理者ユーザと一般ユーザは分離し、ロールは目的別に使い分けます。
- ☑ スーパーユーザ属性を持つロールはむやみに作成しません。定義済みロールも活用し、最低限の権限付与に留められるか検討します。
- ☑ CREATEROLE属性は任意の定義済みロール付与したロールを作成できる強力な権限なので、一般ユーザには付与しません。
- ☑ 権限はオブジェクト単位で設定が必要であり、データベースに対する権限を付与しても所属するスキーマやテーブルへの権限は自動で付与されません。

Column **createuser/dropuserクライアントユーティリティ**

本書では、SQLコマンドによるロールの作成について説明を行いましたが、クライアントユーティリティを使用してロールの作成／削除を行うことが可能です。createuserはCREATE ROLEを実行するためのコマンド、dropuserはDROP ROLEを実行するコマンドとして提供されています。SQL文で直接操作できる内容と、クライアントユーティリティを用いて操作できる内容に違いはありません。

第8章 バックアップ計画

本章では、バックアップ計画を立てるうえで押さえておくべき「方式」「要件」などを整理します。まずは、PostgreSQL で実行可能なバックアップ方式の「コールドバックアップ」「オンライン論理バックアップ」「オンライン物理バックアップ」の違いを踏まえた考え方を把握しましょう。

8.1 最初に行うこと

バックアップ計画を立てる際は、最初にリカバリ要件を明確にします。

・障害発生時にどの時点までのデータを復元するか
・データベースの再開までに許容される時間がどの程度あるか

そして、データをバックアップするのに許容される時間やバックアップの世代管理などの要件に合うバックアップ方式を用いた計画を作成します。

レプリケーション構成で使用するスタンバイは、厳密にはバックアップとしては扱えないということは注意する必要があります。バックアップとして扱えない理由の1つとして、たとえば誤った操作を行ってしまった場合、スタンバイではプライマリの操作内容が反映されるため、スタンバイを使用しても誤った操作を行う前の状態にデータベースを戻すことはできません。

8.2 PostgreSQLのバックアップ方式

PostgreSQLのバックアップを大きく分類すると「オフラインバックアップ」と「オンラインバックアップ」の2種類があります。それぞれいくつかの方法で実現可能ですが、各バックアップ方式で特徴が異なります。特徴を理解して要件に合ったバックアップ方式を採用します。**表8.1**に各バックアップ方式の長所と短所をまとめます。

8.2.1：オフラインバックアップ

物理バックアップ

コールドバックアップと呼ばれる方式です。PostgreSQLを停止してデータベースクラスタのバックアップを取得します。リストアはバックアップ取得時点までです。

8.2.2：オンラインバックアップ

論理バックアップ

pg_dumpやpg_dumpallを用いて、データベースの中身全体あるいは一部を論理的に抽出する方式です。復元できるのはバックアップ取得時点までです。パラレルpg_dumpやパラレルpg_restoreを使用することで、CPUコア数やディスク性能に余裕のあるケースでは効率良くバックアップ／リストアを行えます。また、物理バックアップとは異なり、データベースの一部のみをバックアップとして取得できます。

物理バックアップ

データベースのデータとリカバリに必要な物理ファイルをバックアップとして取得する方式です。データベースのデータはベースバックアップと呼ばれ、バックアップ済みのWALファイル(アーカイブログ)と組み合わせることで、ベースバックアップ取得後(pg_basebackupコマンド、pg_stop_backup関数実行以降)の任意の時点に復元できます。

表8.1　バックアップ方式による長所／短所

バックアップの種類	バックアップ方式	長所	短所
オフラインバックアップ	物理バックアップ	・手順が簡易である	・運用中にバックアップできない ・復元できる時点はバックアップ取得時点のみ
オンラインバックアップ	論理バックアップ	・運用中にバックアップできる ・手順が簡易である ・データベースから部分的にバックアップできる	・復元できる時点はバックアップ取得時点のみ ・物理バックアップに比べて復元にかかる時間が長い
	物理バックアップ	・運用中にバックアップできる ・任意の時点にリカバリできる	・運用手順が煩雑である

8.3 主なリカバリ要件／バックアップ要件

主なリカバリ要件は、「取得時点に戻せればよいのか」「問題発生(オペレーションミスやクラッシュ)直前まで戻すのか」といったリカバリポイントに対する要件と、「許容されるサービス停止時間内に復旧できるか」といったリカバリ時間に対する要件があります。

一方、主なバックアップ要件は、バックアップ取得に許容できる時間やPostgreSQLの停止可否、世代管理方針などがあります。

8.3.1：要件と方式の整理方法

バックアップ計画を立てる場合には、まずはリカバリポイント要件を満たすバックアップ方式から検討し、その後、リカバリ時間やバックアップ要件と照らし合わせて詳細化します。

まず、リカバリポイント要件に対応するバックアップ方式として、次のように整理します(**図8.1**)。

・バックアップ取得時点まで戻したい
　→「コールドバックアップ」「オンライン論理バックアップ」
・問題発生直前まで戻したい
　→「オンライン物理バックアップ」

バックアップ取得時点まで戻すのであれば、次にPostgreSQLを止めてもよ

図8.1　バックアップ計画立案の流れ

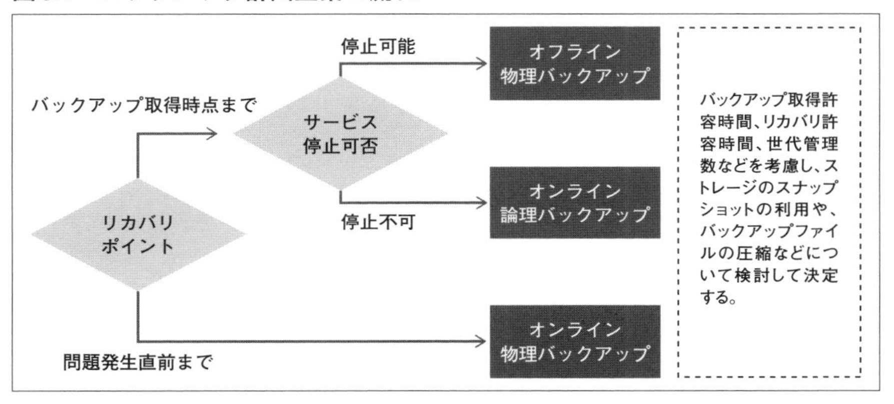

いかのバックアップ要件の観点も加えて検討します。PostgreSQLを止めてもよいのであれば「コールドバックアップ」の取得を、PostgreSQLの継続動作が必要であれば「オンライン論理バックアップ」の取得を検討します。

続いて、バックアップ取得時間やリカバリ時間、世代管理方針の要件をクリアできるかも含めて検討します。この際、システムとしてデータ量がどのように増加していくのかといった想定や、利用するサーバのスペックを加味する必要があります。同程度の状況を再現し事前に検証できるとよいでしょう。

8.4 各バックアップ方式の注意点

各バックアップ方式で注意すべき点をまとめます。

8.4.1：コールドバックアップの注意点

PostgreSQLを停止し、データベースクラスタをまるごとバックアップすれば完了です。任意のテーブル空間を作成している場合は、その領域も忘れずにバックアップを取得してください。

テーブル空間を作成している場合、データベースクラスタ配下のpg_tblspcには、実際のテーブルやインデックスが格納される領域へのシンボリックリンクが格納されているだけなので、リンク先にあるデータ実体もきちんとバックアップする必要があります。バックアップ取得時に使用するコマンドによっては、シンボリックリンクだけ取得してしまうこともあるので注意してください。

リストア／リカバリについても注意が必要で、データベースクラスタ、テーブル空間のデータをすべて元の位置に配置しなおしてPostgreSQLを起動する必要があります。

WAL領域(pg_wal)の位置にも気を付ける必要があります。DBクラスタ作成時に`initdb -X`でデフォルトとは異なる位置にWAL領域を指定していた場合には、テーブル空間同様にデータベースクラスタ配下のpg_walは実際のWAL領域を指し示すシンボリックリンクとなります。このため、実体であるWAL領域のWALファイルも確実にバックアップする必要があります。

8.4.2：オンライン論理バックアップの注意点

PostgreSQL付属コマンドの`pg_dump`もしくは`pg_dumpall`を用いてオンライン論理バックアップを取得します。その際、どのような形式のバックアップを取得するかに注意します。

pg_dumpではプレーンテキスト、カスタム、tar、ディレクトリといった形でバックアップを取得可能です。プレーンテキストは人が見て編集も可能なテキスト形式のバックアップで、カスタム、tar、ディレクトリはバイナリ形式のバックアップです。リストア時にはプレーンテキスト形式であればpsqlを用い、バイナリ形式であれば、pg_restoreを用います。

またpg_dumpでは、データベース／テーブル単位のバックアップが可能ですが、逆にユーザやデータベースクラスタ全体に共通のデータはバックアップできないことにも注意が必要です。これらのデータをバックアップする際には、pg_dumpallを用いてバックアップを取得します。pg_dumpallはテキスト形式のバックアップのみサポートしているので、リストア時はpsqlを用います。

なお、pg_dump、pg_dumpallともテーブル空間やラージオブジェクトのバックアップに対応しています。

そのほかに注意すべき点としては、PostgreSQLの設定ファイル類のバックアップが取得できないことが挙げられます。postgresql.confやpg_hba.confなどの情報は論理バックアップでは取得できないので、必要な場合は論理バックアップとは別に各ファイルのバックアップ(ファイルコピー)を取得します。

8.4.3：オンライン物理バックアップの注意点

コールドバックアップの注意点と同様にテーブル空間、WAL領域のデータも確実にバックアップする必要があります。pg_basebackupコマンドを利用する場合は、PostgreSQLがレプリケーションを行える状態になっている必要がありますが、テーブル空間やWAL領域のバックアップを取得するためのオプションが提供されているため、積極的に利用することをおすすめします。pg_basebackupは1プロセスで物理バックアップを取得する仕様のため、バックアップにかかる時間はデータベースクラスタのサイズに比例します。大規模なデータを使う場合、pg_basebackupでバックアップ要件を満たせるのか必ず確認してください。

また、システムのバックアップ要件や世代管理方針にもよりますが、基本的にベースバックアップの取得後、その時点(pg_stop_backup関数実行時点)より前の状態へのリカバリが不要であれば、pg_start_backup関数実行前までのアーカイブログは不要になります。しかし、PostgreSQLは自動的に不要なアーカイブログを削除できないので、定期的に削除する運用が必要です。

なお、pg_archivecleanupユーティリティコマンドを使うことで、比較的容易に取得したベースバックアップのリカバリに不要なアーカイブログを自動で特定／削除できます。

8.4.4：データ破損に対する注意事項

データベースクラスタでチェックサムを有効にすることでpg_basebackup実行時にデフォルトでチェックサムの確認を行い、データ破損を検知できます。なお、取得済みのバックアップファイル自体に対するデータ破損を検知したい場合は、PostgreSQL 13から導入されたバックアップマニフェストファイルを取得し、pg_verifybackupコマンドを使用してバックアップファイルの妥当性を確認することでデータ破損を検知できます。

バックアップ取得時のチェックサムの確認およびバックアップマニフェストとpg_verifybackupコマンドによるバックアップファイルの妥当性確認を行いたい場合は、データベースクラスタでチェックサムを有効にしている必要があります。pg_basebackupを使わない場合やチェックサムを無効化している場合は、データ破損の検知方法は別途検討する必要があります。

8.5　バックアップ／リカバリ計画の例

バックアップ／リカバリの設計は、システムのバックアップ／リカバリ要件に基づいて行います。要件を確認した際、もし不明瞭な内容がある場合は設計前に必ず要件の明確化を行い、万が一の障害発生時に確実に復旧できるように備えます。本節では、システムのバックアップ／リカバリ要件の例を用いて、バックアップ／リカバリの設計の例を示します。

なお、ここで取り上げる要件は例として用意した、シンプルなものになっています。実際にはもっと複雑な要件が提示される可能性がある点にご注意ください。

(1) バックアップ要件

- 業務データのバックアップは、システム変更時などの任意のタイミングおよび定期的に取得できること
- 日曜日に6時間以内でフルバックアップを取得できること
- バックアップ取得中でも、データ更新ができること
- バックアップデータは3世代管理できること

・バックアップ取得前に業務データの破損を検知できること

(2) リストア／リカバリ要件

・ディスク障害など発生時にバックアップ領域からリストアできること
・障害発生直前を含む任意の時点にリカバリができること
・リストア／リカバリ要求があった際に12時間以内に作業をリカバリまで完了できること
・以下の事由により時間内のリカバリが困難な場合は、見込み所要時間を提示できること
 - 業務データサイズ
 - 前回フルバックアップから復旧時点までの更新量

これらの要件を用いて、バックアップの取得方法選択についての考え方とバックアップファイルの管理について整理します。なお、ここではあくまで検討の例を示すものとします。バックアップ／リカバリ設計では、これらの項目以外にもバックアップ領域の設計や運用の設計などについても整理する必要がある点に注意してください。

8.5.1：バックアップの取得方法

最初に注目すべきは、要件に挙げられた以下の項目です。

・バックアップ取得中でも、データ更新ができること
・障害発生直前を含む任意の時点にリカバリができること

8.3節で示したとおり、これらの条件を満たす手段はオンライン物理バックアップのみです。

まず、「バックアップ取得中でもデータ更新ができること」という要件から、オンラインによるバックアップの取得が必要であることが分かります。また、2点目の「障害発生直前を含む任意の時点にリカバリできること」という要件から、pg_dumpなどの論理バックアップではなく、pg_basebackupのような物理バックアップが必要であることが分かります。

オンライン物理バックアップを取得するには以下の方法が考えられます。

・pg_basebackup

・pg_start_backup/pg_stop_backup

ここで注目するのは、「バックアップ取得前に業務データの破損を検知できること」という要件です。データベースクラスタでチェックサムを有効にしている場合、pg_basebackupを使用することでデフォルトでバックアップ取得対象のデータのチェックサムを確認できます。pg_start_backup/pg_stop_backupでもブロック破損の検知は可能ですが、バックアップ取得前にバックアップ対象の全データのスキャンが必要になります。

取得方法を決めるための要件がほかにないこと、また、コマンド1つでバックアップ取得とデータ破損検知が可能であり、運用がよりシンプルであることから、ここではpg_basebackupを採用するのが妥当であると考えられます。

ただし、pg_basebackupによるバックアップ取得にかかる時間はデータベースサイズに影響を受けやすいため、データベースサイズがTBを超える、かつバックアップ取得にかけられる時間が短い場合はpg_start_backup/pg_stop_backupを採用し、ストレージ機器の持つスナップショット機能を使用するというケースも考えられます。環境や条件に応じて、適切なバックアップ取得方法を選択します。

8.5.2：バックアップファイルの管理

続いて、取得したバックアップファイルの管理についての設計を行います。ここで注目すべきは以下の要件です。

・日曜日に6時間以内でフルバックアップを取得できること
・バックアップデータは3世代管理できること
・障害発生直前を含む任意の時点にリカバリができること

これらの要件から、週次フルバックアップを日曜日に取得する必要があり、任意の時点へのリカバリのため1週間で発生するアーカイブログのバックアップも保持しなければいけないことが分かります。また、バックアップデータは3世代分保持することから、取得したフルバックアップのデータとアーカイブログの世代管理が必要であるということも読み取れます。

バックアップファイルの管理について設計が必要な要素はいくつかありますが、この要件では、「どのファイルを管理するか」「どのように世代管理するか」がポイントになります。

どのファイルを管理するか

まず、どのファイルを管理するかについて考えます。8.5.1で検討したとおり、pg_basebackupでバックアップデータを取得するので、管理対象となるファイルはpg_basebackupで取得したファイル(ベースバックアップ)です。また、障害発生直前を含む時点へのリカバリも要件となっていることから、アーカイブログに加え、未アーカイブのWALも管理対象となります。

どのように世代管理するか

次に世代管理の考え方についてです。任意の時点にデータを復元するには、ベースバックアップとその時点までに発生したアーカイブログ(WALファイル)がすべて揃っている必要があります(詳細は第13章参照)。週次でのフルバックアップを行う場合は、1世代分のバックアップファイルに含まれるのは、前の週に取得したフルバックアップとそのフルバックアップを取得した以降に発生したアーカイブログ(WALファイル)となります(**図8.2**)。

不要になったバックアップファイルの削除

最後に考えなければならないのは、不要となったバックアップファイルの削除についてです。ここでは要件として3世代分を保持することが決められているため、4世代目となるバックアップファイルはバックアップ領域の容量

図8.2　1世代分のバックアップファイルに含まれるファイル

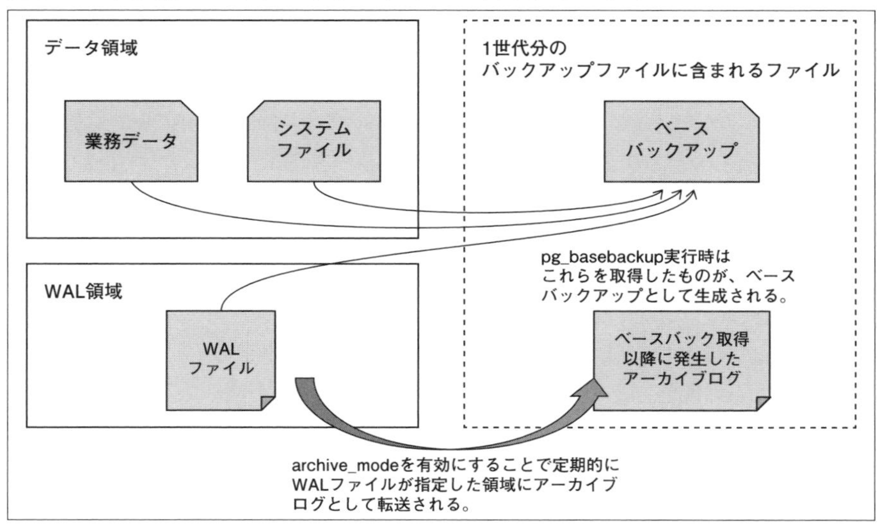

図8.3　削除対象となるバックアップファイル

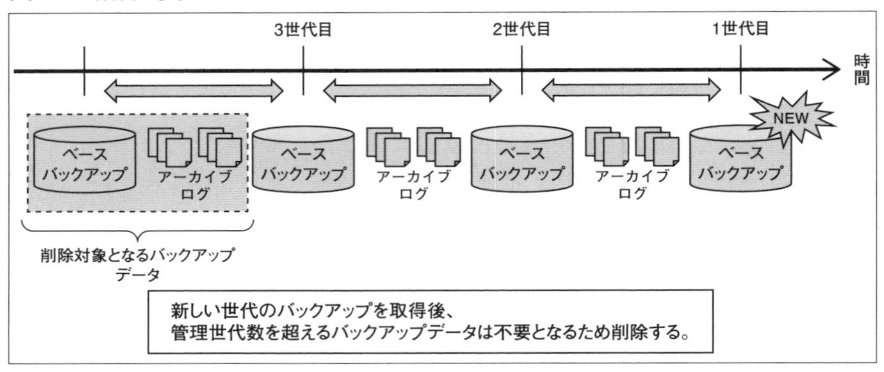

削減の観点からも削除する必要があります。

削除対象となるのは、4世代目となるベースバックアップと3世代目のベースバックアップ以前に発生したアーカイブログ(WALファイル)です(**図8.3**)。誤ったアーカイブログを削除した場合、任意の時点への復旧ができなくなる可能性があるため、とくに注意が必要です。誤ったファイルの削除を防ぐことができるので、アーカイブログの削除には`pg_archivecleanup`コマンド(第13章参照)の利用をおすすめします。

Column　バックアップ世代管理機能について

PostgreSQLでは、バックアップの世代管理を行う機能は提供されていません。世代管理を行う場合は、ユーザが独自にベースバックアップとアーカイブログの管理を行う必要があります。ただし、PostgreSQLの拡張機能でバックアップの支援を行うツールが提供されています。たとえばpg_rman, pg_backrest, pg_barmanなどがOSSとして公開されています。

バックアップの世代管理機能が要件として含まれる場合は、このような拡張機能を利用することで、バックアップの世代管理機能の実装コストを削減できます。また、これらの製品には世代管理機能に加え増分／差分バックアップなどの機能も追加されているため、より柔軟なバックアップ設計が行える可能性があります。

鉄則

- ☑ バックアップ／リカバリ要件を満たせるバックアップ方式を検討します。
- ☑ バックアップファイルの管理方法を忘れずに検討します。
- ☑ バックアップ／リカバリ要件が不明瞭な場合は必ず明確化したうえで設計を行います。

第9章
監視計画

きちんと監視ができていないと、異常発生時の初動対応が遅れたり、兆候に気づけずにデータベースが停止してしまったりするおそれがあります。このような事態を回避するためにも、転ばぬ先の杖としてしっかりと監視計画を練って実施することが重要です。

9.1 監視とは

監視とは、「PostgreSQLがデータベースとして健全に動作しているか」を確認することです。監視計画では、健全に動作していることを確認するための、「監視項目の選定」「監視する間隔」「何をもって異常と判断するかの閾値」を決定します。

監視する間隔は、SLA(Service Level Agreement)などのシステム要件をもとに必要十分な間隔で計画します。一般的には、監視したい内容により数秒〜数分程度の間隔にします。たとえば、サービスの継続性を重視する死活監視では数秒間隔とし、また性能監視では問題を切り分けて対処できるように多くの情報を数分間隔で収集することで容量を抑えた運用にするといった計画を立てます。

以降では、PostgreSQLを利用するにあたって、どのような監視項目を選定すべきか、どのような状態を異常と判断するかについて説明します。

9.2 監視項目の選定

監視の最終目標は、データベースが健全に動作しているかを確認することです。最終目標から少しずつブレークダウンしていき、監視すべき項目を選定します。データベースが健全に動作しているかどうかは大きく分類して次の2点があり、ここから細分化して具体的な監視項目とします。

・サーバに問題が起きていないか
・PostgreSQLに問題が起きていないか

9.2.1:「サーバに問題が起きていないか」の監視

サーバで問題が発生しているか否かを判断するため、サーバとして正常に動作しているかを確認します。具体的にはCPU/メモリ/HDD/ネットワークが正常に動作しているのか、さらに、サーバログに異常を知らせる通知はないかを確認します。

これらの項目は、基本的にはOSやストレージに付属するコマンドで監視します。具体的には**sar**/**iostat**/**vmstat**/**top**/**netstat**コマンドなどを用いて、定期的に情報を収集します(表9.1)。

9.2.2:「PostgreSQLに問題が起きていないか」の監視

PostgreSQLで問題が発生しているか否かを判断するため、PostgreSQLのプロセスやディスク容量、稼働状況などを確認します。次の項目に対して、SQLやOSに付属するコマンドで定期的に必要な情報を収集します。

・必要なプロセスは正常に動作しているか
・ディスク容量に問題はないか
・想定どおりの性能が出せているか
・PostgreSQLのサーバログに異常を知らせる通知はないか

必要なプロセスは正常に動作しているか

OSの**ps**コマンド、PostgreSQLのpg_stat_activityビューやpg_stat_archiverビュー、pg_stat_progress_vacuumビューを参照し、動作しているバックエンドプロセス、バックグラウンドプロセスの数や状態を取得します。

表9.1 主なOSコマンドで取得できる項目

コマンド	CPU	メモリ	ディスク	ネットワーク
sar	○	○	○	○
iostat	−	−	○	−
vmstat	○	○	−	−
top	○	○	−	−
netstat	−	−	−	○

psqlなどのクライアントアプリケーションを用いてPostgreSQLに接続できるかどうかも確認します。また、ストリーミングレプリケーションを使用した冗長化構成の場合は、pg_stat_replicationビュー、pg_stat_replication_slotsビューを参照し、レプリケーション状態に異常がないかを確認します。

各種progressビューでは、プロセスの実行状況を確認できます。PostgreSQL 14では、pg_stat_progress_basebackupビュー、pg_stat_progress_vacuumビュー、pg_stat_progress_analyzeビュー、pg_stat_progress_copyビュー、pg_stat_progress_create_indexビュー、pg_stat_progress_clusterビューが提供されています。

ディスク容量に問題はないか

OSのdfコマンドやduコマンド、PostgreSQLのpg_database_size関数、pg_total_relation_size関数などで、ディスク容量やデータベース、テーブル／インデックスのサイズを測定します。また、テーブルやインデックスが不必要に肥大化していないか、pg_stat_user_tablesビューやpg_stat_user_indexesビューも確認します。

想定どおりの性能が出せているか

PostgreSQLの主な稼働統計情報ビューと、そこで着目すべき項目は**表9.2**です。

表9.2　PostgreSQLの主な稼働統計情報ビューと確認すべきポイント

稼働統計情報ビュー	対象	内容	該当列
pg_stat_database	データベース	コミット／ロールバック数	xact_commit、xact_rollback
		データベースのキャッシュヒット率	blks_read、blks_hit
		デッドロック発生有無	deadlocks
pg_statio_user_tables、pg_statio_user_indexes	テーブルとインデックス	テーブルのキャッシュヒット率	heap_blks_read、heap_blks_hit
		インデックスのキャッシュヒット率	idx_blks_read、idx_blks_hit
pg_stat_activity	活動中のバックエンドプロセス	トランザクション実行時間	backend_start、xact_start、query_start
		実行中のクエリ	wait_event_type、wait_event、state、query

また、想定よりも時間のかかったクエリを出力するように設定し、PostgreSQLログを確認することも重要です。サーバログの設定は、postgresql.confのlog_min_duration_statementに適切な値を設定します。

PostgreSQLのログに異常を知らせる通知はないか

PostgreSQLは、さまざまな項目をログに出力できます。ただし、デフォルトでは最低限の情報を出力する設定となっているため、必要な設定を施したうえで定期的にPostgreSQLログを確認し、早期に異常な状況や問題発生の兆候を発見できるようにします。

9.3 サーバログの設定

実際の運用では直接データベースに触れることが許されず、サーバログからさまざまな情報を収集して分析することも多いでしょう。そこで、運用時には最低限必要な項目を設定しておくことが重要です。また、PostgreSQLをソースからインストールした場合は、サーバログのデフォルトの出力先が標準出力になっているため、ログをファイルに書き出すように設定します。

基本的には、サーバログを「どこに」「いつ」「何を」出力させるかといった項目を設定します。

9.3.1：ログをどこに出力するか

postgresql.confのログ出力に関するパラメータは**表9.3**のとおりです。なお、RPMパッケージを用いた場合のデフォルト値は**表9.4**で、ログファイルはデータベースクラスタ配下のlogサブディレクトリ配下に「postgresql-Mon.log」といったファイル名で出力されます。

表9.3　ログ出力に関するpostgresql.confのパラメータ

パラメータ名	説明
log_destination	ログの出力先（stderr、csvlog、syslog、eventlog）
logging_collector	stderr、csvlogの内容をファイルに保存するかどうか
log_directory	ログファイルを格納するディレクトリ
log_filename	ログファイル名。strftimeで標準的に扱われるエスケープシーケンス（%）を利用できる

表9.4 RPMパッケージを用いた場合のデフォルト値

パラメータ名	デフォルト値
log_destination	stderr
logging_collector	on
log_directory	'log'
log_filename	'postgresql-%a.log'※

※%aは曜日（3文字の省略形）を表す

9.3.2：ログをいつ出力するか

PostgreSQLが出力するメッセージが条件に当てはまればログに出力する、という形で制御します。クライアントに送信する条件、サーバログに出力する条件を別々に設定できます。postgresql.confのログ出力条件に関するパラメータは表9.5のとおりです。

9.3.3：ログに何を出力するか

postgresql.confのログ出力内容に関するパラメータは表9.6のとおりです。

log_line_prefixのエスケープシーケンス例

log_line_prefix(各ログ行の先頭に出力する情報)にはエスケープシーケンスを利用できます(表9.7)。設定例と対応するログ出力は次のとおりです。スペースや括弧はそのまま出力されます。

```
・設定例
  log_line_prefix='(user:%u access to database:%d at [%m])'

・出力例
  (user:postgres access to database:postgres at [2022-06-18 01:38:35.627 JST])
```

デフォルトで「%m」(ミリ秒付きタイムスタンプ)は設定されているため、時間の突き合わせなどといった最低限の確認は可能です。本パラメータは、ログ解析に必要な情報が何かを定めたうえで決定します。なお、PostgreSQL 14をRPMパッケージでインストールした場合、デフォルトで「< %m [%p] >」が設定されるようになっています。

表9.5　ログ出力条件に関するpostgresql.confのパラメータ

パラメータ名	説明	設定値(レベルが低い順)	デフォルト値
client_min_messages	クライアントに送信するレベル(送信するのは設定レベル以上)	DEBUG5～DEBUG1 ＜LOG＜NOTICE ＜WARNING＜ERROR ＜FATAL＜PANIC	NOTICE
log_min_messages	サーバログに書き込むレベル(記録するは設定レベル以上)	DEBUG5～DEBUG1 ＜INFO＜NOTICE ＜WARNING＜ERROR ＜LOG＜FATAL＜PANIC	WARNING
log_min_error_statement	エラー原因のSQLを書き込むレベル(記録するのは設定レベル以上)	DEBUG5～DEBUG1 ＜INFO＜NOTICE ＜WARNING＜ERROR ＜LOG＜FATAL＜PANIC	ERROR

表9.6　ログ出力内容に関するpostgresql.confのパラメータ

パラメータ名	説明
log_checkpoints	チェックポイントに関する情報の出力有無(on/off)。チェックポイントにどれくらい時間がかかったのか、どの程度書き出したのかなどの情報
log_connections、log_disconnections	サーバへの接続／切断に関する情報の出力有無(on/off)。誰がどこから接続してきたかの情報
log_lock_waits	ロック獲得のために一定時間※以上待たされたデータベース、テーブル、接続などの情報
log_autovacuum_min_duration	設定した自動バキュームの実行時間(秒数)を超えた場合に実行内容を出力する(0はすべて出力、-1は出力しない)。デフォルト値は-1
log_line_prefix	各ログ行の先頭に出力する情報。記述にはエスケープシーケンスを用いることが可能(後述)
log_statement	どの種類のSQLの内容を出力するか指定する(ddl, mod, all, none(デフォルト値))
log_min_duration_statement	指定した時間(ミリ秒)以上掛かったSQLの内容を「すべて」出力する(0は出力する、-1(デフォルト値)は出力しない)
log_min_duration_sample	指定した時間(ミリ秒)以上掛かったSQLの内容を「一部」出力する(0は出力する、-1(デフォルト値)は出力しない)。log_min_duration_statementより優先度が低いため、log_min_duration_sampleより大きい設定値を指定した場合は本設定は無視される。
log_statement_sample_rate	log_min_duration_sampleによる出力量を指定する(1.0は出力対象のメッセージをすべて出力する。0は出力しない)
log_transaction_sample_rate	すべてのトランザクションをログ出力する際に出力量を指定する(1.0は出力対象のメッセージをすべて出力する。0は出力しない)

※時間はdeadlock_timeoutパラメータで設定できる

表9.7　log_line_prefixのエスケープシーケンス（例）

エスケープシーケンス	展開される内容
%u	ユーザ名
%d	データベース名
%r	ホスト名／IPアドレス、ポート番号
%p	プロセス識別子（PID）
%m	ミリ秒付きタイムスタンプ

9.3.4：ログをどのように保持するか

運用にあたってもう1つ重要なことは、サーバログをどのように保持しておくかです。サーバログが極端に大きくなりすぎると保守に手間がかかったり、いざ参照したいときに時間がかかったりと、よいことがありません。最悪のケースではサーバログが肥大化してデータベースが停止してしまうこともあり得ます。このため、適度なタイミングでログをローテーション(循環)する設定が必要です。

log_destinationをsyslogに設定(サーバログをsyslogに出力)している場合は、syslogのローテート機能を使います。PostgreSQLが独自でファイルに出力している場合は、PostgreSQLが用意している**表9.8**の設定を変更してローテーションします。

ローテーション機能を有効にするためには、**表9.8**に加えてローテーション時に異なるファイル名になるように、log_filenameで次のように設定します(記述方法は一例です)。

```
log_filename = 'postgresql-%Y-%m-%d_%H%M%S.log'
```

表9.8　ログ保持に関するpostgresql.confのパラメータ

パラメータ名	説明
log_rotation_age、 log_rotation_size	指定した時間（分）またはサイズでログファイルを循環する。両方とも指定できる
log_truncate_on_rotation	ローテーション時に同じ名前のログファイルが存在する場合に、切り詰める／上書きする（on）、追記するか（off）を設定

9.4 異常時の判断基準

何をもって異常と判断するかはシステムにより異なります。このため、本書で具体的な指針を示すことはできませんが、判断基準を定めるにあたっては「想定」と「実績」の2つを考慮することを忘れないでください。

想定とは、システムがどのようなデータベースアクセスなのか、どのようにデータベースが増減するのかをきちんと把握しておくことです。一方の実績とは、常日頃から監視し、正常な状態がどのような値になるのかを正確に把握しておくことです。想定と実績をもとに、異常と判断すべき値(閾値)を決めておきましょう。

鉄則

- ☑ PostgreSQLだけでなく、サーバの監視も忘れずに行います。
- ☑ ログは必ず取得し、ログのバックアップも含めて保持します。
- ☑ 必要なログの出力設定を行い、PostgreSQLが健全な状態を維持できているか確認します。

第10章 サーバ設定

整然と設計されたシステムでも、サーバのリソースを相応に使えなければボトルネックになってしまいます。本章ではサーバのリソースを効率的に利用するために必要となるOSのパラメータ設定(CPU/メモリ/ディスクI/O)と、PostgreSQLのパラメータ設定について説明します。

10.1 CPUの設定

PostgreSQLは、クライアントからの要求を1つのプロセスが処理するプロセスモデルのアーキテクチャを採用しています。

通常、データベースでは一貫性や独立性の保証のため、データアクセス時にロックを取得します。複数のクライアントが同時接続して待ち合わせが発生すると、この間はCPUが何もしない時間となってしまいます。

PostgreSQLではデータ参照/更新において、取得するロックを十分に小さい範囲に絞ることで、ロックの競合が起こりにくいような実装になっています。PostgreSQLでは、少なくとも64コアのサーバまでCPUスケールすることが確認されています。

このため、PostgreSQLにおけるCPU関連のチューニングが必要になるケースは、ほかのリソースと比べて限定的です。CPU関連のチューニングは、「クライアント接続設定」と「ロック設定」の2つを考慮しておくとよいでしょう。

10.1.1:クライアント接続設定

PostgreSQLはクライアントからの接続要求ごとにバックエンドプロセスが1つ作成され、トランザクションや問い合わせを処理します。

バックエンドプロセスへのCPU割り当てはカーネルがスケジューリングするため、CPUコア数より接続数が多くても問題はありませんが、数が多くなりすぎるとプロセスのコンテキストスイッチの切り替えが頻繁に発生するため、データベースの用途や利用者の数を踏まえて適切な値を設定します。

クライアント接続に関しては、postgresql.confで設定します(表10.1)。設定を変更した場合には、データベースの再起動が必要です。

クライアント接続設定の注意点

CPUチューニングとは異なりますが、クライアント接続の設定にはいくつか注意点があります。

まず、スタンバイサーバを運用している場合には、スタンバイのmax_connectionsの設定をプライマリと同じか、それ以上に設定しておく必要があります。プライマリとスタンバイは設定ファイルが別々になります。プライマリだけ接続数の設定を変えてしまうと接続数が足りなくなり、スタンバイは起動できなくなってしまいます。そのとき、スタンバイサーバ起動時には次のようなエラーメッセージが出力されます。

```
FATAL:  hot standby is not possible because max_connections = 10 is a lower
setting than on the master server (its value was 100)
```

superuser_reserved_connectionsは、一般ユーザがクライアント接続を開放しないまま滞留した状況でも、データベースをメンテナンスできるように予約された接続数です。このため、デフォルトでは一般ユーザの同時接続数はmax_connectionsから、superuser_reserved_connectionsを引いた97が最大値になります。なお、スタンバイサーバとの接続もmax_connectionsにカウントされます。スタンバイサーバが2台ある場合には、さらに同時接続数が2つ減り95になります。

10.1.2：ロックの設定

CPU処理に関わる設定にデッドロック検出があります。デッドロックを検出するのはデータベースに負担のかかる処理のため、頻繁に起こらないように猶予時間(deadlock_timeout)が設定されています。deadlock_timeoutは、ミリ秒単位で設定でき、デフォルト値は1000ミリ秒(＝1秒)です。

大量のトランザクションによってロック待ちが頻発するような場合には、デッドロック検出処理そのものが性能低下の原因にもなってしまうため、デ

表10.1　クライアント接続に関するpostgresql.confのパラメータ

パラメータ名	デフォルト値	説明
max_connections	100	データベースの最大同時接続数
superuser_reserved_connections	3	PostgreSQLのスーパーユーザ用に予約する接続数

フォルト値よりも大きめの値に設定することが推奨されます。

基準として、トランザクションの平均的な処理時間よりも大きくします。ただし、本当にデッドロックが発生してしまうと、デッドロックの解消やログ出力などによる通知が遅れることにも注意が必要です。

10.2 メモリの設定

PostgreSQLは、データをWALとデータベースファイルとしてディスクに保存することで、データの永続化を実現していますが、HDDなどからデータを取り出す時間と、メモリからデータを取り出す時間は、数百倍～数十万倍の性能差があるといわれます。

メモリを活かすため、データアクセス時にデータベースファイルをページ単位でメモリ上に展開し、繰り返しデータにアクセスする場合の処理性能を高めています。ただし、一般的にデータベースに保存されるデータ量は、サーバのメモリ容量よりも大きいため、すべてのデータをメモリ上で処理することはできません。

データベースの性能を高めるためには、メモリの活用は非常に重要で、そのためにOSのメモリ設定とPostgreSQLのメモリ設定は適切にしておく必要があります。

10.2.1：OSのメモリ設定

OSは、共有メモリの最大容量に制限を設けています。Linuxにおいて制限を受ける可能性のあるカーネルパラメータは、共有メモリセグメントの最大容量を制限する「shmmax」と、使用可能な共有メモリの総量を制限する「shmall」です(表10.2)。ほかのカーネルパラメータは通常デフォルト値で十分なサイズがあります。

カーネルパラメータの初期値はOSのディストリビューションによって異なり、近年のLinuxでは次のコマンドで設定値を変更できます。

共有メモリサイズの制限を「16GB」にする場合は、「kernel.shmmax」を

表10.2　カーネルパラメータ

項目名	説明
kernel.shmmax	共有メモリセグメントの最大値（バイト単位）
kernel.shmall	使用可能な共有メモリサイズ（ページ単位）

「17179869184(バイト)」に設定します。また、「kernel.shmall」を「4194304(ページ)」に設定します(ここでは1ページが4,096バイトとしています)。それぞれコマンドで設定する場合は、次のようになります。

```
$ sysctl -w kernel.shmmax=17179869184 ↵
$ sysctl -w kernel.shmall=4194304 ↵
```

なお、kernel.shmallはサーバ全体で利用可能な共有メモリの上限となるため、PostgreSQLだけで16GBの共有メモリを取得することはできません。また、**sysctl**で設定した値はサーバを再起動するとデフォルト値に戻ってしまうため、/etc/sysctl.confファイルに設定値を保存することを強く推奨します。

PostgreSQLが確保したいメモリサイズがカーネルパラメータで許容されるサイズよりも大きい場合には、PostgreSQLサーバの起動時に次のようなエラーメッセージが出力されます。

```
FATAL:  could not create shared memory segment: Invalid argument
DETAIL:  Failed system call was shmget(key=5440001, size=4011376640, 03600).
```

10.2.2：PostgreSQLのメモリ設定

PostgreSQLが利用するメモリ領域は、共有メモリとPostgreSQLの各種プロセスが利用する領域に分かれます。

共有メモリ領域の設定

PostgreSQLのメモリ設定の中でもとくに重要なパラメータは「shared_buffers」で、PostgreSQLが共有バッファのために確保する共有メモリのサイズを設定します(**表10.3**)。初期値は128MBと比較的小さな値が設定されているため、ほとんどの場合で設定変更することが推奨されます。目安はメモリを1GB以上搭載したサーバであれば、その25%程度を設定するとよいでしょう。

PostgreSQLでは、共有バッファを使い切ると利用されていないページをバッファから追い出す(Clocksweepアルゴリズム)ため、追い出されたデータを再読み込みする場合は処理性能が落ちます。しかし、共有バッファが大きいほど性能がよいというわけではなく、サイズが大きくなるとバッファ探索に時間がかかるようになるほか、データベースファイルに書き戻すチェックポイント処理の負担も大きくなります。このため、適度な大きさの共有バッファを設定することが推奨されています。

仮にshared_buffersから追い出されても、追い出された直後のデータはOSのディスクキャッシュに残っている可能性があるため、バッファへの再読み

表10.3　共有メモリ領域に関するpostgresql.confのパラメータ

設定項目	デフォルト値	説明
shared_buffers	128MB	共有バッファのメモリサイズを設定する。設定したサイズを共有メモリとして確保する
wal_buffers	-1 (4MB)	ディスクに書き込まれていないWALデータが利用する共有メモリ容量で、デフォルトではshared_buffersの32分の1が設定される
max_connections	100	クライアント接続数を設定する
max_prepared_transactions	0	プリペアドトランザクションの上限を設定する
max_locks_per_transaction	64	トランザクションの平均取得ロック数を設定する
min_dynamic_shared_memory	0	パラレルクエリ向けにあらかじめ確保しておく共有メモリのサイズを指定する

込みは比較的高速であることも、共有バッファを大きくしすぎない根拠となります。

PostgreSQLサーバは共有メモリ領域として、ほかにもWALバッファ領域やFSM領域、クライアント接続情報を管理する領域、プリペアドトランザクションの管理領域を確保します。

なお、PostgreSQL 14からは、パラレルクエリ用にあらかじめ共有メモリの確保を行うパラメータmin_dynamic_shared_memoryが作成されました。パラレルクエリを多用するようなユースケースでは共有メモリをあらかじめ確保しておくことで都度、動的にメモリ確保するオーバヘッドの軽減が期待されます。

そのほかの共有メモリ領域のパラメータは、通常、デフォルト設定でシステム要件に必要なだけ確保する値になっているため、共有バッファのような性能を意識したチューニングは不要です。

なお、共有メモリはPostgreSQLの起動時に確保されるため、設定値の変更にはPostgreSQLの再起動が必要です。

プロセスメモリ領域とその設定について

プロセスメモリ領域の設定では、プロセス単位でメモリを確保するため、設定値よりもかなり大きなメモリを消費することに注意が必要です。関連するパラメータは**表10.4**のとおりです。なお、設定値はpostgresql.confのリロード(`pg_ctl reload`コマンドなど)によって読み込まれます。

「work_mem」を大きくするとメモリ上でソートやハッシュ操作ができるた

表10.4 プロセスメモリ領域に関するpostgresql.confのパラメータ

パラメータ名	デフォルト値	説明
work_mem	4MB	問い合わせ時のソートとハッシュデータ格納に使われるメモリサイズ
maintenance_work_mem	64MB	VACUUMコマンドやCREATE INDEXコマンド、ALTER TABLEコマンドなどのメンテナンス操作時に使われるメモリサイズ
autovacuum_work_mem	-1	自動バキュームが利用するメモリサイズの最大値。未設定時はmaintenance_work_memが参照される

め問い合わせの性能は向上しますが、複雑な問い合わせの場合にはソートやハッシュ操作が問い合わせの中で複数回実行されることがあります。この場合、work_memのサイズの数倍のメモリが必要になります。メモリ不足からスワップが発生してしまうと、かえって性能が悪くなってしまいます。

「maintenance_work_mem」は、メンテナンス操作時に一時的に大きな値を設定することで、手動バキュームやインデックス作成、外部キー作成などが高速になります。デフォルト設定では、自動バキュームでも同時実行数autovacuum_max_workers × maintenance_work_memのメモリを消費します。

「maintenance_work_mem」の設定変更時に自動バキュームが実行されても影響を受けないように、自動バキューム時のメモリ利用量を設定するパラメータ「autovacuum_work_mem」をあらかじめ設定しておくことが推奨されます。

10.2.3：HugePage設定

PostgreSQLでは共有メモリを大きくすることでデータベースの性能向上を図りますが、メモリ管理に用いるページテーブルも肥大化し、CPU負荷が増加してしまい、性能にも影響が出てきます。

Linuxでは、HugePage機能を使うことによってページテーブルを小さくでき、性能低下を抑えることが期待できます。PostgreSQLでHugePage機能を利用するためには、OSで設定した後にpostgresql.confを設定する必要があります。

OS設定の前提として、「CONFIG_HUGETLBFS=y」および「CONFIG_HUGETLB_PAGE=y」としたLinuxのカーネルが必要です。この設定は、最近のメジャーなディストリビューションであればサポートされていることが多いようです。またOS設定として、カーネルパラメータ(vm.nr_hugepages)の値も利用する共有メモリのサイズに合わせて調整する必要があります。

HugePage数は、PostgreSQLのpostmasterプロセスのVmPeakの値から算出します(**コマンド10.1**)。

なお、PostgreSQL以外にもHugePageを必要とするアプリケーションを実行する場合には、HugePageの合計値を設定しなければなりません。shmmaxやshmallと同様に**sysctl**で設定した値はサーバを再起動するとデフォルト値に戻ってしまうため、/etc/sysctl.confファイルに設定値を保存することが強く推奨されます。

PostgreSQLがHugePage機能を利用するか否かは、postgresql.confのパラメータ(huge_pages)によって決定されます。パラメータ(huge_pages)はon/off/tryのいずれかを設定可能です(デフォルト値はtryで、HugePage機能の利用を試みて成功した場合はHugePage機能を利用するという設定)。

PostgreSQL以外にHugePageを利用するアプリケーションがすでにHugePageを利用している場合など、HugePageの空きが足りない場合には、PostgreSQLはHugePage機能を利用せずに起動します。

コマンド10.1　HugePage数の算出と設定

```
・PostgreSQLを起動してpostmasterのプロセス番号を取得する
$ head -1 $PGDATA/postmaster.pid ↵
10842

・プロセス情報からVmPeakの値を取得する（次の結果は共有メモリが8GBの場合で、条件によって異なる）
# grep ^VmPeak /proc/10842/status ↵
VmPeak:  8856980 kB

・HugePageサイズ注1を取得する
# grep ^Hugepagesize /proc/meminfo ↵
Hugepagesize:       2048 kB

・HugePageサイズとVmPeakの値から、PostgreSQLが必要とするHugePage数を算出する。必要なHugePage数は約4330
8856980 / 2048 = 4324.6(≒ 4330)

・HugePage数を設定する
# sysctl -w vm.nr_hugepages=4330 ↵
```

注1　近年の64ビットサーバアーキテクチャでは、HugePageサイズとしてIntelやAMDならば2MBまたは1GB、IBM POWERならば、16MBまたは16GB、ARMならば64kBまたは2MBまたは32MBなどのサイズ選択が可能です。システムデフォルト以外のHugePageサイズをPostgreSQLでも利用したい場合には、postgresql.confのhuge_page_sizeで設定を行います。huge_page_sizeを設定変更しない場合には、/proc/meminfoで表示されるシステムデフォルトが自動的に選択されます。

10.3 ディスクの設定

一般的にデータベースはディスク性能がシステムのボトルネックになりやすい傾向があります。ボトルネックにしないための設定は現実的なコストでは実現が困難になるため、OSとPostgreSQLのどちらにおいても、標準設定よりも効率よくディスク性能を発揮できるように設定することが重要になります。

10.3.1：OSのディスク設定

OS側のディスクに関連する設定は、I/Oスケジューラの設定が有効です。I/Oスケジューラは、OS上で動作しているさまざまなプロセスからのI/O要求をどのように処理するかを定めているパラメータです。

I/Oスケジューラの初期設定は、次のコマンドで確認できます。

```
$ cat /sys/block/sda/queue/scheduler ↵
```

カーネルバージョンがやや古いOSではcfqがデフォルトで設定されていることが多いですが、このcfqは多くのプロセスから小さいI/O要求が発生する場合に適した設定です。

比較的最新のカーネルではCPUのマルチコア化や高速なデバイスの普及に伴い、I/Oスケジューラもマルチキューディスクスケジューラに置き換わっています。カーネルバージョンやディストリビューションによって利用可能なスケジューラが異なりますが、**表10.5**に示すようなスケジューラが設定可能です。

PostgreSQLでは、データ書き込みプロセス(bgwriter)やWAL書き込みプロセス(wal writer)といった少数のプロセスがI/O要求の大半を占め、データ

表10.5　I/Oスケジューラ

設定項目	説明
none(もしくはnoop)	OSはスケジュールに関与しない
anticipatory	I/O要求に対してHDDドライブの中の物理的な配置が近いデータを優先して処理する
mq-deadline(もしくはdeadline)	I/O要求の待ち時間に限界値(deadline)を設け、限界に近いI/O要求を優先して処理する
bfq(cfq)	I/O要求が特定のプロセスやアプリケーションに占有されないように時間や帯域を分散する
kyber	read/writeのレイテンシをそれぞれの目標値に近づけるように調整する

アクセスもランダムアクセスが多いために、mq-deadline（deadline）に設定することが推奨されます[注2]。

なお、RAIDドライバがI/Oスケジュールを行う場合や、NVMeのような高速なデバイスを利用する場合など、スケジューラがI/Oのオーバヘッドになってしまうことがあります。このような場合には、I/Oスケジューラをnone（noop）に設定することも選択肢となります。実際にどちらが優れているかは、ハードウェア環境やシステム構成によっても異なることに注意しましょう。

I/Oスケジューラはデバイス単位に変更を行うことができ、一時的に設定変更することも可能なので、実際の環境を使って検証してみることをおすすめします。一時的な設定変更として、デバイスsdaをnoneに設定する場合は次のコマンドを実行します。

```
# echo none > /sys/block/sda/queue/scheduler ↵
```

一時的な設定変更はサーバの再起動で初期設定に戻るため、永続的に変更するには、grub2-mkconfigコマンドを用いて設定を反映します。**コマンド10.2**は、I/Oスケジューラをnoneに変更する実行例です。「elevator=none」を追記します。

10.3.2：PostgreSQLのディスク設定

PostgreSQLのディスクに関連する設定には、システム上の制限を設けるためのパラメータと性能に影響を与えるパラメータがあります。

コマンド10.2　grub.confの設定変更

```
# cat /etc/default/grub ↵
（略）
GRUB_CMDLINE_LINUX="console=ttyS0,...（略）... elevator=none"
（略）

# grub2-mkconfig -o /boot/grub/grub.conf ↵
Generating grub configuration file ...
done
```

注2　近年のカーネルではmq-deadlineが設定されていることも多いようです。

システム上の制限を設けるためのパラメータ

システム上の制限を設けるためのパラメータは、実際にエラーが発生しない限り、初期状態から変更する必要はありません。**表10.6**は、ディスクのシステム上の制限を設けるためのpostgresql.confパラメータです。

性能に影響を与えるパラメータ

共有バッファに展開されたテーブルデータをファイルに書き戻す設定と、トランザクションの内容を記録するWALを書き込むためのパラメータは、I/O性能に影響を与えるようなパラメータの代表的なものです。

表10.7は、バックグラウンドライタに関するpostgresql.confパラメータです。バックグラウンドライタがI/O要求を大量に実施してしまうと、問い合わせ性能が落ちてしまいます。ある瞬間に大量の更新が発生する場合には、書き込みを少し遅延させて、I/O負荷を平準化することも性能を維持するために重要となります。

ただし、テーブルデータの書き込みはチェックポイント処理によって強制的に発生する場合もあり、「bgwriter_delay」や「bgwriter_lru_maxpages」を

表10.6　ディスクのシステム上の制限に関するpostgresql.confのパラメータ

パラメータ名	デフォルト値	説明
temp_file_limit	-1	あるプロセスが一時ファイルとして利用可能なディスクの最大容量（初期値では制限なし）
max_files_per_process	1000	あるプロセスが同時に開くことのできるファイル数の上限

表10.7　バックグラウンドライタに関するpostgresql.confのパラメータ

パラメータ名	デフォルト値	説明
bgwriter_delay	200ms	バックグラウンドライタの動作周期。動作周期の現実的な最小粒度は多くの場合10msであるため、10ms未満の粒度で設定変更しても動作周期は切り上がる
bgwriter_lru_maxpages	100	一度にバックグラウンドライタが書き込むページ数の上限
bgwriter_lru_multiplier	2.0	書き込みが必要になったページのうち、どのくらいの割合を書き込むかの計算に利用
bgwriter_flush_after	512kB（Linux時）／0（それ以外）	バックグラウンドライタの書き込みが設定値を超えた場合に、OSに対しても記憶媒体への書き込みを強制する。単位省略時はページ数の指定となり、設定値0はOSに対しての書き込みの強制を無効化する

大きくしても必ずしも効果が出るとはいえません。関連するパラメータや更新頻度や更新量、瞬間的な書き込み要求などを総合的に判断して調整しましょう。

「bgwriter_lru_multiplier」は、書き込みの平準化のための指標を計算するために用いるパラメータです。直近の書き込み量と比べて、何倍まで処理すべきかを予測するために用います。瞬間的な更新量の増加に備えて、やや大きめの値(2.0倍)が初期値となっています。

表10.8はWALに関するpostgresql.confパラメータです。

「max_wal_size」または「checkpoint_timeout」のいずれかの閾値に到達すると、共有バッファ上のダーティバッファ(更新のあったデータ)がすべてディスクに書き戻されます。チェックポイントによってダーティバッファを書き込み終えるまでI/O負荷が大きくなり、問い合わせが遅くなる原因にもなります。

ただし、設定値を大きくするとリカバリにかかる時間が延びるため、リカバリ時間の見積もりを勘案した設定値に調整することが必要です。

「checkpoint_completion_target」もバックグラウンドライタと同様の負荷軽

表10.8　WALに関するpostgresql.confのパラメータ

パラメータ名	デフォルト値	説明
walwriter_delay	200ms	WALライタの動作周期。動作周期の現実的な最小粒度は多くの場合10msであるため、10ms未満の設定変更は効果が現れないことがある
max_wal_size	1GB	チェックポイントの間にWALが増加する最大サイズ。最後のチェックポイント実行からこのサイズのWALが生成されるとチェックポイント処理が動作する
min_wal_size	80MB	リサイクル対象となる古いWALファイルのサイズ。チェックポイント後に設定値のファイルサイズ分は削除されずに再利用可能な状態で維持される
checkpoint_timeout	5min	チェックポイントの間隔。最後のチェックポイント実行からこの時間が経過するとバッファ上のデータをディスクに書き出すチェックポイント処理が動作する
checkpoint_completion_target	0.5(PostgreSQL 13まで)／0.9(PostgreSQL 14から)	次のチェックポイント発生までのインターバルのうち、チェックポイント完了までの時間の比率

減の仕組みであり、PostgreSQL 13まではデフォルトで0.5が設定されています。この設定で、チェックポイントがおよそ1分ごとに発生する状況では、30秒を目安にチェックポイント処理が完了するようにI/O負荷の調整を行います。次のチェックポイントが発生するまでの間にダーティバッファの内容を少しずつディスクに書き込むことで、問い合わせの性能を維持できます。I/O負荷が安定的に高い状況の場合には、この設定値を1.0に近づけることで、負荷軽減が可能です。

PostgreSQL 14からは「checkpoint_completion_target」のデフォルトが0.9に設定され、チェックポイント完了の時間を保障しつつ、I/O負荷を分散する設定に変わっています。

鉄則

- ☑ **OS設定は、データベース全般で有効な設定もあるので、ほかのRDBMSで有効な設定値も参考にします。**
- ☑ **性能に大きな影響のあるメモリ関連の設定（共有バッファや作業メモリ）はしっかり検討します。**

Part 3

運用編

運用トラブルに巻き込まれたことはありますか？　何のトラブルもなく運用できるシステムは、そう多くないはずです。多少なりとも何らかのトラブルを抱えているものです。
本Partでは、このような悩みを少しでも軽減できるように、「レプリケーション」「バックアップ」「テーブルやインデックスのメンテナンスの運用方針」について説明しています。トラブルを未然に防ぐためにぜひ活用してください。

第11章

高可用化と負荷分散

高可用化とは、サーバが故障しても別のサーバへと速やかに引き継ぎ運用を継続できることです。本章ではPostgreSQLのレプリケーション機能（ストリーミングレプリケーション）およびホットスタンバイ構成による高可用化と負荷分散の実現方法や仕組み、注意点などを説明します。

11.1　サーバの役割と呼び名

まず、各サーバの役割に対する呼び方を整理します(**表11.1**)。

データの更新ができるサーバを「読み書きサーバ」、または「マスタ」「プライマリ」と呼びます。プライマリ側のデータ変更を追跡するサーバを「スタンバイ」、または「スレーブ」と呼びます。また、プライマリに昇格するまでクライアントから接続できないスタンバイを「ウォームスタンバイ」、クライアントから接続できて読み取り処理のみできるスタンバイを「ホットスタンバイ」と呼びます(**図11.1**)。

高可用化と負荷分散を実現する方式にはさまざまなものがあります(**表11.2**)。それぞれの方式で、同期のタイミングや同期される範囲(データベースクラスタ単位、データベース単位、テーブル単位など)が異なるため、要件に応じて選択できます。

なお本章では、高可用化の実現方法として一般的に利用されるようになった、ストリーミングレプリケーションとホットスタンバイを用いた方法を説明します。

表11.1　各サーバの呼称と役割

役割	呼称
データの読み書きを行う	読み書きサーバ、マスタ、プライマリ
プライマリ側の変更を追跡する	スレーブ、スタンバイ
昇格するまでデータを読み書きできない	ウォームスタンバイ
昇格しなくてもデータの読み込みができる	ホットスタンバイ

図11.1 ウォームスタンバイとホットスタンバイ

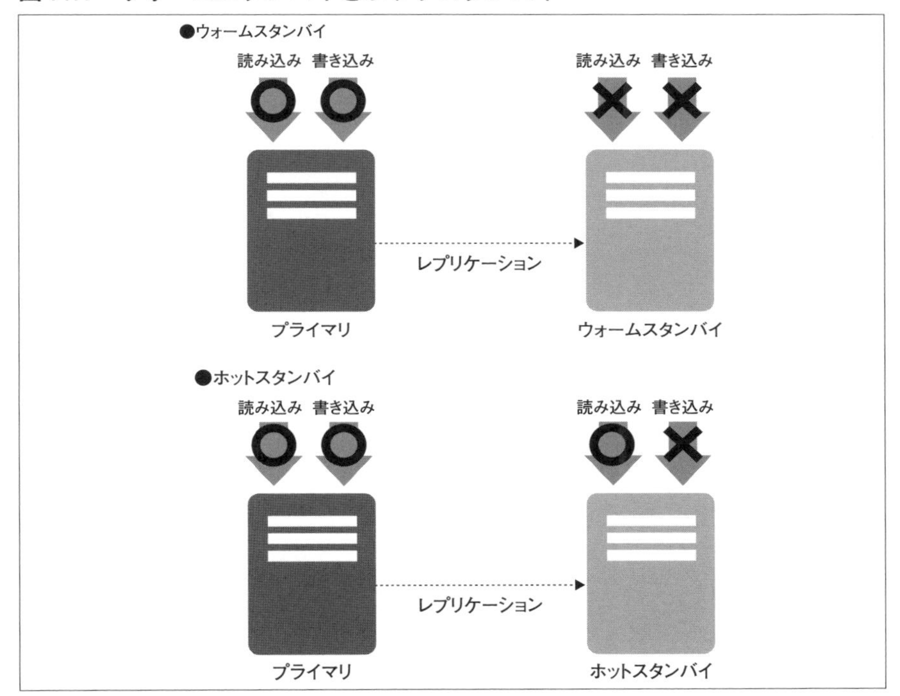

表11.2 レプリケーションの方式（例）

方式	特徴
共有ディスク	プライマリとスタンバイでデータベースクラスタを共有する。プライマリの稼働中はスタンバイは停止している必要がある
ファイルシステムレプリケーション	共有ディスク相当の機能をソフトウェアレベルで行い、プライマリとスタンバイでデータベースクラスタを共有する
ログシッピング	WAL（Write Ahead Logging）ベースのレプリケーション
トリガベースレプリケーション	プライマリへの更新をトリガとして、スタンバイに同じ更新を伝搬する
SQLベースレプリケーション	プライマリとスタンバイに同じSQLを送るミドルウェアを仲介させて実現する

11.2 ストリーミングレプリケーション

ストリーミングレプリケーションは、PostgreSQL本体に備わったレプリケーション機能です。WALをファイル単位ではなく、変更内容(WALレコード)単位で送り、粒度の細かいレプリケーションが可能なことから、「流れ」を意味する「ストリーミング」と名付けられています。

PostgreSQL 9.0で非同期レプリケーションが導入されて以降、同期レプリケーション、カスケードレプリケーションやremote_writeモードレプリケーションが導入されてきました。その後も利便性向上のための機能などが追加されています。ほかのツールや特別な装置を用意しなくて済むため手軽にレプリケーションを行え、広く利用されています。

11.2.1：ストリーミングレプリケーションの仕組み

PostgreSQLのストリーミングレプリケーションは、WAL(Write Ahead Logging)をベースに実現しています。スタンバイは、プライマリで生成されたWALを再実行することでプライマリと同じ状態を保ちます。これらの仕組みを理解するために、WALや実際のプロセスについて見ていきます。

WALの特性

WALは、データベースの性能を担保しつつ、データの永続性を保証するための仕組みです。永続性を保証するということは、更新トランザクションの変更内容を、どんなことが起きても必ず復元できる状態にするということです。

更新トランザクションがコミットされた際に、テーブルやインデックスといったデータファイルに直接同期書き込みを行っていると、大幅に性能が低下します。一方、WALを用いた場合、更新トランザクションのコミット時にデータファイルに書き込みせず、WALレコードのみを同期書き込みします。リカバリ時にWALレコードを再適用(ロールフォワード)することで、性能と永続性を同時に保証します。

WALレコードにはLSN(Log Sequence Number)と呼ばれる一意の値が払い出されており、プロセスのクラッシュやオンラインバックアップ(ベースバックアップ)からのリカバリで、必要なLSN位置から順に再実行するようになっています。なお、LSNは単なる文字列ではなく、pg_lsnというデータ型で扱われるようになりました。このため、容易に比較演算や差分を求める操作が可能です。

ストリーミングレプリケーションは、WALの特性を利用してスタンバイをプライマリと同じ状態に保ちます。WALレコードを出力しないunloggedテーブルなどは、ストリーミングレプリケーションではレプリケーションできません。

Column pg_resetwalコマンド

WALが壊れてしまった場合、PostgreSQLは読み書きすべきWALが分からなくなり、起動すらできなくなってしまいます。このような場合の復旧手段として、`pg_resetwal`コマンドが用意されています。このコマンドを使うと、正常な位置でWALを読み書きできるようにPostgreSQL内部の制御情報を修正します。詳しくはPostgreSQL文書「VI. リファレンス pg_resetwal」を参照してください。

walsender/walreceiverプロセスの設定方法

プライマリとスタンバイはどのような仕組みでWALのやりとりを行っているのでしょうか。実際には、プライマリ側の「walsenderプロセス」とスタンバイ側の「walreceiverプロセス」でWALのやりとりを行います。

これらのプロセスを起動するには、プライマリ側／スタンバイ側でそれぞれ設定します(**表11.3**、**表11.4**)。ファイルや設定項目が異なるので注意してください。

スタンバイ側で設定するrestore_command、primary_conninfoは、PostgreSQL 11以前はrecovery.confというファイルで設定していましたが、

表11.3　プライマリ側の設定（walsenderプロセス）

ファイル名	項目名	値	デフォルト値
postgresql.conf	wal_level	replica	replica
	max_wal_senders	1以上	10
	archive_mode	on	off
	archive_command	WALをアーカイブ領域に移すコマンド	空文字列
pg_hba.conf	database列に“replication” 例：host replication all peer		

表11.4　スタンバイ側の設定（walreceiverプロセス）

ファイル名	項目名	値	デフォルト値
postgresql.conf	hot_standby	on	on
	restore_command	アーカイブファイルをpg_walに移すコマンド	空文字列
	primary_conninfo※	プライマリへの接続情報	空文字列

※PostgreSQL 13以降、primary_conninfoの設定変更はリロードで反映されるようになった

PostgreSQL 12以降はpostgresql.confに統合されました。

また、PostgreSQL 11以前はrecovery.confのstandby_modeの設定でスタンバイとして起動するか否かを決めていましたが、PostgreSQL 12以降はstandby.signalファイルがデータベースクラスタに存在するか否かにより決定されます。

なお、PostgreSQL 12以降、recovery.confというファイルが存在するとPostgreSQLが起動しないようになっていますので注意してください。

walsender/walreceiverプロセスの処理

walsenderプロセスとwalreceiverプロセスは**図11.2**のように動作し、スタンバイ(walreceiver)が主導してWALをやりとりします。このため、max_wal_sendersの許す限り、動的にスタンバイを増設できます。

なお、walreceiverプロセスがWALレコードを受け取ると、次の順に処理します。

- walsenderプロセスにWALレコードを受け取ったことを通知する
- walreceiverプロセスは受け取ったWALレコードを同期書き込みする
- walreceiverプロセスは、startupプロセス(実際にリカバリ処理を行うプロセス)にWALレコードを受け取ったことを通知する
- startupプロセスがWALレコードを読み取って再適用する

図11.2 walsender/walreceiverプロセスの処理

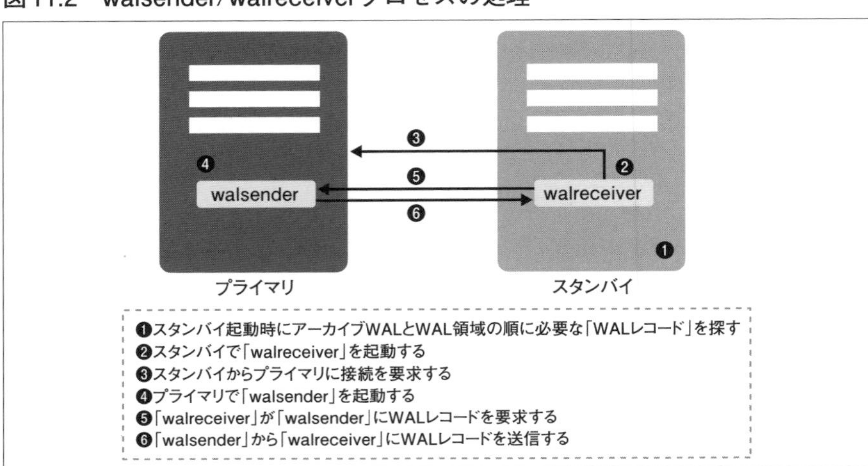

11.2.2：可能なレプリケーション構成

ストリーミングレプリケーションは、1:Nの構成で構築できます。つまり、プライマリが1台に対して、スタンバイを複数台用意した「マルチスタンバイ構成」です。

また、スタンバイに対してさらにスタンバイを接続した「カスケード構成」(**図11.3**)や、マルチスタンバイ構成において「同期できる複数のスタンバイ」を用意することも可能となっています。マルチスタンバイ構成とカスケード構成で共通している点は、プライマリは1台のみということです。

同期／非同期の違い

同期と非同期の違いは、スタンバイでWALがどのような状態になったらプライマリでの処理を完了(クライアントにコミット完了を通知)するかです。同期の場合は、スタンバイでWALが正常に同期書き込みされたことを待って、プライマリは処理を完了します。一方、非同期の場合は、プライマリはスタンバイで行われるWALに対する処理を待たずに処理を完了します。

スタンバイを同期／非同期のどちらで扱うのかは、プライマリのpostgresql.confファイルのsynchronous_commitパラメータ(**表11.5**)に設定します。

図11.3　マルチスタンバイ構成とカスケード構成

マルチスタンバイ構成
プライマリ
スタンバイ

カスケード構成
プライマリ
スタンバイ

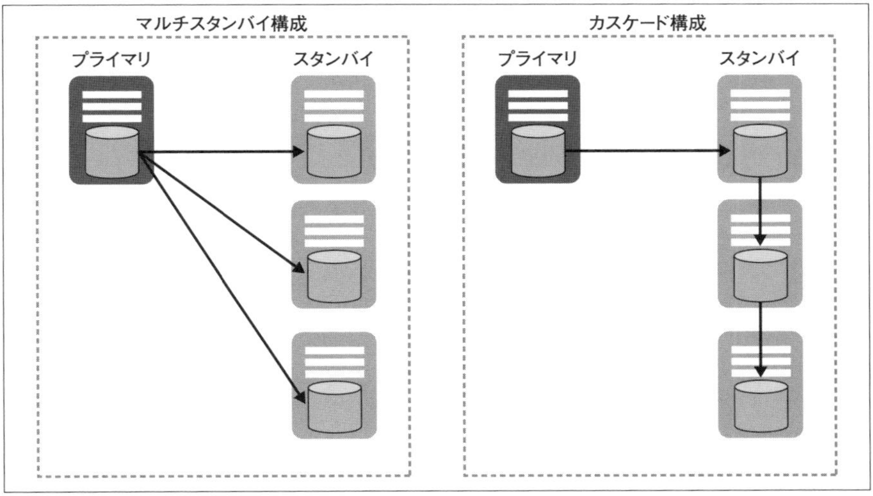

表11.5　スタンバイを同期／非同期にするかの設定（プライマリのpostgresql.confファイルのsynchronous_commitパラメータ）

設定値	同期／非同期	プライマリのWAL処理	スタンバイのWAL処理
off	非同期	待たない	待たない
local	非同期	待つ	待たない
remote_write	同期	待つ	メモリへの書き込みまで待つ
on	同期	待つ	ディスクへの書き込みまで待つ
remote_apply	同期	待つ	WALが適用されるまで待つ

複数のスタンバイがある場合

どのスタンバイを同期として扱うかは、プライマリのpostgresql.confファイルのsynchronous_standby_namesパラメータで設定します。synchronous_standby_namesには、スタンバイを一意に特定するための任意の文字列をカンマ区切りで指定します。

次の設定では、接続できた一番左の設定値を同期のスタンバイとして扱います。

```
synchronous_standby_names = 'sby,sby2,sby3'
```

また、複数のスタンバイを同期として扱う設定も可能です。次の設定では、先頭から2つのスタンバイを同期として扱います。

```
synchronous_standby_names = 'FIRST 2 (sby,sby2,sby3)'
```

さらに、「先頭からN個」といった設定以外に、「いずれかN個」といった設定も可能です。次の設定では、いずれか2つのスタンバイを同期として扱います。

```
synchronous_standby_names = 'ANY 2 (sby,sby2,sby3)'
```

なお、このsynchronous_standby_namesが空白の場合、「どのスタンバイも同期として扱わない」と解釈されるので注意が必要です。

スタンバイを一意に特定するための文字列は、各スタンバイのpostgresql.confでprimary_conninfoにapplication_nameを含めることで設定できます。

```
primary_conninfo = 'user=postgres port=5432 application_name=sby'
```

やや複雑なので、synchronous_commitとsynchronous_standby_namesの組み合わせでどのような挙動となるのか整理します(**表11.6**)。

表11.6　同期／非同期に関わるパラメータ

	synchronous_standby_names	
synchronous_commit	設定なし	設定あり
off	プライマリのWALも非同期で書き込む	
local	プライマリのWALは同期書き込み、スタンバイは非同期	
remote_write	プライマリのWALのみ同期書き込み	スタンバイでWALをバッファに書き込むのをプライマリは待つ
on		スタンバイのWALを同期で書き込むのをプライマリは待つ
remote_apply		スタンバイでWALが適用されるのをプライマリは待つ

「同期」の呼び方に注意

同期といっても、synchronous_commitの設定次第ではスタンバイの古いデータが読まれる可能性があるので注意が必要です。remote_apply以外の同期レプリケーションの場合、WALの適用は常に非同期で行われます。スタンバイは常にプライマリと同じ状態になっていると考える人も多いので、synchronous_commitの値も注意して確認しましょう（デフォルト値はonです）。

11.2.3：レプリケーションの状況確認

続いて、ストリーミングレプリケーションをより安全に運用するために確認すべき項目や手順を整理します。

サーバログの確認

まずは、ログに正しくレプリケーションを開始したメッセージが出力されていることを確認します。プライマリとスタンバイに次のメッセージが出力されていることを確認します。

```
・プライマリ
LOG:  standby "sby" is now a synchronous standby with priority 1
・スタンバイ
LOG:  started streaming WAL from primary at 0/3000000 on timeline 1
```

プロセスの確認

プライマリではwalsenderプロセス、スタンバイではwalreceiverプロセスが起動していることをpsコマンドなどで確認します。

```
・プライマリ
336345 ?        Ss     0:00  ¥_ postgres: walsender postgres
172.31.6.21(36294) streaming 0/3000FC0
・スタンバイ
149368 ?        Ss     0:00  ¥_ postgres: walreceiver streaming 0/3000ED8
```

レプリケーション遅延の確認

プロセスの存在確認に加えて、プロセスが正常に動作していることを確認します。ストリーミングレプリケーションの動作状況は、pg_stat_replicationビューを見ます。pg_stat_replicationビューを参照する例を**コマンド11.1**に示します。

この例では、スタンバイsbyが同期モードで、プライマリからデータを受け取る状態になっていることが確認できます。

また、sent_lsn、write_lsn、flush_lsn、replay_lsnはそれぞれ、プライマリが送出したLSN(sent_lsn)、スタンバイがバッファに書き込んだLSN(write_lsn)、同期書き込みしたLSN(flush_lsn)、WALを適用したLSN(replay_lsn)を表しています。これらの情報から、スタンバイではデータまで含めて完全に同期ができていることが確認できます。

なお、一見するだけでLSNの位置を比較するのが難しい場合は、2つのLSN間の差分をバイト数で計算するpg_wal_lsn_diff関数を使うと見通しがよいです。pg_wal_lsn_diff関数の例を**コマンド11.2**に示します。

pg_stat_replicationビューは、自身に接続しているwalreceiverプロセスからの情報を表示しています。複数のスタンバイが存在する場合は、それぞれ

コマンド11.1　pg_stat_replicationビューを参照する例

```
=# SELECT application_name, state, sent_lsn, write_lsn, flush_lsn, replay_lsn, ↗
sync_priority, sync_state FROM pg_stat_replication; ↵
-[ RECORD 1 ]----+----------
application_name | sby
state            | streaming
sent_lsn         | 0/3000148
write_lsn        | 0/3000148
flush_lsn        | 0/3000148
replay_lsn       | 0/3000148
sync_priority    | 1
sync_state       | sync
```

コマンド11.2　pg_wal_lsn_diff関数の例

```
=# SELECT pg_wal_lsn_diff(sent_lsn, write_lsn) write_diff, pg_wal_lsn_diff(sent_lsn, ↗
flush_lsn) flush_diff, pg_wal_lsn_diff(sent_lsn, replay_lsn) replay_diff ↗
FROM pg_stat_replication; ↵
-[ RECORD 1 ]--
write_diff  | 0
flush_diff  | 0
replay_diff | 0
```

別の行として出力されます。

残念ながらカスケード構成には対応していないので、各walreceiverプロセスが存在するサーバで確認する必要があります。

11.2.4：レプリケーションの管理

何らかの理由により、プライマリが停止してしまった場合を想像してください。十分に高可用化されたシステムであれば、クライアントはプライマリが停止したことを意識せずに処理を継続できるはずです。しかし、現状のPostgreSQLでは、少々手を差し出す必要があります。

具体的には、スタンバイを更新が行える状態に昇格する処理が必要です。昇格を行う方法は3種類あります。

promote_trigger_fileを用いる方法

スタンバイのpostgresql.confでpromote_trigger_fileを設定している場合、ファイルを生成することで昇格処理がなされます。なお、PostgreSQL 11以前ではスタンバイのrecovery.confでtrigger_fileを設定して同様の操作を行えます。

```
promote_trigger_file = '/tmp/trigger.file'
```

promote_trigger_fileで設定するファイルの格納場所、ファイル名は任意です。このようにpromote_trigger_fileを設定した場合、**コマンド11.3**で昇格が開始され、ログメッセージが出力されます。

pg_ctl promoteを用いる方法

`pg_ctl promote`を実行することで昇格処理がなされます。この方法は前述のpromote_trigger_fileとは独立しているので、postgresql.confの設定など

コマンド11.3　trigger_fileを用いる方法

```
$ touch /tmp/trigger.file ↵
LOG:  promote trigger file found: /tmp/trigger.file
FATAL:  terminating walreceiver process due to administrator command
LOG:  invalid record length at 0/3000FC0: wanted 24, got 0
LOG:  redo done at 0/3000F88 system usage: CPU: user: 0.00 s, system: 0.03 s, elapsed: 1127.54 s
LOG:  last completed transaction was at log time 2022-08-13 02:54:14.500854+00
LOG:  selected new timeline ID: 2
LOG:  archive recovery complete
LOG:  database system is ready to accept connections
```

コマンド11.4　pg_ctl promoteを用いる方法

```
$ pg_ctl promote ↵
LOG:  received promote request
FATAL:  terminating walreceiver process due to administrator command
LOG:  invalid record length at 0/5000060: wanted 24, got 0
LOG:  redo done at 0/5000028 system usage: CPU: user: 0.00 s, system: 0.00 s, elapsed: 33.14 s
LOG:  selected new timeline ID: 2
LOG:  archive recovery complete
LOG:  database system is ready to accept connections
```

は不要です(**コマンド11.4**)。

pg_promote関数を用いる方法

スーパーユーザ権限でpg_promote関数を実行することで昇格処理がなされます(**コマンド11.5**)。

pg_promote関数には、Boolean型のwait、Integer型のwait_secondsの2つの引数があります。デフォルトでは、wait=true、wait_seconds=60で昇格が完了するのを60秒間待ち、処理が成功していればTrue、処理が失敗していればFalseを返します。wait=falseとした場合、処理の成否に関わらずTrueが返ります。

pg_ctl promote/pg_promote関数がシグナルを送信して昇格処理に入るのに対して、promote_trigger_fileは定期的なファイル存在チェックの後に昇格処理に入るため、若干の時間差があります。しかし、いずれの方法もスタンバイがプライマリに昇格するのに変わりはありません。

なお、昇格したスタンバイは、タイムラインIDが1つ繰り上がります。タ

コマンド11.5　pg_promote関数を用いる方法（ログにはコマンド11.4と同様のメッセージが出力される）

```
$ psql -U postgres -d postgres -c "SELECT pg_promote()" ⏎
 pg_promote
------------
 t
(1 row)
```

イムラインIDは、バックアップからのリカバリ時には過去の任意の時点に戻ることが可能なメリットがありますが、レプリケーションの最中はプライマリとスタンバイが同じタイムラインIDを持つ必要があります。

たとえば、カスケード構成でプライマリが故障し、プライマリに直接接続したスタンバイが昇格した場合を考えてみましょう。昇格に伴って末端のスタンバイとタイムラインIDが異なると、レプリケーションが途切れてしまいます。

通常、スタンバイのpostgresql.confのrecovery_target_timelineパラメータを"latest"に設定して運用します。こうすることで、タイムラインの変更に追従してレプリケーションを継続できます(**図11.4**)。

図11.4　タイムラインID（TLI）の追跡

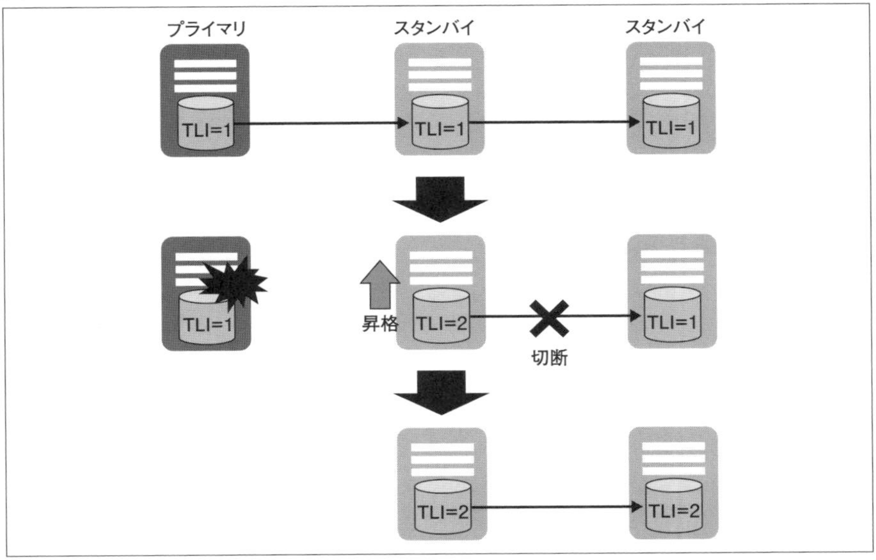

11.2.5：設定手順の整理

ここでは、ストリーミングレプリケーションを行うための設定手順を解説します。前提は次のとおりです。

●プライマリ
・ホスト名：prm
・IPアドレス：192.168.2.11
●スタンバイ
・ホスト名：sby
・IPアドレス：192.168.2.12

プライマリの設定

プライマリのpostgresql.confファイル(**リスト11.1**)とpg_hba.confファイル(**リスト11.2**)を編集します。

スタンバイのデータベースクラスタを用意

スタンバイのデータベースクラスタとなるベースバックアップ(後述)をプライマリから取得します。**pg_basebackup**コマンド(**コマンド11.6**)は、プライマリに接続してデータベースクラスタのコピーを作成できます。

リスト11.1　プライマリのpostgresql.confファイル

```
wal_level = 'replica'
max_wal_senders = 10
archive_mode = on
archive_command = 'cp %p /tmp/%f'
synchronous_standby_names = 'sby'
```

リスト11.2　プライマリのpg_hba.confファイル

```
host replication postgres 192.168.2.12/32 trust
```

コマンド11.6　スタンバイでpg_basebackupコマンドを実行する

```
$ pg_basebackup -R -D ${PGDATA} -h prm -p 5432 ↵
```

スタンバイの設定変更

スタンバイの設定を独自に変更したい場合は、スタンバイのpostgresql.confやpg_hba.confを編集可能です。また、スタンバイとして起動するため、standby.signalファイルを用意します。

前述のように**pg_basebackup**コマンドを-Rオプション付きで実行すると、postgresql.auto.confにレプリケーションに必要な接続情報を記録し、自動的にstandby.signalファイルがスタンバイのデータベースクラスタ配下に作成されます。

動作確認

ログやpg_stat_replicationビュー、walsender/receiverプロセスの起動を確認し、正しくレプリケーションが行えているか確認しましょう。

以上でストリーミングレプリケーションの環境構築は終了です。ストリーミングレプリケーションが導入されたばかりの頃と比べて、現在は**pg_basebackup**コマンドなど便利な機能が加わり、デフォルトの設定ファイルでもレプリケーション関連の設定がなされているため、意識しないでもストリーミングレプリケーション環境を構築できます。動作させながら仕組みを理解するとより効果的なので、ぜひ構築してみてください。

11.3　PostgreSQLで構成できる3つのスタンバイ

11.3.1：それぞれのメリットとデメリット

まず、PostgreSQLで構成できるスタンバイを整理します。スタンバイはどのような状態で動作しているかの違いによって「コールドスタンバイ」「ウォームスタンバイ」「ホットスタンバイ」と定義できます(**表11.7**)。

通常は停止しており、プライマリのダウン時など必要に応じて起動するスタンバイをコールドスタンバイといいます。コールドスタンバイは、レプリケーションと組み合わせるのではなく、主に共有ディスクを用いて実現する方式です。

ウォームスタンバイは、接続を受理できて読み取り専用の問い合わせが処理できますが、非同期レプリケーションと組み合わせるのが一般的になっています。

ホットスタンバイも接続を受理できて読み取り専用の問い合わせが処理で

表11.7　スタンバイの状態とメリット／デメリット

スタンバイ	状態	メリット	デメリット
コールドスタンバイ	停止している	運用が比較的に楽である	SPOF[※]が存在する。資源を無駄に使用するなどコストがかかる
ウォームスタンバイ	起動している	特別な装置など不要で構築できる	非同期が前提となり直近のデータを参照できない
ホットスタンバイ	起動している	できる限り直近のデータを参照可能で、スタンバイの資源を最大限に活用できる	同期のズレを意識した運用が必要となる

※SPOF：Single Point of Failure（単一障害点）

きます。できる限り直近のデータを参照できるように、同期レプリケーションとの組み合わせで利用します。

これらはスタンバイでの参照可否だけでなく、問題発生時にプライマリからスタンバイに切り替える時間や運用手順などに違いがあります。以降、それぞれの選択、運用時のポイントを整理します。

11.3.2：コールドスタンバイ

コールドスタンバイは、運用方法が最もシンプルです。プライマリとスタンバイが1つのデータを共有するので、プライマリからスタンバイに切り替えが発生してもデータを消失することがありません。

また、通常時はプライマリのみが起動している状態なので、バックアップや監視といったデータベースに関する運用は、基本的にプライマリのみに行います。さらに、プライマリ故障時にはスタンバイを起動するだけで切り替えられます。

しかし、コールドスタンバイではスタンバイに参照クエリを実行できません。また、通常時にはスタンバイのサーバ機を無駄に起動しておかなければいけないこと、共有ディスクなどの高価な装置が必要になることなど、コスト面での制約が多いです。

最も大きな制約は、共有ディスクが単一障害点(SPOF：Single Point of Failure)となり得ることです。もちろん、これを回避するためにファイルシステムやディスクの信頼性向上施策を取ればよいのですが、コスト／運用面のインパクトが大きくなります。

11.3.3：ウォームスタンバイ

ストリーミングレプリケーションの同期モードでウォームスタンバイを用意できますが、ホットスタンバイとの差を明確にするために、ストリーミングレプリケーションの非同期モードを用いた方法について説明します。

まず大きなメリットは、特別な装置が不要であることです。高価な共有ディスク装置がなくとも手軽にスタンバイを用意できます。サードパーティ製のツールの運用は意外と手間がかかるため、PostgreSQL本体(およびcontribモジュール)にその機能が備わっていることも運用面ではメリットです。

また、非同期であることはデータ損失に直結するためデメリットと考えられますが、逆に非同期であることを活かした使い方もあります。同期モードのストリーミングレプリケーションは、スタンバイでWALがディスクに書き込まれるのを待ってクライアントに応答を返します。つまり、スタンバイでの処理がプライマリに大きく影響します。

一方、非同期モードのストリーミングレプリケーションは、プライマリはスタンバイの処理に影響されることはありません。この特性を活かして、スタンバイを遠隔地に配置して災害対策用として活用できます。

11.3.4：ホットスタンバイ

ホットスタンバイは、コールドスタンバイとウォームスタンバイのよいところを兼ね備えています。

特別な装置は不要で、かつデータ損失の危険もほとんどありません。スタンバイに参照クエリを問い合わせできることから、同期モードでのストリーミングレプリケーションが前提となります。スタンバイを遠隔地に配置する災害対策用としては性能影響が大きくなるため利用できませんが、一般的な高可用化システムとして利用するシーンは多いでしょう。

次節では、ホットスタンバイについてより詳細に説明します。

11.4　ホットスタンバイ

ホットスタンバイは、WAL適用中に参照クエリを実行できます。ホットスタンバイの機能を利用するには、postgresql.confファイルのhot_standbyパラメータをonに設定するだけですが、内部ではどのような処理が行われているのでしょうか。

実際には、スタンバイがリカバリ中に「一貫性のある状態」になったらマスタサーバプロセスにシグナルを送って接続を許可します。一貫性のある状態とは、ベースバックアップ取得時に行われるチェックポイントが完了した時点までリカバリが済んだ状態です。一貫性のある状態になれば、非同期モードでのストリーミングレプリケーションで構築したスタンバイでも参照クエリを実行できます。

11.4.1：ホットスタンバイで実行可能なクエリ

ホットスタンバイでは、参照クエリのみが実行可能です。具体的には**表11.8**のクエリです。

トランザクションIDの払い出しはされず、またWALの書き出しも行わないため、更新処理は実行できません。これは、スタンバイでのMVCC(MultiVersion Concurrency Control：多版型同時実行制御)を保証できなくなるためです。

ベースバックアップの取得

スタンバイから**pg_basebackup**コマンドを用いてベースバックアップを取得できます。通常、ベースバックアップはpg_start_backupやpg_stop_backup関数を用いて取得します。ホットスタンバイでは、これらの関数を直接実行できませんが、**pg_basebackup**コマンドは内部的に同等の処理を行ってベースバックアップを転送します。このため、ホットスタンバイでも**pg_basebackup**コマンドを用いたベースバックアップが取得できるようになっています。

表11.8　ホットスタンバイで実行可能なクエリ

コマンド	説明
SELECT、COPY TO	読み取りクエリ
DECLARE、FETCH、CLOSE	カーソル操作クエリ
SHOW、SET、RESET	パラメータ操作クエリ
BEGIN、COMMIT	DCL(Data Control Language：データ制御言語)コマンド
ACCESS SHARE、ROW SHARE、ROW EXLUSIVE	いずれかを指定したLOCK TABLEコマンド
PREPARE、EXECUTE、DEALLOCATE、DISCARD	準備済みステートメントを操作するクエリ
LOAD	ライブラリ読み込み操作

表11.9 リカバリの停止／再開の関数

関数	説明
pg_is_wal_replay_paused()	リカバリが停止中であれば真を返す
pg_wal_replay_pause()	即座にリカバリを停止する
pg_wal_replay_resume()	リカバリ停止中であれば再開する

スタンバイから**pg_basebackup**コマンドで取得したバックアップからリカバリを行うとき、hot_standbyをonにして任意の時刻やトランザクションIDを指定してリカバリを行うと、リカバリが完了した時点で一時停止します。これは、スタンバイのpostgresql.confのrecovery_target_actionがpause（デフォルト値）の際の挙動であり、適切な位置にリカバリができたかを確認するための重要な機能ですが、一刻も早くリカバリをしたい場合には一時停止せずに進めたい場面が多々あります。一時停止しないようにするには、recovery_target_actionをpromoteにしてリカバリを実行します。

なお、一時停止したリカバリを再開するにはpg_wal_replay_resume関数を実行します。そのほかにも、**表11.9**のようなリカバリのための関数が用意されています。

11.4.2：ホットスタンバイの弱点はコンフリクト

ホットスタンバイの弱点はコンフリクトです。

一貫性が確認されればすべての参照クエリがホットスタンバイで実行可能になる、とは限りません。ストリーミングレプリケーションの仕組みとして、プライマリとスタンバイでの操作が衝突する可能性があります。これをコンフリクトと呼びます。

最も簡単な例は、**図11.5**のようなプライマリで実行する「DROP TABLEコマンド」と、スタンバイで実行する該当テーブルへの参照クエリでコンフリクトが発生します。

このほかにも、プライマリでのロック取得、データベースやテーブルやテーブル空間の削除、VACUUMによるメンテナンスがコンフリクトを引き起こします。コンフリクトが発生した場合、デフォルトでは30秒ほどスタンバイでWALの適用を待機します（緩和策については後述）。コンフリクトが発生した参照クエリはエラーとなってしまいます。

なお、データベース上で発生したコンフリクトの回数や内容を調べるには、pg_stat_database_conflictsビューを参照します（**コマンド11.7**）。また、PostgreSQL 14以降では、postgresql.confのlog_recovery_conflict_waitsを設定

図11.5　コンフリクトの発生

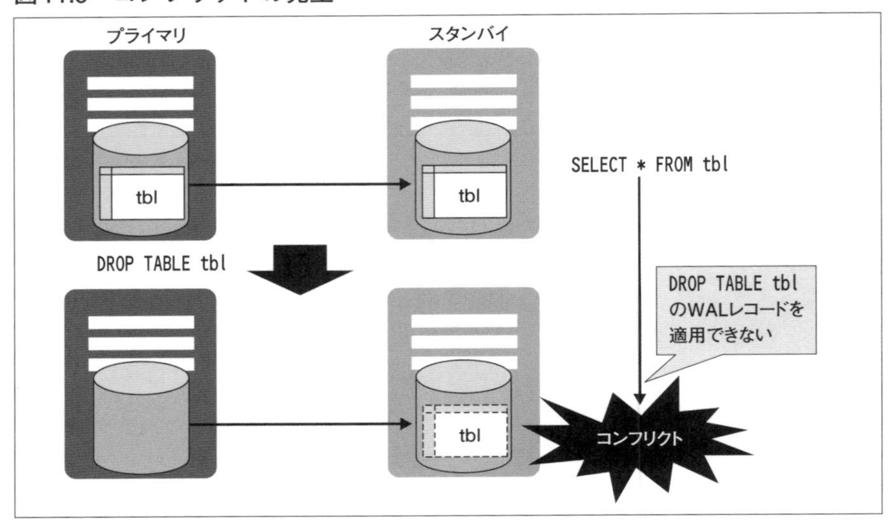

コマンド11.7　コンフリクトの回数や内容を調べる方法

```
=# select * from pg_stat_database_conflicts where datname = 'testdb'; ↵
-[ RECORD 1 ]----+-------
datid            | 16384
datname          | testdb
confl_tablespace | 0
confl_lock       | 2
confl_snapshot   | 0
confl_bufferpin  | 0
confl_deadlock   | 0
```

することでコンフリクト発生時にログ出力させられます（デフォルトではoff）。

11.5　ストリーミングレプリケーションの運用

ストリーミングレプリケーションとホットスタンバイを利用した運用時に着目すべきポイントを説明します。

11.5.1：フェイルオーバ時の処理

異常が発生したサーバを切り離し、サービスを継続する仕組みを「フェイルオーバ」といいます。残念ながらPostgreSQLには自動的にフェイルオーバを行う仕組みはありません。このため、フェイルオーバ時に適切な処理を行う必要があります。一般的には、システムに合わせた仕組みを自作したり、Pacemakerなどの HA クラスタソフトウェアを組み合わせた運用が行われています。

また、プライマリ/スタンバイのそれぞれで異常が発生した箇所により、対応すべき内容が異なります。

プライマリの故障時

プライマリが故障した場合、スタンバイを更新可能な状態に昇格する必要があります。昇格は`pg_ctl promote`で行います。なお、プライマリからクライアントアプリケーションにコミットが返却されなかった場合でも、スタンバイの WAL は更新されている可能性があることに注意が必要です。この状態でスタンバイを昇格させると、スタンバイの WAL 適用と共にコミット済みとなります。

プライマリからクライアントアプリケーションにコミットが返却されなかった場合に、スタンバイでコミット/アボートのどちらになるかを判別するための仕組みは、PostgreSQLに用意されていません。このようなケースで問題が起こる場合は、データベース管理者の介入やクライアントアプリケーション側で直近の処理を巻き戻すなどの対処を行う必要があります。

スタンバイの故障時

スタンバイが故障した場合には、プライマリのpostgresql.confを編集して再読み込みする必要があります。具体的には、synchronous_standby_namesパラメータを書き換えます。synchronous_standby_namesには、故障したスタンバイが同期しているスタンバイとして定義されています。スタンバイが停止してしまうと、スタンバイからの応答がないため、プライマリはコミットを完了できなくなってしまいます。

synchronous_standby_namesに複数のスタンバイを定義している場合は、自動的に左から順に同期スタンバイとみなして動作しますが、同期レプリケーションしているスタンバイの数が足りなくなった場合には、postgresql.confファイルのsynchronous_standby_namesを空にして設定ファイルの再読み込み(`pg_ctl reload`)を行います。

11.5.2：プライマリ／スタンバイの監視

前項で挙げたように、故障をより早く検出するためには定期的にプライマリ、スタンバイを監視する必要があります。監視する内容は、walsender/walreceiverプロセスが正常に動作しているか、レプリケーションが滞りなく行えているかなど多岐にわたります。

walsender/walreceiverプロセスの動作確認

walsender/walreceiverプロセスの動作確認は、プロセス自身の存在確認だけでなく、プライマリ／スタンバイ間のネットワーク異常による待ち状態が発生していないかといった点も含める必要があります。待ち状態を確認するにはwal_sender_timeoutとwal_receiver_timeoutパラメータを設定します。それぞれプライマリとスタンバイから見たレプリケーションが停止した場合のタイムアウト値を設定します(デフォルトは60秒)。

プライマリでタイムアウト(wal_sender_timeout)が発生した場合、次のメッセージが出力されwalsenderプロセスが停止し、その後walreceiverプロセスも停止します。

```
LOG:  terminating walsender process due to replication timeout
```

スタンバイでタイムアウト(wal_receiver_timeout)が発生した場合、次のメッセージが出力されwalreceiverプロセスが停止します。

```
FATAL:  terminating walreceiver due to timeout
```

どちらの状況でもwalreceiverプロセスは停止しますが、その後再度起動し、レプリケーションの継続を試みます。

レプリケーションの状況確認

レプリケーションが滞りなく実施されているかは、walreceiverプロセスによるWALの受信位置(receive位置)とWALの適用位置(replay位置)を確認するとよいでしょう。

なお、WALの位置確認に、前述したpg_stat_replicationビューを使う場合に注意点があります。pg_stat_replicationビューの更新頻度は、writeもしくはflushの位置に変更があったとき、もしくはwal_receiver_status_intervalによって設定されている時間が経過したときです。デフォルトではwal_

コマンド11.8　プライマリでpg_stat_replicationを確認

```
=# SELECT flush_lsn, replay_lsn from pg_stat_replication; ↵
 flush_lsn | replay_lsn
-----------+------------
 0/3000990 | 0/3000868
  → replay_lsnに若干の差が生じる
```

コマンド11.9　スタンバイで直接receive位置、replay位置を確認

```
=# SELECT pg_last_wal_receive_lsn(), pg_last_wal_replay_lsn(); ↵
 pg_last_wal_receive_lsn | pg_last_wal_replay_lsn
-------------------------+------------------------
 0/3000ED8               | 0/3000ED8
  → replay_lsnの差は見られない
```

receiver_status_intervalは10秒なので、replay位置は若干差異が生じる可能性があります(**コマンド11.8**)。

この差異が許容できないようであれば、スタンバイで直接receive位置、replay位置を確認します(**コマンド11.9**)。スタンバイでこれらの値を確認するために、pg_last_wal_receive_location関数、pg_last_wal_replay_location関数が用意されています。これらの関数は実行時に状態を返却するため、差異なく位置を確認できます。

11.5.3：プライマリ／スタンバイの再組み込み時の注意点

故障したプライマリ、スタンバイをもう一度レプリケーション状態に戻すことを考えてみます。

スタンバイを再度組み込むことは比較的容易です。同期レプリケーションの仕組み上、スタンバイがプライマリより進んでしまうことはあり得ないので、スタンバイを再起動すればよいだけです(スタンバイ故障時に、プライマリのsynchronous_standby_nameを編集している場合は、元に戻す処理も必要です)。届いていなかったWALレコードは、プライマリにあれば自動的に転送されます。

ただし、スタンバイが停止している時間が長い場合、プライマリのWAL領域に必要なWALレコードを含むWALファイルがないケースもあります。このような状況を回避するには、postgresql.confでarchive_modeをalwaysに設定しておき、スタンバイ側でもWALファイルをアーカイブできるようにします。この機能を利用することで、WALファイルのコピーを行うことなくス

コマンド11.10　新プライマリ（旧スタンバイ）でWALの適用位置を確認

```
$ psql postgres -c "SELECT pg_last_wal_receive_lsn(), pg_last_wal_replay_lsn()" ↵
 pg_last_wal_receive_lsn | pg_last_wal_replay_lsn
-------------------------+------------------------
 0/B000000               | 0/B000000
  → pg_last_wal_receive_lsn関数、pg_last_wal_replay_lsn関数を実行すると、昇格した時点でどこまで受信、適用したかが分かる
```

コマンド11.11　新スタンバイ（旧プライマリ）でWALの適用位置を確認

```
$ psql postgres -c "SELECT pg_last_wal_receive_lsn(), pg_last_wal_replay_lsn()" ↵
 pg_last_wal_receive_lsn | pg_last_wal_replay_lsn
-------------------------+------------------------
 0/B000000               | 0/B017A98
  → 新プライマリより進んでしまった場合は、レプリケーションが行えない
```

タンバイを組み込めます。

一方、プライマリを再度組み込む場合は、プライマリ、スタンバイのどちらが進んだか不明な状態になるために注意が必要です。たとえば、プライマリだけWALが書かれ、スタンバイに送る直前にプライマリが故障したとします。そうすると、新プライマリ(昇格後のスタンバイ)のほうが過去の状態になる可能性があります。そこに進んでしまった旧プライマリを組み込んでも、新プライマリから適切なWALレコードを取得できないため、レプリケーションを継続できません。

新プライマリ、新スタンバイのそれぞれでWALの適用位置を確認し、矛盾がなければそのまま組み込めますが、**コマンド11.10**、**コマンド11.11**のようにWAL適用位置に矛盾が生じているようであれば、新プライマリからベースバックアップを取り直して再構築しなければなりません(この対処を行った場合、旧プライマリのWALが削除されることになります)。

Column　pg_rewindによる巻き戻し

新プライマリ、新スタンバイでWALの適用位置に矛盾が生じた場合でも、pg_rewindを利用することで効率的に旧プライマリを再利用できます(**コマンド11.A**)。たとえば、激甚対策として非同期レプリケーションを利用している場合、プライマリ故障時に新スタンバイのWAL適用位置が新プライマ

コマンド11.A　pg_rewindによる旧プライマリの再利用

```
$ pg_rewind -D ${PGDATA} --source-server='host=sby port=5432 dbname=postgres' ↗
--restore-target-wal --progress --write-recovery-conf ↵
pg_rewind: connected to server
pg_rewind: servers diverged at WAL location 0/B000000 on timeline 1
pg_rewind: rewinding from last common checkpoint at 0/A000060 on timeline 1
pg_rewind: reading source file list
pg_rewind: reading target file list
pg_rewind: reading WAL in target
pg_rewind: need to copy 37 MB (total source directory size is 67 MB)
38104/38104 kB (100%) copied
pg_rewind: creating backup label and updating control file
pg_rewind: syncing target data directory
pg_rewind: Done!
```

リより進むことはあり得ます。遠隔地間でベースバックアップからの再構築は多くの時間がかかりますが、pg_rewindを利用すれば差分のみを解消して、旧プライマリを再度レプリケーションが行える状態にできます。

PostgreSQL 14からはスタンバイをソースサーバとして指定できるようになり、利用できるシーンが増えています。詳しくはPostgreSQL文書「VI. リファレンス pg_rewind」を参照してください。

11.5.4：コンフリクトの緩和策

ホットスタンバイ運用中にコンフリクトが発生した場合、スタンバイでのWAL適用が30秒遅れます。このため、スタンバイで参照できるデータが陳腐化してしまいます。スタンバイで頻繁に参照を行うシステムでは、30秒間のデータ乖離は致命的になるでしょう。

このような場合には、スタンバイでのWAL適用を待つ時間を設定するパラメータであるmax_standby_archive_delay、max_standby_streaming_delayを変更します。max_standby_archive_delayは、スタンバイがアーカイブファイルを適用している最中に発生したコンフリクトの待ち時間、max_standby_streaming_delayはスタンバイがプライマリから受け取ったWALを適用している最中に発生したコンフリクトの待ち時間を設定します。

デフォルトでは30秒になっていますが、スタンバイの目的／用途に合わせてミリ秒単位で設定できます。これらのパラメータでは、プライマリでのテーブルやインデックスの削除などと、スタンバイでの該当テーブルやインデックスに対する参照処理とのコンフリクトを調整できます。
　一方で、プライマリでVACUUMやHOTによる行データ削除とスタンバイでの参照処理がコンフリクトする場合は、次のパラメータを調整します。

vacuum_defer_cleanup_ageパラメータ

　プライマリに設定します。デフォルトは「0」で、プライマリは即座にVACUUMやHOTによる行データの削除を行います。スタンバイでの行データ参照がコンフリクトを頻繁に起こす場合は、このパラメータを調整してプライマリでの行データ削除を遅らせます。
　指定する値は、行データ削除をどの程度遅らせるかをトランザクション数で設定します。

hot_standby_feedbackパラメータ

　スタンバイに設定します。デフォルトは「off」で、プライマリはスタンバイでどのような問い合わせがされているかを知る術を持っていません。「on」に設定することで、wal_receiver_status_intervalごとにスタンバイで開いているトランザクションに関する情報をプライマリに送るようになります。
　スタンバイのトランザクションに関する情報から、スタンバイが必要とする行データの削除を遅らせられます。
　なお、このパラメータを設定した場合、スタンバイのトランザクションが何らかの理由で閉じられずに残存すると、プライマリの不要な行が急激に増加してしまうので注意してください。

　これらのパラメータを設定した場合、程度の違いはあるもののプライマリのWAL領域の使用率は上昇します。プライマリのWAL領域の使用率上昇がPostgreSQLの停止を引き起こす危険性がある場合は、wal_keep_size（デフォルト値：0）で制御します。
　wal_keep_sizeは、スタンバイが必要とする可能性のあるWALファイルを保持するため、WAL領域にWALファイルを削除せずに残しておくべき容量の最小値をメガバイト単位で指定します。デフォルトの「0」ではスタンバイが必要とする可能性のあるWALファイルは保持されません。多くの場合、max_wal_sizeが適切に設定されていれば問題になることはないはずですが、細かい調節が必要になった場合にはチューニングポイントとなるでしょう。
　また、レプリケーションスロットとmax_slot_wal_keep_size（デフォルト値：

-1)でも同様の制御が可能です。

Column　レプリケーションスロット

レプリケーションスロットを利用することで、スタンバイが必要とするWALやデータが早期に削除されないようになります。プライマリでレプリケーションスロットを作成し、スタンバイでレプリケーションスロットを指定して接続することで利用します。レプリケーションスロットの作成には、pg_create_physical_replication_slot関数を用います(**コマンド11.B**)。

なお、PostgreSQL 13からwal_receiver_create_temp_slotパラメータを「on」としておけば、一時的なレプリケーションスロットを自動作成するようになりました。

スタンバイでレプリケーションスロットを指定するには、postgresql.confファイルのprimary_slot_nameパラメータにスロット名を記載します。

コマンド11.B　レプリケーションスロットの作成例

```
=# SELECT * FROM pg_create_physical_replication_slot('test_slot'); ↵
  slot_name  | lsn
-------------+-----
  test_slot  |
```

鉄則

- ☑ **PostgreSQLだけでできること／できないことを理解します。**
- ☑ **手動で行う必要がある操作は、さまざまなシナリオを用意して入念にリハーサルします。**

第12章 論理レプリケーション

本章では論理レプリケーション構成の組み方や注意点について説明します。論理レプリケーションはPostgreSQL 10から導入されたレプリケーション機能です。データベースクラスタ全体でレプリケーション構成を取るストリーミングレプリケーションとは異なり、対象とするテーブルや操作を指定したレプリケーション構成を取ることが可能です。きめ細かなレプリケーション構成が取れることから、複数のデータベースクラスタの一部データを1つのデータベースクラスタに集約し分析用途で利用することや、逆に1つのデータベースクラスタのデータを複数のデータベースクラスタに分割して分散データベースの基盤として利用することができます。

12.1 論理レプリケーションの仕組み

PostgreSQLの論理レプリケーションは、ストリーミングレプリケーションと同様にWALを転送することで実現されています。論理レプリケーションの仕組みを説明する前に、基盤となっているロジカルデコーディング、バックグラウンドワーカについて説明します。

12.1.1：ロジカルデコーディングとバックグラウンドワーカ

ロジカルデコーディングは、「WALを外部のシステムが解釈できる形に変換する」機構です。ロジカルデコーディングを利用するには、自前で変換ロジックを組んだ「出力プラグイン」を作成する必要がありますが、自由にロジックを組めるところからさまざまな外部システムとの連携が可能となります。

一方、外部システムで出力プラグインの結果を利用する場合は、外部システム側で「定常的」に出力プラグインの結果を利用する機構が必要です。バックグラウンドワーカプロセスも、「自前のバックグラウンドワーカプロセスを定常的に起動させておく」機構です。

それぞれの詳細な解説は本書では割愛しますが、これらの機構を用いて論理レプリケーションは実現されています(**図12.1**)。

論理レプリケーションの設定を行うと、対象のテーブルのデータが一致す

図12.1　論理レプリケーションの仕組み

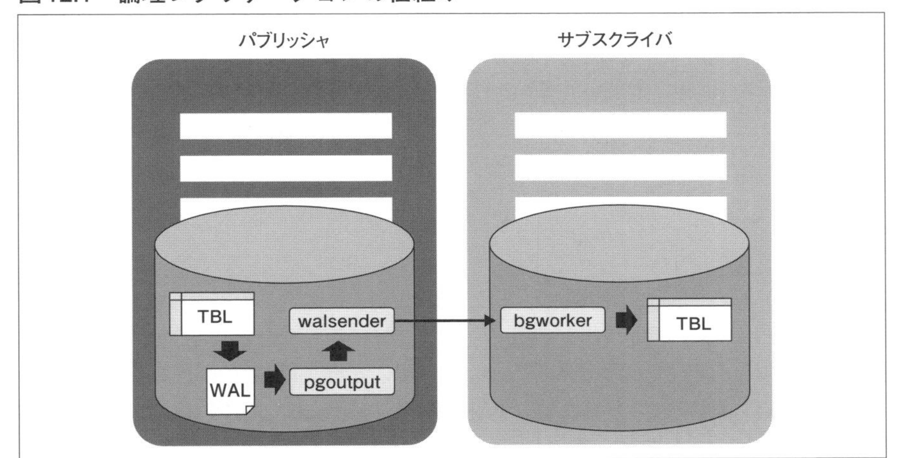

るようにデータがコピーされます（「初期スナップショットの取得」といいます）。データが一致した後は、出力プラグインとして論理レプリケーション用にpgoutputというモジュールが利用され、WALを外部のシステム（PostgreSQL）で処理できる形に変換します。変換されたWALデータは、ストリーミングレプリケーションでも利用されるwalsenderにより転送されます。

外部のシステム（PostgreSQL）側では、定常的にwalsenderから送られてくるデータを適用するバックグラウンドワーカが起動され、受信したデータを対象のテーブルに対して適用します。

「パブリッシャ」、「サブスクライバ」の詳細は次節で解説します。

12.1.2：論理レプリケーションの制限事項

PostgreSQLのpgoutputで対応できる処理はDML（INSERT/UPDATE/DELETE）およびTRUNCATEのみであるため、そのほかの処理は基本的にレプリケーションすることはできません。このように、いくつかの制限事項があることを理解して利用しましょう。なお、PostgreSQL 10まではTRUNCATEも対象外でした。

＜レプリケーション対象外のもの＞
・DDL（データ定義言語）
・シーケンスのデータ

表12.1 REPLICA IDENTITYで指定する値

設定値	効果
DEFAULT	主キー
USING INDEX <index_name>	指定したインデックス（ユニークかつNOT NULL）
FULL	行全体をキーとする
NOTHING	キーを使用しない

・通常のテーブル以外[注1]

また、DMLであってもUPDATE/DELETEをレプリケーションするためには、「REPLICA IDENTITY」を事前に設定しておく必要があります。REPLICA IDENTITYは、外部システム側で更新／削除する行を特定するために利用されるキーで、「ALTER TABLE <tablename> REPLICA IDENTITY <key>;」で設定できます。ここで<key>には**表12.1**のいずれかを指定します。

Column 長時間続くトランザクションのレプリケーション

PostgreSQL 13以前の論理レプリケーションでは、長時間続くトランザクションをレプリケーションするとメモリがあふれるおそれがありました。PostgreSQL 14以降、メモリあふれを起こさないよう改良がなされています。

このように、論理レプリケーションはPostgreSQL 10で導入されてから現在まで、さまざまな改善がなされています。これから論理レプリケーションを新規に構成する場合、可能な限り新しいバージョンを利用できないか検討してください。

12.2 パブリケーションとサブスクリプション

ストリーミングレプリケーションの解説では、各サーバが書き込み用のサーバ／読み込み用のサーバと役割が明確であったため「プライマリ／スタンバイ」という用語を用いていました。一方、論理レプリケーションでは各サーバで読み込みも書き込みもできるため、プライマリ／スタンバイという分類が正しくないケースがあります。そこで、一般的に論理レプリケーションでは「パ

注1 ラージオブジェクト、ビュー、マテリアライズドビュー、外部テーブル。なお、PostgreSQL 12まではパーティションの親テーブルのレプリケーションも対象外でしたが、PostgreSQL 13以降対応しています。

表12.2　パブリッシャ側の設定（walsenderプロセス）

ファイル名	項目名	値	デフォルト値
postgresql.conf	wal_level	logical	replica
	max_replication_slots	2以上	10
	max_wal_senders	2以上	10
pg_hba.conf	サブスクライバからの接続を許可 例：host all postgres 127.0.0.1/32 trust		
コマンド	公開するテーブルの指定 例：CREATE PUBLICATION mypub FOR ALL TABLES;		

表12.3　サブスクライバ側の設定（logical replication workerプロセス）

ファイル名	項目名	値	デフォルト値
postgresql.conf	max_replication_slots	1以上	10
	max_sync_workers_per_subscription	1以上	2
	max_logical_replication_workers	2以上	4
	max_worker_processes	3以上	8
コマンド	接続情報および購読する公開情報の指定 例：CREATE SUBSCRIPTION mysub CONNECTION '...' PUBLICATION mypub;		

ブリッシャ／サブスクライバ」という用語を用います。

パブリッシャが公開(パブリケーション)している情報を、サブスクライバが購読(サブスクリプション)することでレプリケーションを実現しています。

論理レプリケーションでは、パブリッシャとして「walsenderプロセス」が起動し、サブスクライバとして「logical replication workerプロセス」が起動します。これらのプロセスを起動するには、パブリッシャ側／サブスクライバ側でそれぞれ最低限の設定およびコマンドを実行します(**表12.2**、**表12.3**)。

なお、ストリーミングレプリケーションと同じくパブリッシャ側のpostgresql.confにてsynchronous_standby_namesにサブスクリプション名を指定しておくことで、同期モードで論理レプリケーションできます。

12.3　可能なレプリケーション構成

論理レプリケーションは、ストリーミングレプリケーションと同じく「1:N」の構成で構築できます。つまり、マルチサブスクライバ、カスケードの構成を取ることができます。さらに論理レプリケーションでは、複数のデータベースからレプリケーションする「N:1」の構成や、双方向の構成も取ることが可能です(**図12.2**)。

図12.2　可能な論理レプリケーション構成

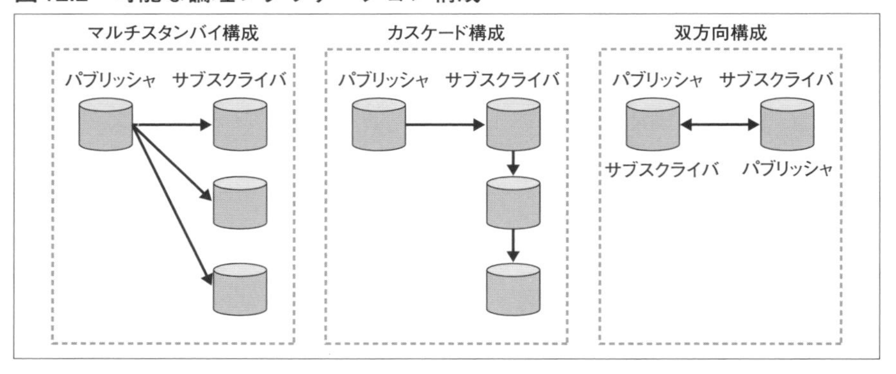

厳密にいうと、同じテーブルで双方向構成を取ることも可能ですが、コンフリクト(各サーバでの更新処理が矛盾してしまうこと)を解消する必要がでてきます。コンフリクトの解消についての詳細は「12.5　レプリケーションの管理」で説明します。

なお、論理レプリケーションは異なるメジャーバージョンであっても行えるよう設計されています。旧バージョンと並行してデータを取り込むことで切り替え時間の短縮が期待できるので、今後メジャーバージョンアップ手法の1つとして採用されることになるでしょう。

12.4　レプリケーションの状況確認

ここでは、論理レプリケーションが正常に動作していることを確認するための項目や手順を整理します。

12.4.1：サーバログの確認

サーバログに正しくレプリケーションを開始したメッセージが出力されます。パブリッシャとサブスクライバに、次のメッセージが出力されていることを確認しましょう。

```
●パブリッシャ
LOG:  starting logical decoding for slot "mysub"
LOG:  standby "mysub" is now a synchronous standby with priority 1
●サブスクライバ
LOG:  logical replication apply worker for subscription "mysub" has started
```

12.4.2：プロセスの確認

パブリッシャではwalsenderプロセス、サブスクライバではlogical replication workerプロセスが起動していることをpsコマンドなどで確認します。

```
●パブリッシャ
201440 ?        Ss     0:00  /_ postgres: walsender postgres ↩
172.31.6.21(50768) START_REPLICATION
●サブスクライバ
14215 ?        Ss     0:00  /_ postgres: logical replication worker for ↩
subscription 16392
```

12.4.3：レプリケーション遅延の確認

レプリケーションの遅延状況の確認についても、ストリーミングレプリケーション同様にpg_stat_replicationビューを参照して行えます(**コマンド12.1**)。

この例では、サブスクライバによるサブスクリプションmysubが非同期モードで、パブリッシャからデータを受け取る状態になっていることが確認できます。

sent_lsn、write_lsn、flush_lsn、replay_lsnで示されるWALの位置から遅延具合を確認できます。前述の例では、データの反映まで含めて完全に同期されていることが分かります。

また、論理レプリケーションでは、サブスクライバ側でもpg_stat_subscriptionビューを参照して状態を確認できます。次の例では受け取った

コマンド12.1　pg_stat_replicationビューの参照

```
=# SELECT application_name, state, sent_lsn, write_lsn, flush_lsn, replay_lsn, ↩
sync_priority, sync_state FROM pg_stat_replication; ⏎
-[ RECORD 1 ]----+----------
application_name | mysub
state            | streaming
sent_lsn         | 0/1A0EE78
write_lsn        | 0/1A0EE78
flush_lsn        | 0/1A0EE78
replay_lsn       | 0/1A0EE78
sync_priority    | 0
sync_state       | async
```

コマンド12.2　pg_stat_subscriptionビューの参照

```
=# select * from pg_stat_subscription; ↵
-[ RECORD 1 ]---------+-----------------------------
subid                 | 16392
subname               | mysub
pid                   | 14215
relid                 |
received_lsn          | 0/1A0EE78
last_msg_send_time    | 2022-08-07 06:20:30.457834+00
last_msg_receipt_time | 2022-08-07 06:20:30.457997+00
latest_end_lsn        | 0/1A0EE78
latest_end_time       | 2022-08-07 06:20:30.457834+00
```

LSN(received_lsn)と処理を終えたLSN(latest_end_lsn)が「0/1A0EE78」となっており、完全に同期されていることを表しています(**コマンド12.2**)。

12.5　レプリケーションの管理

論理レプリケーションの場合、いずれのサーバも読み書きできる状態にあるため、故障発生時に昇格の処理をする必要はありません。同期モードであったならば、synchronous_standby_namesの編集および再読み込みを行えばシステムの運用を継続できます。非同期モードであったならば、それすら必要ないでしょう。

ただし、次に示すようにレプリケーションスロットの対処が必要です。

12.5.1：レプリケーションスロットの対処

論理レプリケーションの整合性を保つために、サブスクリプションを開始する時点(CREATE SUBSCRIPTIONを実行した時点)で自動的にレプリケーションスロットが作成されます。作成されたレプリケーションスロットはpg_replication_slotsビューで確認できます(**コマンド12.3**)。

また、PostgreSQL 14ではpg_stat_replication_slotsビューが追加され、レプリケーションの状態を管理しやすくなっています(**コマンド12.4**)。

サブスクライバが故障した場合、レプリケーションスロットによってパブリッシャ側のWAL領域にWALが残り続けることになります。短時間でサブスクライバの復旧が見込めるときにはそのままにしておいてもよいのですが、復旧に時間を要する場合には、パブリッシャがWAL領域あふれにより停止し

コマンド 12.3　pg_replication_slots ビューの参照

```
=# SELECT * FROM pg_replication_slots; ↵
-[ RECORD 1 ]-------+----------
slot_name           | mysub
plugin              | pgoutput
slot_type           | logical
datoid              | 16384
database            | testdb
temporary           | f
active              | t
active_pid          | 201440
xmin                |
catalog_xmin        | 748
restart_lsn         | 0/1A0ED58
confirmed_flush_lsn | 0/1A0EE78
wal_status          | reserved
safe_wal_size       |
two_phase           | f
```

コマンド 12.4　pg_stat_replication_slots ビューの参照

```
=# SELECT * FROM pg_stat_replication_slots; ↵
-[ RECORD 1 ]+------
slot_name    | mysub
spill_txns   | 0
spill_count  | 0
spill_bytes  | 0
stream_txns  | 0
stream_count | 0
stream_bytes | 0
total_txns   | 90
total_bytes  | 12240
stats_reset  |
```

ないようレプリケーションスロットの削除を行いましょう。レプリケーションスロットの削除は、pg_drop_replication_slot 関数で実行できます。

```
=# SELECT pg_drop_replication_slot('mysub'); ↵
```

削除したレプリケーションスロットを再度作成してレプリケーションを再開できます。

レプリケーションスロットの作成は、pg_create_logical_replication_slot 関

数で実行できます。

```
=# SELECT pg_create_logical_replication_slot('mysub', 'pgoutput'); ⏎
```

ただし、レプリケーションスロットが削除された以降のデータはレプリケーションされないため、削除後のデータが必要な場合は初期スナップショットの取得を含めて再構築が必要です。

12.6 論理レプリケーション構成の構築例

論理レプリケーションを行うための設定、手順を次のような前提でまとめます。

●パブリッシャ
・ホスト名：pub
・IPアドレス：172.31.12.110
・対象データベース名：testdb
・対象テーブル名：testtbl(i int primary key, j int)
●サブスクライバ
・ホスト名：sub
・IPアドレス：172.31.6.21

12.6.1：パブリッシャの設定

パブリッシャのpostgresql.confファイルとpg_hba.confファイルを編集します(**リスト12.1**、**リスト12.2**)。

パブリッシャ側でパブリケーションを作成します(**コマンド12.5**)。

リスト12.1　パブリッシャのpostgresql.confファイル

```
wal_level = 'logical'
max_replication_slots = 10
max_wal_senders = 10
```

リスト12.2　パブリッシャのpg_hba.confファイル

```
host testdb postgres 172.31.6.21/32 trust
```

コマンド12.5　パブリケーションの作成

```
$ psql testdb -c "CREATE PUBLICATION mypub FOR TABLE testtbl" ↵
CREATE PUBLICATION
```

12.6.2：サブスクライバの設定

サブスクライバのpostgresql.confファイルを編集します(**リスト12.3**)。

サブスクライバ側のデータベース、テーブルを用意します(**コマンド12.6**)。

サブスクライバ側でサブスクリプションを作成します(**コマンド12.7**)。

12.6.3：動作確認

ログやpg_stat_replicationビュー、pg_stat_replication_slotsビュー、pg_stat_subscriptionビュー、walsender/logical replication workerプロセスの起動を確認し、正しくレプリケーションが行えているか確認しましょう。

以上で論理レプリケーションの環境構築は終了です。

リスト12.3　サブスクライバのpostgresql.confファイル

```
max_replication_slots = 10
max_sync_workers_per_subscription = 2
max_logical_replication_workers = 4
max_worker_processes = 8
```

コマンド12.6　サブスクライバでcreatedbコマンド、CREATE TABLEを実行

```
$ createdb testdb ↵

$ psql testdb -c "CREATE TABLE testtbl(i int primary key, j int)" ↵
CREATE TABLE
```

コマンド12.7　サブスクリプションの作成

```
$ psql testdb -c "CREATE SUBSCRIPTION mysub CONNECTION 'dbname=testdb host=pub' ➘
PUBLICATION mypub" ↵
NOTICE:  created replication slot "mysub" on publisher
CREATE SUBSCRIPTION
```

コマンド12.8　コンフリクトの発生

```
●サブスクライバ側
=# TABLE test; ↵
 i | j
---+---
(0 rows)

=# INSERT INTO test VALUES (1, 1); ↵
INSERT 0 1

●パブリッシャ側
=# TABLE test; ↵
 i | j
---+---
(0 rows)

=# INSERT INTO test VALUES (1, 1); ↵
```

12.7　論理レプリケーションの運用

論理レプリケーションではサブスクライバ側でもデータの更新が可能なため、パブリッシャでの更新処理とサブスクライバでの更新処理が矛盾(コンフリクト)を起こす可能性があります。コンフリクトが発生するとレプリケーションは停止し、手動でコンフリクトを解決する必要があります。

最も簡単な例としては、サブスクライバ側で主キーの列にデータを挿入した後、パブリッシャ側で同じデータを挿入するとコンフリクトが発生します(**コマンド12.8**)。

12.7.1：コンフリクトの対処

コンフリクトが発生すると次のようなメッセージがログに出力されます。

```
●サブスクライバ
2022-08-07 06:09:33.397 UTC [13993] ERROR:  duplicate key value violates
unique constraint "testtbl_pkey"
2022-08-07 06:09:33.397 UTC [13993] DETAIL:  Key (i)=(1) already exists.
2022-08-07 06:09:33.399 UTC [13985] LOG:  background worker "logical
replication worker" (PID 13993) exited with exit code 1
2022-08-07 06:09:33.402 UTC [14010] LOG:  logical replication apply worker for
subscription "mysub" has started
```

```
●パブリッシャ
2022-08-07 06:10:53.733 UTC [201273] LOG:  starting logical decoding for slot
"mysub"
2022-08-07 06:10:53.733 UTC [201273] DETAIL:  Streaming transactions
committing after 0/1A0EC48, reading WAL from 0/1A0EC10.
2022-08-07 06:10:53.733 UTC [201273] STATEMENT:  START_REPLICATION SLOT
"mysub" LOGICAL 0/0 (proto_version '2', publication_names '"mypub"')
```

解決策は2つあります。1つは(a)サブスクライバ側でコンフリクトしたデータを削除することです。もう1つは(b)パブリッシャ側の操作をサブスクライバ側でスキップする方法です。コンフリクトが発生したときにパブリッシャ側、サブスクライバ側のどちらのデータを採用するかが異なります。

(a) サブスクライバ側でコンフリクトしたデータを削除

ログの内容などから該当する行を特定し、削除するだけです。

(b) パブリッシャ側の操作をサブスクライバ側でスキップ

サブスクライバ側でコンフリクトを発生した起源であるサーバ名とスキップ後のLSNを指定してpg_replication_origin_advance関数を実行します(**コマンド12.9**)。起源としているサーバ名はpg_replication_origin_statusビューのexternal_id列の値を利用します。スキップ後のLSNは一度パブリッシャに接続し、pg_current_wal_lsn関数などで取得できます。

論理レプリケーションを運用する場合には、十分な検討や検証をして利用するようにしましょう。

コマンド12.9　パブリッシャ側の操作をサブスクライバ側でスキップ

```
●パブリッシャで実行
=# SELECT pg_current_wal_lsn(); ↵
 pg_current_wal_lsn
--------------------
 0/1A0EE78
(1 row)

●サブスクライバで実行
=# SELECT external_id FROM pg_replication_origin_status; ↵
 external_id
-------------
 pg_16392
(1 row)
```

（前ページからの続き）

```
=# SELECT pg_replication_origin_advance('pg_16392', '0/1A0EE78'); ⏎
 pg_replication_origin_advance
-------------------------------

(1 row)
```

鉄則

- ☑ **論理レプリケーションを利用した場合のメリット・デメリットを理解し導入判断します。**
- ☑ **柔軟な運用が可能になる反面、手順が煩雑になるため、問題が発生することを前提にリカバリプランを用意しておきます。**

第13章 オンライン物理バックアップ

「第８章　バックアップ計画」（P.123）では、PostgreSQLのバックアップ方式の違いを踏まえた考え方を説明しました。本章では、大規模データベース運用で用いられるオンライン物理バックアップや任意のタイミングにリカバリするPITR（Point In Time Recovery）の仕組みを説明します。本番環境でトラブルが起きた際に慌てないよう、仕組みをしっかり理解し、バックアップ／リカバリの手順を整理しておきましょう。

13.1　オンライン物理バックアップの仕組み

オンライン物理バックアップでは、pg_start_backup関数とpg_stop_backup関数で静止点を作ってベースバックアップを取得します。また、定期的にWALファイルをWAL領域からアーカイブ領域に転送するようarchive_commandを設定しておきます。

なお、ベースバックアップの取得には**pg_basebackup**コマンドを用いることも可能ですが、本章では内部の仕組みを理解するためにpg_start_backup関数、pg_stop_backup関数の処理を解説します。

Column　pg_basebackupコマンドのメリット

pg_basebackupを用いることで、pg_start_backup関数、pg_stop_backup関数だけでは実現が面倒ないくつかの機能を利用できます。たとえば、ベースバックアップ取得時のNW転送量のチューニング(--max-rateオプション)や進捗状況の確認(--progressオプション)が行えます。

PostgreSQL 11からはベースバックアップ取得時にデータファイルのチェックサムを確認して完全性を高められるようになりました。データファイルに破損があると、次のようなエラーで取得に失敗します。

```
$ pg_basebackup -D ${PWD}/bkup -T /tmp/spc=/tmp/spc_new ↵
WARNING:  checksum verification failed in file "./base/16386/16412", block
0: calculated 95BE but expected 626A
```

（前ページからの続き）

```
WARNING:  could not verify checksum in file "./base/16386/16412", block
440: read buffer size 24578 and page size 8192 differ
pg_basebackup: error: checksum error occurred
```

なお、チェックサムの確認はサーバ側でのデータチェックサム機能が有効になっている必要がありますが、PostgreSQL 12からは停止は伴うものの運用後にデータチェックサムの有効／無効を切り替える機能(**pg_checksum**コマンド)が追加されています。PostgreSQL 13からは、取得したベースバックアップの完全性を後で確認する機能(**pg_verifybackup**コマンド)の追加や、pg_stat_progress_basebackupビューでベースバックアップのサイズを見積もる機能が追加されています。

```
=# SELECT * FROM pg_stat_progress_basebackup; ↵
  pid   |                phase                | backup_total | backup_
streamed | tablespaces_total | tablespaces_streamed
--------+-----------------------------------+-------------+----------
------+-----------------+--------------------
 172905 | waiting for wal archiving to finish |    114466304 |
114466304 |                 2 |                    2
(1 row)
```

これ以外にも便利な機能が備わっているので、PostgreSQL公式の文書(https://www.postgresql.jp/document/14/html/app-pgbasebackup.html)を参照することをおすすめします。

13.1.1：pg_start_backup関数の処理内容

ベースバックアップを取得する際、最初に実行されるpg_start_backup関数の処理は、大まかに次のようになっています。

❶ 共有メモリ上のステータスを「バックアップ中」にする
❷ WALをスイッチする
❸ チェックポイントを発行し、その位置(LSN：Log Sequence Number)を保持する
❹ ❸のLSNを元にWALファイル名を特定し、backup_labelファイルに書き出す
❺ LSNを返却する

コマンド13.1　pg_start_backup関数を2回実行した場合

```
$ psql postgres -c "SELECT pg_start_backup('abc')" ↵
 pg_start_backup
-----------------
 0/2000028
(1 row)
$ psql postgres -c "SELECT pg_start_backup('def')" ↵
ERROR:  a backup is already in progress
HINT:  Run pg_stop_backup() and try again.
```

❶は、複数のベースバックアップ取得が行われないようにするための措置です。試しにpg_start_backup関数を2回実行してみると、**コマンド13.1**のような結果になります。

このようにステータスを確認して、複数のベースバックアップ取得が行われないようにしています。なお、**pg_basebackup**コマンド内では❶のステータスの変更を行わないため、**pg_basebackup**コマンドと並行して複数のベースバックアップを取得可能（非排他モードでバックアップを取得）です。pg_start_backup関数を利用する場合、非排他モードとするか否かは第3引数（exclusive）で制御できます。PostgreSQL 14以降では非排他モードの利用が推奨されています。

Column　並行したバックアップ取得の制御

pg_start_backup関数の第3引数でバックアップを排他モード（exclusive）で実行するか否かを指定できます。デフォルトはtrueであり、並行したバックアップ取得は許されません。falseに指定することで、並行したバックアップの取得が可能になりますが、次のように手順が異なります。

①第3引数をfalseに指定してpg_start_backup関数を実行

```
postgres=# SELECT pg_start_backup('test', false, false); ↵
 pg_start_backup
-----------------
 0/8000028
(1 row)
```

②データベースクラスタからベースバックアップを取得（①の接続は維持したままにしておく）

```
$ cp -r ${PGDATA} /bkup/ ↵
```

③引数にfalseを指定してpg_stop_backup関数を実行

```
postgres=# SELECT * FROM pg_stop_backup(false); ↵
NOTICE:  all required WAL segments have been archived
    lsn    |                 labelfile                  |   spcmapfile
-----------+--------------------------------------------+----------------
 0/8000138 | START WAL LOCATION: 0/8000028              |
           |    (file 000000010000000000000008)        +| 16385 /tmp/spc+
           | CHECKPOINT LOCATION: 0/8000060            +|
           | BACKUP METHOD: streamed                   +|
           | BACKUP FROM: primary                      +|
           | START TIME: 2022-07-30 21:45:31 JST       +|
           | LABEL: test                               +|
           | START TIMELINE: 1                         +|
           |                                            |
(1 row)
```

④pg_stop_backup関数の戻り値をベースバックアップに含める
labelfileの内容は'backup_label'というファイル名で格納し、spcmapfileの内容は'tablespace_map'というファイル名で格納します。

続いて❷WALをスイッチして(次項参照)、❸以降ではチェックポイントを発行し、その位置をbackup_label関数の戻り値として返しているだけです。

チェックポイント処理の制御

pg_start_backup関数を実行するとチェックポイントが発行されますが、これはリカバリの際に、どこからWALを適用すべきかの重要な情報となります。

また、pg_start_backup関数の第2引数でチェックポイントの挙動を制御できます。true(もしくは指定なし)の場合は、休みなく全力のチェックポイント処理が行われます。falseの場合、ほかのI/O処理とリソースの競合が発生するような状況では適宜休憩を入れながらチェックポイント処理が行われます。日中帯などでサービスへの影響が懸念される状況で、やむを得ずバックアップを取得しなければならない場合などにはfalseを指定するとよいでしょう。

13.1.2：pg_stop_backup関数の処理内容

ベースバックアップ取得の最後に実行するpg_stop_backup関数の大まかな処理は次のようになっています。

❶ 共有メモリ上のステータスを元に戻す
❷ backup_labelを読み込み、開始位置(LSN：Log Sequence Number)を取得する
❸ ❷のLSNを含むWALレコードを書き出す
❹ WALをスイッチする
❺ バックアップ履歴ファイルを書き出す
❻ ❹と❺のWALファイルがアーカイブされるのを待つ
❼ ❸WALレコード書き出し位置(LSN)を返却する

❶は、pg_start_backup関数で変更されたステータスを元に戻す処理です。❷でbackup_labelを読み込み、pg_start_backup関数が書き出した内容を取得します。その後、backup_labelを削除します。

❸では、pg_start_backup関数の戻り値であるLSNを内容としてWALレコードを書き出し、❹でWALのスイッチを行います。

続いて、バックアップ履歴ファイルを作成し、スイッチしたWALがきちんとアーカイブされるのを待ち、❸で挿入したWAL位置(LSN)を関数の戻り値として返却します。

WALスイッチ

ここで、pg_start_backup関数で行われるWALのスイッチと併せて、ベースバックアップ取得時のWALスイッチについて説明します。

WALファイルに書き出しを行っている000000010000000000000001の状態でベースバックアップ取得を行うと、最終的には000000010000000000000003に書き出しを行う状態になります。つまり、pg_start_backup関数のWALのスイッチで000000010000000000000002への書き出し状態になり、pg_stop_backup関数のWALのスイッチで000000010000000000000003への書き出し状態になるという流れです(**図13.1**)。

なお、次にWALレコードを書き出す位置(LSN)はpg_current_wal_insert_lsn関数で確認できます(**コマンド13.2**)。

また、具体的なWALファイル名はpg_walfile_name関数で確認できます(**コマンド13.3**)。引数としてLSNの文字列を渡すため、**コマンド13.2**のpg_current_wal_insert_lsn関数と併せて利用できます。

図13.1　WALファイルの書き出し位置

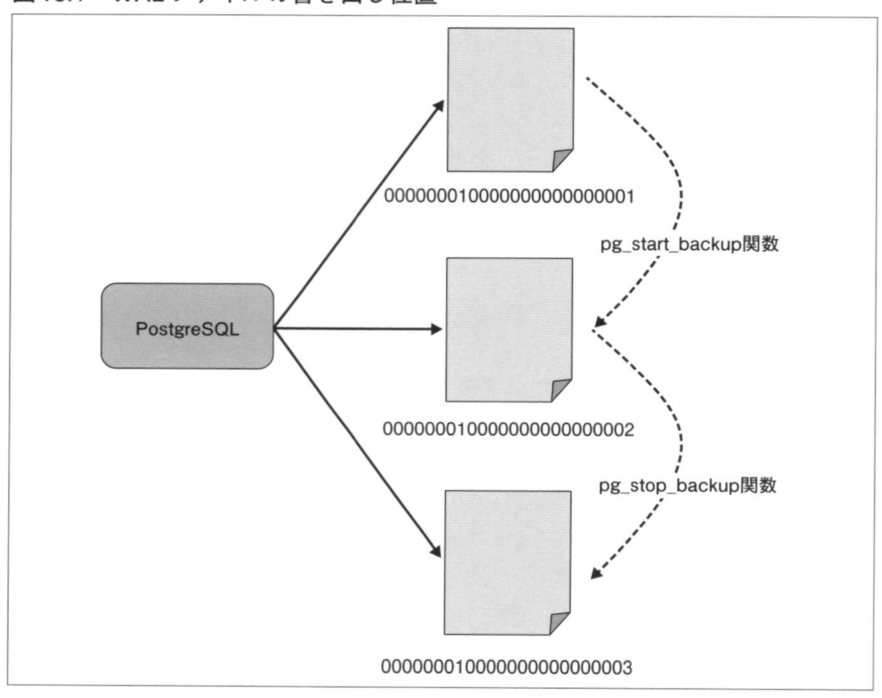

コマンド13.2　WALレコードを書き出す位置（LSNの文字列）の確認

```
=# SELECT pg_current_wal_insert_lsn(); ↵
 pg_current_wal_insert_lsn
---------------------------
 0/9000060
(1 row)
```

コマンド13.3　具体的なWALファイル名の確認

```
=# SELECT pg_walfile_name(pg_current_wal_lsn()); ↵
     pg_walfile_name
--------------------------
 000000010000000000000009
(1 row)
```

13.1.3：backup_labelとバックアップ履歴ファイルの内容

pg_start_backup関数とpg_stop_backup関数の内部で生成されているbackup_label、バックアップ履歴ファイルは、**リスト13.1**、**リスト13.2**のようなテキストファイルです。バックアップ履歴ファイルはbackup_labelファイルに「STOP WAL LOCATION」「STOP TIME」「STOP TIMELINE」の3行が追加されただけのものです。

ほぼ同じ内容の2つのファイルですが、backup_labelファイル（**リスト13.1**）のほうが重要です。バックアップ履歴ファイル（**リスト13.2**）は、管理者によるバックアップの管理や開発者によるデバッグなどの用途が想定されているだけで、PostgreSQL内部から参照されるものではありません。一方、backup_labelファイルは情報量は少ないものの、リカバリを開始するための情報を保持していてリカバリ時に参照されます。

リスト13.1　pg_start_backup関数で作成されるbackup_labelファイル（取得したベースバックアップに含まれる）

```
START WAL LOCATION: 0/A000060 (file 00000001000000000000000A)
CHECKPOINT LOCATION: 0/A000098
BACKUP METHOD: pg_start_backup
BACKUP FROM: primary
START TIME: 2022-07-30 21:50:15 JST
LABEL: test
START TIMELINE: 1
```

リスト13.2　pg_stop_backup関数で作成されるバックアップ履歴ファイル（アーカイブ領域に含まれる）

```
START WAL LOCATION: 0/A000060 (file 00000001000000000000000A)
STOP WAL LOCATION: 0/A000170 (file 00000001000000000000000A)
CHECKPOINT LOCATION: 0/A000098
BACKUP METHOD: pg_start_backup
BACKUP FROM: primary
START TIME: 2022-07-30 21:50:15 JST
LABEL: test
START TIMELINE: 1
STOP TIME: 2022-07-30 21:51:34 JST
STOP TIMELINE: 1
```

13.1.4：WALのアーカイブの流れ

WALがアーカイブされる流れを見ていきます。WALレコードが更新処理によって挿入され、16MBいっぱいになる、もしくはWALのスイッチが実行されると、pg_wal/archive_statusディレクトリ配下に対象のWALファイルをアーカイブしてもよいことを示す「＜WALファイル名＞.ready」というファイルが作成されます。アーカイバプロセスは、次のタイミングでarchive_statusディレクトリをチェックし、「＜WALファイル名＞.ready」があれば、archive_commandの内容を実行します。

・60秒間隔（archive_timeoutが指定されている場合）
・PostgreSQLの停止時

無事にWALファイルを処理できたら、archive_statusディレクトリの「＜WALファイル名＞.ready」ファイルは「＜WALファイル名＞.done」にリネームされます。

オンライン物理バックアップからリカバリを行う際には、アーカイブファイルは必要不可欠なものです。リカバリに必要なすべてのWALファイルがアーカイブされたことを、pg_stat_archiverビューやarchive_statusディレクトリなども確認するとよいでしょう（**コマンド13.4**）。なお、PostgreSQL 14からはアーカイバプロセスもpg_stat_activityで確認できるようになりました。

13.2　PITRの仕組み

PITR（Point In Time Recovery）は、WALレコード適用によるリカバリが前提となっています。

コマンド13.4　pg_stat_archiverビューの例

```
=# SELECT * FROM pg_stat_archiver; ↵
-[ RECORD 1 ]------+-----------------------------------------
archived_count     | 9
last_archived_wal  | 000000010000000000000000A.00000060.backup
last_archived_time | 2022-07-30 12:51:34.354013+00
failed_count       | 0
last_failed_wal    |
last_failed_time   |
stats_reset        | 2022-07-30 12:27:45.942211+00
```

13.2.1：WALレコード適用までの流れ

リカバリを開始してWALレコードを適用するまでの流れは次のようになっています。

❶pg_controlファイルを読み込む
❷postgresql.confを読み込む(PostgreSQL 11以前はrecovery.conf)
❸backup_labelを読み込む
❹pg_controlを更新し、backup_labelを削除する
❺必要なWALを繰り返し適用する

まず、pg_controlファイル(後述)を読み込み、状態を確認します。その後、いくつかのチェックを行った後postgresql.confファイルを読み込みます。ここで、restore_commandやrecovery_target_timeなどの情報を取得します。

そして、pg_start_backup関数で作成されるbackup_labelファイルを読み込み、WALの適用位置を取得します。なお、backup_labelファイルから適用を開始すべきWALの位置を取得できなかった場合は、pg_controlファイルの情報を元にリカバリを開始します。リカバリに必要な情報を取得した後、pg_controlファイルを更新し、backup_labelファイルをbackup_label.oldにリネームします。

こうしておくことで、リカバリ途中で停止してしまった場合、どの位置まで到達したらリカバリ中の参照(ホットスタンバイ)を許可するかを変更しています。

backup_labelファイルの情報からリカバリを開始した場合

コマンド13.5の「consistent recovery state reached at 0/2000170」というメッセージから、「0/2000170」の位置で参照を許可していることを確認できます。

pg_controlファイルの情報からリカバリを開始した場合

コマンド13.6の「consistent recovery state reached at 0/4000000」というメッセージから、「0/4000000」の位置で参照を許可したことが分かります。同じ手順を行ったとしても、このようにメッセージに変化があるので慌てないようにしましょう。

コマンド13.5　pg_ctl start時のログの例①

```
$ pg_ctl start ⏎
LOG:  starting PostgreSQL 14.4 on x86_64-pc-linux-gnu, compiled by gcc (GCC) 8.5.0
20210514 (Red Hat 8.5.0-10), 64-bit
LOG:  listening on IPv4 address "0.0.0.0", port 5432
LOG:  listening on IPv6 address "::", port 5432
LOG:  listening on Unix socket "/var/run/postgresql/.s.PGSQL.5432"
LOG:  listening on Unix socket "/tmp/.s.PGSQL.5432"
LOG:  database system was interrupted while in recovery at log time 2022-08-20 04:41:19
UTC
HINT:  If this has occurred more than once some data might be corrupted and you might
need to choose an earlier recovery target.
cp: cannot stat '/tmp/arc/00000002.history': No such file or directory
LOG:  starting archive recovery
LOG:  restored log file "000000010000000000000002" from archive
LOG:  redo starts at 0/2000028
LOG:  consistent recovery state reached at 0/2000170
LOG:  database system is ready to accept read-only connections
LOG:  restored log file "000000010000000000000003" from archive
……
```

コマンド13.6　pg_ctl start時のログの例②

```
$ pg_ctl start ⏎
LOG:  starting PostgreSQL 14.4 on x86_64-pc-linux-gnu, compiled by gcc (GCC) 8.5.0
20210514 (Red Hat 8.5.0-10), 64-bit
LOG:  listening on IPv4 address "0.0.0.0", port 5432
LOG:  listening on IPv6 address "::", port 5432
LOG:  listening on Unix socket "/var/run/postgresql/.s.PGSQL.5432"
LOG:  listening on Unix socket "/tmp/.s.PGSQL.5432"
LOG:  database system was interrupted; last known up at 2022-08-20 04:41:19 UTC
cp: cannot stat '/tmp/arc/00000002.history': No such file or directory
LOG:  starting archive recovery
LOG:  database system was not properly shut down; automatic recovery in progress
LOG:  redo starts at 0/2000028
LOG:  invalid record length at 0/2000148: wanted 24, got 0
LOG:  consistent recovery state reached at 0/4000000
LOG:  database system is ready to accept read-only connections
LOG:  restored log file "000000010000000000000002" from archive
LOG:  restored log file "000000010000000000000003" from archive
……
```

13.2.2：pg_controlファイル

リカバリ時に参照されるpg_controlファイルは、データベースクラスタのglobalディレクトリ配下に格納されています。バイナリファイルなので、通常のエディタでは内容を確認するのは困難ですが、pg_controlファイルの内容を表示するための**pg_controldata**コマンドが用意されています(**コマンド13.7**)。

リカバリで用いられる「Latest checkpoint location」や「Minimum recovery

コマンド 13.7　pg_controldataコマンドの実行例

```
$ pg_controldata ⏎
pg_control version number:            1300
Catalog version number:               202107181
Database system identifier:           7133813395040317245
Database cluster state:               in production
pg_control last modified:             Sat 20 Aug 2022 04:41:19 AM UTC
Latest checkpoint location:           0/2000098
Latest checkpoint's REDO location:    0/2000028
Latest checkpoint's REDO WAL file:    000000010000000000000002
Latest checkpoint's TimeLineID:       1
Latest checkpoint's PrevTimeLineID:   1
Latest checkpoint's full_page_writes: on
Latest checkpoint's NextXID:          0:733
Latest checkpoint's NextOID:          14700
Latest checkpoint's NextMultiXactId:  1
Latest checkpoint's NextMultiOffset:  0
Latest checkpoint's oldestXID:        726
Latest checkpoint's oldestXID's DB:   1
Latest checkpoint's oldestActiveXID:  733
Latest checkpoint's oldestMultiXid:   1
Latest checkpoint's oldestMulti's DB: 1
Latest checkpoint's oldestCommitTsXid:0
Latest checkpoint's newestCommitTsXid:0
Time of latest checkpoint:            Sat 20 Aug 2022 04:41:19 AM UTC
Fake LSN counter for unlogged rels:   0/3E8
Minimum recovery ending location:     0/0
Min recovery ending loc's timeline:   0
Backup start location:                0/0
Backup end location:                  0/0
End-of-backup record required:        no
wal_level setting:                    replica
```

(前ページからの続き)

```
wal_log_hints setting:                   off
max_connections setting:                 100
max_worker_processes setting:            8
max_wal_senders setting:                 10
max_prepared_xacts setting:              0
max_locks_per_xact setting:              64
track_commit_timestamp setting:          off
Maximum data alignment:                  8
Database block size:                     8192
Blocks per segment of large relation: 131072
WAL block size:                          8192
Bytes per WAL segment:                   16777216
Maximum length of identifiers:           64
Maximum columns in an index:             32
Maximum size of a TOAST chunk:           1996
Size of a large-object chunk:            2048
Date/time type storage:                  64-bit integers
Float8 argument passing:                 by value
Data page checksum version:              1
Mock authentication nonce:               666fbe9b78477073de67a04f9e9d07a9054f6b9942ef8c455
7e44efec30d4f46
```

ending location」のほかに、現在のデータベースクラスタの状況を示す「Database cluster state」が含まれます。Database cluster stateが「in production(稼働中)」となっているのは、オンライン中に取得した物理バックアップであるためです。

前述の例のように、リカバリの途中で停止してpg_controlファイルを確認すると**コマンド13.8**のようになります。

Minimum recovery ending locationが「0/4000000」と、前述の例で参照を許可した位置になっていることが確認できます。

コマンド13.8 pg_controldataコマンドの実行例(リカバリ途中で停止した場合)

```
$ pg_controldata ↵
  :
Database cluster state:                  in archive recovery
  :
Latest checkpoint's NextXID:             0:733
  :
Minimum recovery ending location:        0/4000000
Min recovery ending loc's timeline:      1
  :
```

運用中にpg_controlファイルを見る機会はあまりないですが、興味深い情報を含んでいるので動作確認などでは目を通しておくとよいでしょう。

13.2.3：リカバリ設定

リカバリの挙動の制御はpostgresql.confファイルで設定します。PostgreSQL 11以前ではrecovery.confという別のファイルで設定していました。設定する項目は、大きく分けて「スタンバイサーバの設定」「アーカイブリカバリの設定」「リカバリ対象の設定」の3つです。

スタンバイサーバの設定

第11章のstandby.signalファイル(P.160)、「primary_conninfo」(P.159)、「promote_trigger_file」(P.165)に関する設定を参照してください。

アーカイブリカバリの設定

3つのパラメータを設定できます。

「restore_command」は、再適用すべきWALファイルをアーカイブ領域からオンラインWAL領域にリストアするためのコマンドを設定します。%p、%fのエスケープ文字が利用可能で、それぞれ「データベースクラスタから対象のWALファイルまでの相対パス」「対象のWALファイル名」に変換されます。また「リカバリ中のリスタートポイントのWALレコードを含むWALファイル名」に変換される%rも利用できます。

「archive_cleanup_command」は、リカバリ中のリスタートポイントのたびに、実行したいコマンドを指定します。不要なアーカイブファイルを消去するコマンドを指定する目的で提供されています。%rを指定できるため、**pg_archivecleanup**コマンドと併用し、不要なアーカイブファイルを定期的に削除できます。

「recovery_end_command」は、リカバリが完了したときに実行したいコマンドを指定します。%rをrestore_commandと同様に利用できます。

restore_commandを指定するだけで十分なケースが多いと思われますが、そのほかのコマンドも細かな制御のために提供されていることを覚えておきましょう。

リカバリ対象の設定

どの時点までリカバリするかを設定できます。

「recovery_target_action」(デフォルト「pause」)は第11章(P.173)を参照してください。

「recovery_target_timeline」を指定することで、任意のタイムライン上の特定の状態にリカバリできます。

「recovery_target」は「immediate」という文字列のみ指定できるパラメータです。指定すると整合性が取れた時点でリカバリを停止します。整合性が取れた時点とは、オンラインバックアップの取得が完了した時点を指します。

「recovery_target_inclusive」にfalseを設定すると、recovery_target_lsn、recovery_target_time、recovery_target_xidで指定した値を含まない状態でリカバリを停止できます。デフォルトはtrueなので、recovery_target_lsn、recovery_target_time、recovery_target_xidに指定した値を含んだ状態でリカバリを停止します。なお、PostgreSQL 13以降、recovery_target_lsn、recovery_target_time、recovery_target_xid、recovery_target_nameに存在しない値を指定した場合、リカバリはエラーで終了します。

「recovery_target_lsn」はリカバリを停止したいWALの位置を指定します。

「recovery_target_time」はリカバリを停止したい時刻を指定します。

「recovery_target_xid」はリカバリを停止したいトランザクションIDを指定します。

「recovery_target_name」はリカバリを停止したいターゲット名(任意の文字列)を指定します。任意の文字列は、稼働中のPostgreSQLに対してpg_create_restore_point関数を実行して事前に設定できます(**コマンド13.9**)。

この関数ではWALレコードとして任意の文字列を埋め込む処理を行っています。このため、**pg_waldump**コマンドで引数に指定した値(**コマンド13.10**では「restart」)を確認できます。

コマンド13.9　pg_create_restore_point関数の利用例

```
$ psql testdb -c "SELECT pg_create_restore_point('restart')" ↵
 pg_create_restore_point
-------------------------
 0/B000A10
(1 row)
```

コマンド 13.10　pg_waldump コマンドの利用例

```
$ pg_waldump ${PGDATA}/pg_wal/00000004000000000000000B ↵
……
rmgr: XLOG        len (rec/tot):     98/    98, tx:          0, lsn: 0/0B0009A8, prev
0/0B000960, desc: RESTORE_POINT restart
……
```

Column　タイムラインとリカバリ

たとえば、図13.Aのような例を考えてみましょう。

図13.A　タイムラインとリカバリ

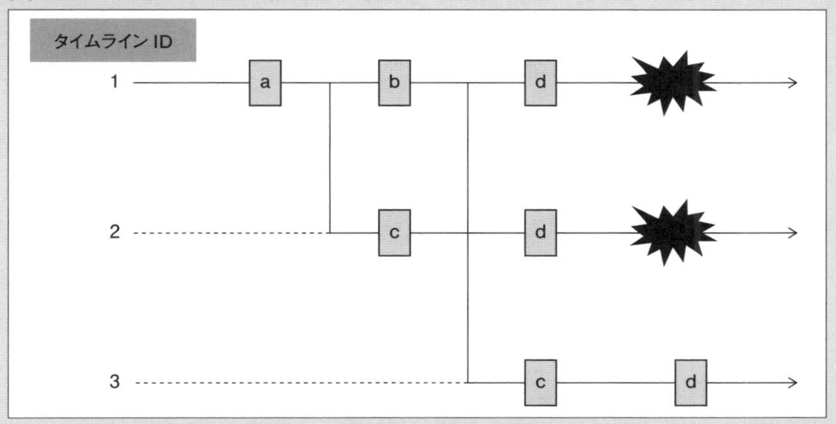

本来、「a」「b」「c」「d」というデータを挿入したい状況で、誤って「a」「b」「d」と挿入してしまいました(タイムラインID：1)。そこでリカバリを行って「b」を挿入した直後の状態にリカバリし、「c」と「d」を挿入すること試みましたが、またまた誤って「a」を挿入した直後の状態にリカバリし、「c」「d」を挿入してしまいました(タイムラインID：2)。

次にリカバリする際には、タイムライン1の「b」を挿入した直後にリカバリしたいと考えるでしょう。ここで指定すべきパラメータがrecovery_target_timelineです。「recovery_target_timeline = '1'」と「「b」を挿入した直後の時間」や「トランザクションID」を指定することによって、「a」と「b」が格納された状態にリカバリされます。その後、「c」と「d」を挿入し、無事に「a」「b」「c」「d」というデータを挿入できます(タイムラインID：3)。

シンプルな状況でも管理に手間がかかるため、実際の運用ではあまり利用されていませんが、いざというときには便利な機能ですので覚えておきましょう。

13.3 バックアップ／リカバリの運用手順

バックアップ取得から最新の状態へのリカバリまで、必要最低限の設定やコマンドを用いた一連の流れをまとめておきます。最新の状態へリカバリするためには、「ベースバックアップ」「アーカイブWAL」「停止直前までのWAL」が必要です。ここでは、アーカイブWAL領域として「/archive」を利用し、ベースバックアップの格納先として「/backup」を利用します。

13.3.1：バックアップ手順

事前準備としてpostgresql.confを修正し（**リスト13.3**）、ベースバックアップを取得します（**コマンド13.11**）。

labelfile列の値をbackup_labelというファイル名で保存します（**リスト13.4**）。また、spcmapfile列に値があればtablespace_mapというファイル名で保存し、ベースバックアップに含めます。

13.3.2：リカバリ手順

事前準備として**コマンド13.12**、**コマンド13.13**、**コマンド13.14**を実行します。また、postgresql.confファイルの修正（**リスト13.5**）およびrecovery.signalファイルを作成します（**コマンド13.15**）。

事前準備が整えば、リカバリを実施します（**コマンド13.16**）。

やや手順が複雑な点もありますので、万が一に備えて十分に理解しておきましょう。

リスト13.3　postgresql.confファイル

```
archive_mode = on
archive_command = 'cp %p /archive/%f'
```

コマンド 13.11　ベースバックアップを取得する（ターミナルを２つ開いて次の手順を実行する）

```
ターミナル1：
$ psql postgres ⏎
=# SELECT pg_start_backup('backup', false, false); ⏎
 pg_start_backup
-----------------
 0/69000028
(1 row)

ターミナル2：
$ rsync -av --delete --exclude=pg_wal/* --exclude=postmaster.pid $PGDATA/* ↗
 /backup/data ⏎

ターミナル1：
=# SELECT * FROM pg_stop_backup(false); ⏎
NOTICE:  all required WAL segments have been archived
    lsn     |                          labelfile                          | spcmapfile
------------+-------------------------------------------------------------+------------
 0/79203A00 | START WAL LOCATION:                                         |
            |    0/69000028 (file 000000010000000000000069)              +|
            | CHECKPOINT LOCATION: 0/69000098                            +|
            | BACKUP METHOD: streamed                                    +|
            | BACKUP FROM: primary                                       +|
            | START TIME: 2022-08-06 02:36:09 UTC                        +|
            | LABEL: backup                                              +|
            | START TIMELINE: 1                                          +|
            |                                                             |
(1 row)
```

リスト 13.4　backup_label ファイル

```
$ cat rsync_bkup/backup_label
START WAL LOCATION: 0/69000028 (file 000000010000000000000069)
CHECKPOINT LOCATION: 0/69000098
BACKUP METHOD: streamed
BACKUP FROM: primary
START TIME: 2022-08-06 02:36:09 UTC
LABEL: backup
START TIMELINE: 1
```

コマンド 13.12　ファイルを退避する

```
$ cp -r ${PGDATA}/pg_wal /tmp/ ⏎
$ mv ${PGDATA} ${PGDATA}.temp ⏎
```

コマンド13.13　ベースバックアップをリストアする

```
$ rsync -av /backup/data/* ${PGDATA} ↵
```

コマンド13.14　退避したファイルをリストアする

```
$ cp /tmp/pg_wal/* ${PGDATA}/pg_wal/ ↵
```

リスト13.5　postgresql.confファイル

```
restore_command = 'cp /archive/%f %p'
```

コマンド13.15　recovery.signalファイルを作成する

```
$ touch ${PGDATA}/recovery.signal ↵
```

コマンド13.16　リカバリを実施する

```
$ pg_ctl start ↵
```

鉄則

- ☑ **リカバリに必要なファイル群は確実にバックアップします。**
- ☑ **有事の際にミスをしないように、前もってリカバリ手順を整理しておきます。**

第14章 死活監視と正常動作の監視

監視は大きく分けて「OS／サーバの監視」と「PostgreSQL の監視」があります。実際の運用時には監視ツールに任せるのが一般的ですが、確認すべきポイントや結果を押さえておかないと、対策時に意味がありません。本章では、OS コマンドや PostgreSQL が提供するコマンド／ SQL 関数／システムビューを使った監視方法と出力内容の見方を説明します。

14.1 死活監視

14.1.1：サーバの死活監視

サーバの死活監視は、一般的にpingコマンドを使用します。pingコマンドはネットワークを介して対象のサーバと通信が行えるか否かを確認するものなので、厳密なサーバの死活監視ではありません[注1]。ここでは、サーバとネットワークインタフェースなどが正常に動作していることを確認する意味で使用します。

サーバが動作している場合は**コマンド14.1**、サーバが停止している場合は

コマンド14.1 サーバが動作している場合

```
$ ping -c 1 172.31.12.110 ↵
PING 172.31.12.110 (172.31.12.110) 56(84) bytes of data.
64 bytes from 172.31.12.110: icmp_seq=1 ttl=64 time=0.017 ms

--- 172.31.12.110 ping statistics ---
1 packets transmitted, 1 received, 0% packet loss, time 0ms
rtt min/avg/max/mdev = 0.017/0.017/0.017/0.000 ms

$ echo $? ↵
0
```

注1 たとえば、ネットワークインタフェースの故障などで、サーバ自体は起動しているにも関わらず、応答が返らない状況があります。

コマンド14.2　サーバが停止している場合

```
$ ping -c 1 172.31.12.111 ⏎
PING 172.31.12.111 (172.31.12.111) 56(84) bytes of data.
From 172.31.12.110 icmp_seq=1 Destination Host Unreachable

--- 172.31.12.111 ping statistics ---
1 packets transmitted, 0 received, +1 errors, 100% packet loss, time 0ms

$ echo $? ⏎
1
```

コマンド14.2のように表示され、**ping**コマンドの戻り値(正常なら0、異常なら1)でサーバの死活を確認できます。

14.1.2：PostgreSQLの死活監視（プロセスの確認）

PostgreSQL自身の死活監視は、データベースサービスを提供するのに必要なプロセスが想定どおりに起動しているか否か、SQLの実行が可能か否かの点で確認します。

プロセスの確認方法はいくつかありますが、ここではOS付属の**ps**コマンドを用いる方法と、PostgreSQLが提供する**pg_isready**コマンドを用いる方法を紹介します。

psコマンドを用いる方法

psコマンドは現在動作しているプロセスを確認できます。**コマンド14.3**では「postgres」キーワードを含むプロセスを確認しています。

コマンド14.3　psコマンドを用いる方法

```
$ ps faxww | grep postgres ⏎
  13971 ?        Ss     0:01 /usr/pgsql-14/bin/postgres -D /var/lib/pgsql/14/data/
  13972 ?        Ss     0:00  \_ postgres: logger
  13974 ?        Ss     0:00  \_ postgres: checkpointer
  13975 ?        Ss     0:00  \_ postgres: background writer
  13976 ?        Ss     0:00  \_ postgres: walwriter
  13977 ?        Ss     0:00  \_ postgres: autovacuum launcher
  13978 ?        Ss     0:00  \_ postgres: archiver last was 00000001000000000000000A.0
0000060.backup
  13979 ?        Ss     0:01  \_ postgres: stats collector
  13980 ?        Ss     0:00  \_ postgres: logical replication launcher
```

なお、PostgreSQLの設定によっては動作しないプロセスもあるので、通常時に存在するプロセスを事前に確認しておきます。

Column プロセス確認の落とし穴

本文のpsコマンド実行例では、説明を簡単にするために「postgres」キーワードを含むプロセスのみを確認していますが、適切に監視が行えないケースがあります。

・ケース1

PostgreSQLの起動時にRPMパッケージに含まれる起動スクリプト(/usr/lib/systemd/system/postgresql-14.service)を使用している場合、「postmaster」というプロセス名でマスタサーバプロセスが起動します(「postgres」キーワードではマッチしません)。

・ケース2

文字列「postgres」を含む別のプロセスが存在した場合も、本当にPostgreSQLの死活監視として確認したいプロセスと、それ以外のプロセスの区別がつきません。

このようなケースもあり得ますので、状況に応じて得られた結果から必要な情報を取捨選択できるよう事前に検討しておきましょう。

pg_isreadyコマンドを用いる方法

pg_isreadyコマンドは、実際にPostgreSQLに接続して死活監視ができます(表14.1)。コマンド14.4〜コマンド14.7に、pg_isreadyコマンドを実行した例を挙げます。

表14.1　pg_isreadyコマンドの戻り値と状態

戻り値	状態
0	正常に動作している
1	アクセスできない(権限なし、起動中など)
2	起動していない
3	pg_isreadyコマンドのエラー

コマンド 14.4　PostgreSQL が起動済みの場合

```
$ pg_isready -h 172.31.12.110 ↵
172.31.12.110:5432 - accepting connections
$ echo $? ↵
0
```

コマンド 14.5　PostgreSQL が起動中の場合

```
$ pg_isready -h 172.31.12.110 ↵
172.31.12.110:5432 - rejecting connections
$ echo $? ↵
1
```

コマンド 14.6　PostgreSQL が停止している場合

```
$ pg_isready -h 172.31.12.110 ↵
172.31.12.110:5432 - no response
$ echo $? ↵
2
```

コマンド 14.7　pg_isready コマンドのオプションを間違えた場合

```
$ pg_isready -H 172.31.12.110 ↵
pg_isready: invalid option -- 'H'
Try "pg_isready --help" for more information.
$ echo $? ↵
3
```

PostgreSQLが提供するpg_isreadyコマンドは、OSのpsコマンドとは異なり、データベースサーバ上ではなくクライアントなど別のマシンからも実行できます。データベースサーバに直接触れられない状況ではpg_isreadyコマンドが有効です。

14.1.3：PostgreSQLの死活監視（SQLの実行確認）

プロセスが起動していても、最低限のSQLを実行できなければ、データベースサービスを提供できているとはいえません。SQLの確認はpsqlコマンドを用いて確認するのが一般的です。

発行するクエリは何でもかまわないのですが、なるべく実際のテーブルを触れるのではなく、「SELECT 1」「SELECT now()」など比較的シンプルなク

コマンド14.8　SQLが実行できるかの確認（例）

```
$ psql postgres -c "SELECT 1" ↵
 ?column?
----------
        1
(1 row)

$ psql postgres -c "SELECT now()" ↵
              now
-------------------------------
 2022-08-01 22:10:21.871893+09
(1 row)
```

エリを発行します。**コマンド14.8**のように、**psql**コマンドの-cオプションでSQLを発行し、結果が適切に返ることを確認します。

14.2　正常動作の監視

正常動作とは、「想定する性能でサービスを提供する」ことを前提とします。つまり、PostgreSQLに想定どおりの負荷がかかっており、サーバのリソースを枯渇させずに処理ができているかという点が主な確認ポイントとなります。

14.2.1：サーバの正常動作の監視

サーバがリソースを効率よく利用し、想定どおりに処理できているか確認します。リソースの使用状況を確認するには、OS付属の**vmstat**コマンドや**sar**コマンドなどを利用します。**vmstat**コマンドで大まかに確認して、より詳細な情報を**netstat**コマンド、**iostat**コマンド、**sar**コマンドで確認します。

vmstatコマンド

サーバ全体の動向を確認します(**コマンド14.9**)。procsで待ちになっているプロセスの数(bの値)や、cpuの状況などから、大まかな状況を把握し、気になる点を以降のコマンドで解析します。

コマンド 14.9　vmstatコマンドの実行例

```
$ vmstat ↵
procs -----------memory---------- ---swap-- -----io---- -system-- ------cpu-----
 r  b   swpd   free   buff  cache   si   so    bi    bo   in   cs us sy id wa st
 2  0      0  57988    220 568044    0    0     6     9   82  158  0  0 100  0  0
```

netstatコマンド

各バックエンドプロセスのTCP/IP接続の利用状況を確認します(**コマンド14.10**)。StateがTIME_OUTとなっているTCP/IP接続や、Recv-Q、Send-Qが想定以上の値になっているTCP/IP接続がないか、といった観点で確認します。

コマンド 14.10　netstatコマンドの実行例

```
$ netstat -atonp ↵
(Not all processes could be identified, non-owned process info
 will not be shown, you would have to be root to see it all.)
Active Internet connections (servers and established)
Proto Recv-Q Send-Q Local Address           Foreign Address         State       PID/
Program name     Timer
......
tcp        0      0 172.31.12.110:5432      172.31.12.110:38530     ESTABLISHED 62973/
postgres: pos  keepalive (7194.28/0/0)
tcp        0      0 172.31.12.110:5432      172.31.12.110:38528     ESTABLISHED 62972/
postgres: pos  keepalive (7194.27/0/0)
tcp        0      0 172.31.12.110:5432      172.31.12.110:38534     ESTABLISHED 62975/
postgres: pos  keepalive (7194.29/0/0)
tcp        0      0 172.31.12.110:22        114.182.3.135:57471     ESTABLISHED -
keepalive (6320.50/0/0)
tcp        0      0 172.31.12.110:5432      172.31.12.110:38536     ESTABLISHED 62976/
postgres: pos  keepalive (7194.30/0/0)
tcp        0      0 172.31.12.110:5432      172.31.12.110:38538     ESTABLISHED 62977/
postgres: pos  keepalive (7194.30/0/0)
tcp        0      0 172.31.12.110:5432      172.31.12.110:38542     ESTABLISHED 62979/
postgres: pos  keepalive (7194.32/0/0)
tcp        0      0 172.31.12.110:5432      172.31.12.110:38532     ESTABLISHED 62974/
postgres: pos  keepalive (7194.29/0/0)
tcp        0      0 172.31.12.110:5432      172.31.12.110:38546     ESTABLISHED 62981/
postgres: pos  keepalive (7194.33/0/0)
tcp       62      0 172.31.12.110:5432      172.31.12.110:38540     ESTABLISHED 62978/
postgres: pos  keepalive (7194.31/0/0)
tcp        0      0 172.31.12.110:5432      172.31.12.110:38544     ESTABLISHED 62980/
postgres: pos  keepalive (7194.33/0/0)
......
```

iostatコマンド

I/Oに関する情報を確認します(**コマンド 14.11**)。デバイスごとに秒間のI/O回数(tps)や読み込み量(kB_read/s)、書き込み量(kB_wrtn/s)を確認します。

sarコマンド

オプションによってさまざまな内容を詳細に確認できます。

CPUの状況確認は-uオプションを指定します(**コマンド 14.12**)。複数のコアを持つサーバの場合、コアごとに状況を確認できます。

I/Oの状況確認は-dオプションを指定します(**コマンド 14.13**)。**iostat**コマンドの情報に加え、平均リクエストサイズ(avgrq-sz)や平均キューサイズ(avgqu-sz)、待ち時間(await)など、各デバイスの具体的な利用状況を確認できます。

ネットワークの状況確認は-nオプションを指定します(**コマンド 14.14**)。ネットワークインタフェースごとに状況を確認できます(すべてのネットワーク

コマンド 14.11　iostatコマンドの実行例

```
$ iostat ↵
Linux 4.18.0-372.9.1.el8.x86_64 (ip-172-31-12-110.ap-northeast-1.compute.internal)
08/01/2022  _x86_64_  (1 CPU)

avg-cpu:  %user   %nice %system %iowait  %steal   %idle
           0.11    0.03    0.16    0.03    0.03   99.64

Device             tps    kB_read/s    kB_wrtn/s    kB_read    kB_wrtn
xvda              1.06         6.16        15.84    1088892    2800498
```

コマンド 14.12　sarコマンドの実行例（CPUの状況確認）

```
$ sar -u 1 ↵
Linux 4.18.0-372.9.1.el8.x86_64 (ip-172-31-12-110.ap-northeast-1.compute.internal)
08/01/2022  _x86_64_  (1 CPU)

10:21:49 PM     CPU     %user     %nice   %system   %iowait    %steal     %idle
10:21:50 PM     all     44.33      0.00     29.90     24.74      1.03      0.00
10:21:51 PM     all     45.45      0.00     31.31     22.22      1.01      0.00
10:21:52 PM     all     44.90      0.00     31.63     22.45      1.02      0.00
10:21:53 PM     all     44.33      0.00     27.84     26.80      1.03      0.00
10:21:54 PM     all     42.27      0.00     31.96     25.77      0.00      0.00
10:21:55 PM     all     40.21      0.00     32.99     25.77      1.03      0.00
……
```

コマンド14.13　sarコマンドの実行例（I/Oの状況確認）

```
$ sar -d 1 ↵
Linux 4.18.0-372.9.1.el8.x86_64 (ip-172-31-12-110.ap-northeast-1.compute.internal)
08/01/2022  _x86_64_  (1 CPU)

10:23:22 PM       DEV       tps     rkB/s     wkB/s   areq-sz    aqu-sz     await
svctm     %util
10:23:23 PM  dev202-0    842.00      0.00   7384.00      8.77      0.58      0.69
1.19    100.10
10:23:24 PM  dev202-0    791.00      0.00   6704.00      8.48      0.60      0.76
1.26     99.90
10:23:25 PM  dev202-0    819.00      0.00   7216.00      8.81      0.60      0.73
1.22    100.00
10:23:26 PM  dev202-0    795.00      0.00   6816.00      8.57      0.60      0.76
1.26    100.10
10:23:27 PM  dev202-0    803.00      0.00   6816.00      8.49      0.60      0.75
1.25    100.00
10:23:28 PM  dev202-0    795.00      0.00   6752.00      8.49      0.60      0.75
1.26     99.90
……
```

コマンド14.14　sarコマンドの実行例（ネットワークの状況確認）

```
$ sar -n ALL 1 ↵
Linux 4.18.0-372.9.1.el8.x86_64 (ip-172-31-12-110.ap-northeast-1.compute.internal)
08/01/2022  _x86_64_  (1 CPU)

10:24:56 PM     IFACE   rxpck/s   txpck/s    rxkB/s    txkB/s   rxcmp/s   txcmp/s
rxmcst/s   %ifutil
10:24:57 PM        lo  11572.00  11572.00   1096.65   1096.65      0.00      0.00
0.00      0.00
10:24:57 PM      eth0      1.00      1.00      0.05      0.22      0.00      0.00
0.00      0.00

10:24:56 PM     IFACE   rxerr/s   txerr/s    coll/s  rxdrop/s  txdrop/s  txcarr/s
rxfram/s  rxfifo/s  txfifo/s
10:24:57 PM        lo      0.00      0.00      0.00      0.00      0.00      0.00
0.00      0.00      0.00
10:24:57 PM      eth0      0.00      0.00      0.00      0.00      0.00      0.00
0.00      0.00      0.00
……
```

インタフェースを確認する場合は「ALL」を指定します)。秒間の受信パケット数(rxpck/s)や受信バイト数(rxkB/s)、送信パケット数(txpck/s)や送信バイト数(txkB/s)を確認できます。

14.2.2：PostgreSQLの正常動作の監視

PostgreSQLのビューで、想定どおりの負荷がかかっていることを確認します。ここで取り上げるビューで情報を収集するためには、postgresql.confの「track_activities」と「track_counts」パラメータをいずれも「on」に設定しておきます（どちらもデフォルトはonです）。

pg_stat_databaseビュー

pg_stat_databaseビューで、コミット／ロールバックの回数、データベース単位のキャッシュヒット率、デッドロック発生回数などを確認できます（**コマンド14.15**）。

コマンド14.15　pg_stat_databaseビューの出力例

```
=# SELECT * FROM pg_stat_database WHERE datname = 'testdb'; ↵
-[ RECORD 1 ]------------+------------------------------
datid                    | 16386
datname                  | testdb
numbackends              | 0
xact_commit              | 5812  ❶コミットの回数
xact_rollback            | 0     ❷ロールバックの回数
blks_read                | 501   ❸共有バッファ以外からデータを読み取った回数
blks_hit                 | 250793❹共有バッファから読み取った回数
tup_returned             | 3610616
tup_fetched              | 45627
tup_inserted             | 0
tup_updated              | 0
tup_deleted              | 0
conflicts                | 0
temp_files               | 0
temp_bytes               | 0
deadlocks                | 0
checksum_failures        |
checksum_last_failure    |
blk_read_time            | 0
blk_write_time           | 0
session_time             | 9.375
active_time              | 0.52
idle_in_transaction_time | 0
sessions                 | 1
sessions_abandoned       | 0
sessions_fatal           | 0
sessions_killed          | 0
stats_reset              | 2022-07-30 21:56:21.234266+09
```

コマンド14.16 キャッシュヒット率の出力例

```
=# SELECT (blks_hit * 100.0)/(blks_hit + blks_read) FROM pg_stat_database WHERE ⤶
datname = 'testdb'; ⏎
      ?column?
---------------------
 99.8008292816735111
(1 row)
```

❶xact_commitがコミット、❷xact_rollbackがロールバックの回数です。内部で発行されるSQLなどもカウントされるため、データベースで何も処理していなくても稀に増加することがあります。また、データベースに対するアクセスについて、共有バッファ以外からデータを読み取った回数(❸blks_read)、共有バッファから読み取った回数(❹blks_hit)を確認できます。

なお、**コマンド14.16**のようにするとキャッシュヒット率を確認できます。

pg_stat_user_tablesビュー

pg_stat_user_tablesビューは、各テーブルに対する処理の概要を確認できます。**コマンド14.17**では、シーケンシャルスキャン(❶seq_scan)が2回実施されていて、合計10万件の行が取得(❷seq_tup_read)されたことが分かります。また、❸n_tup_ins、❹n_tup_upd、❺n_tup_del、❻n_tup_hot_updでそれぞれ「挿入」「更新」「削除」「HOT更新」の回数を確認できます。

そのほか、❼n_live_tup、❽n_dead_tupで有効な行、不要な行がどの程度存在しているかを、❾last_autovacuum、❿last_autoanalyzeで直近の自動バキューム、自動アナライズを実行した時刻を確認できます。

pg_statio_user_tables ／ pg_statio_user_indexesビュー

これらのビューは、それぞれテーブル、インデックス単位でキャッシュヒット率を求められます。**コマンド14.18**、**コマンド14.19**では、testtblテーブル、testidxインデックスともにキャッシュヒット率は99%以上であることが分かります。

pg_stat_activityビュー

pg_stat_activityビューには動作中のバックエンドプロセスの情報が格納されていて、注目すべき点が多くあります(**コマンド14.20**)。

❶backend_start、❷xact_start、❸query_startで、それぞれプロセスが

コマンド 14.17　pg_stat_user_tables ビューの出力例

```
=# SELECT * FROM pg_stat_user_tables WHERE relname = 'testtbl'; ↵
-[ RECORD 1 ]-------+-----------------------------
relid               | 16412
schemaname          | public
relname             | testtbl
seq_scan            | 2          ❶シーケンシャルスキャンの回数
seq_tup_read        | 100000     ❷取得した行数
idx_scan            | 1
idx_tup_fetch       | 1
n_tup_ins           | 100000     ❸挿入回数
n_tup_upd           | 0          ❹更新回数
n_tup_del           | 0          ❺削除回数
n_tup_hot_upd       | 0          ❻HOT更新回数
n_live_tup          | 100000     ❼有効な行数
n_dead_tup          | 0          ❽不要な行数
n_mod_since_analyze | 0
n_ins_since_vacuum  | 0
last_vacuum         |
last_autovacuum     | 2022-08-01 22:32:31.771979+09  ❾直近で自動バキュームを実行した時刻
last_analyze        |
last_autoanalyze    | 2022-08-01 22:32:31.799317+09  ❿直近で自動アナライズを実行した時刻
vacuum_count        | 0
autovacuum_count    | 1
analyze_count       | 0
autoanalyze_count   | 1
```

コマンド 14.18　pg_statio_user_tables ビューの出力例

```
=# SELECT (heap_blks_hit * 100.0)/(heap_blks_hit + heap_blks_read) ➡
FROM pg_statio_user_tables WHERE relname = 'testtbl'; ↵
      ?column?
---------------------
 99.5664613743271422
(1 row)
```

コマンド 14.19　pg_statio_user_indexes ビューの出力例

```
=# SELECT (idx_blks_hit * 100.0)/(idx_blks_hit + idx_blks_read) ➡
FROM pg_statio_user_indexes WHERE indexrelname = 'testidx'; ↵
      ?column?
---------------------
 99.1253644314868805
(1 row)
```

コマンド14.20　pg_stat_activityビューの出力例

```
……
-[ RECORD 4 ]----+-------------------------------
datid            | 14699
datname          | postgres
pid              | 28497
leader_pid       |
usesysid         | 10
usename          | postgres
application_name | psql
client_addr      |
client_hostname  |
client_port      | -1
backend_start    | 2022-08-20 01:02:14.988238+00 ❶プロセスの起動時刻
xact_start       | 2022-08-20 01:02:36.470972+00 ❷トランザクションの開始時刻
query_start      | 2022-08-20 01:02:38.823188+00 ❸クエリの発行時刻
state_change     | 2022-08-20 01:02:38.82328+00
wait_event_type  | Client                  ❹処理待ちの状態
wait_event       | ClientRead              ❺処理待ちの具体的な名称
state            | idle in transaction ❻プロセスの状態(表14.2)
backend_xid      |
backend_xmin     |
query_id         |                         ❼クエリ識別子
query            | SELECT now();           ❽実行した(実行中の)SQL
backend_type     | client backend          ❾バックグラウンドプロセスの情報
……
```

起動した時刻、トランザクションが開始した時刻、クエリを発行した時刻を確認できます。❹wait_event_type、❺wait_eventで処理待ちの状態や具体的に何を待っているのかを確認できます。

また、❻stateでプロセスの状態(**表14.2**)や、❼query_id(PostgreSQL 14で追加)、❽queryでは最後に実行したクエリの識別子、SQLを確認できます(❻stateが「active」の場合は実行中の問い合わせです)。ただし、❼query_idはpostgresql.confファイルのcompute_query_idが「on」の場合もしくは「auto」かつquery_idを利用するモジュールがある場合を除きNULLとなることに注意してください(compute_query_idのデフォルト値はautoです)。

バックエンドの情報のみを取得したい場合は❾backend_typeが「client backend」の行のみ取得します。なお、「client backend」以外のbackend_typeには、**ps**コマンドで確認できるPostgreSQLのプロセス名が表示されます。

表14.2 pg_stat_activityビューのstateの値

値	状態
active	問い合わせ実行中
idle	トランザクション外でコマンド待ち
idle in transaction	トランザクション内でコマンド待ち
idle in transaction (aborted)	トランザクション内でエラー発生後、コマンド待ち
fastpath function call	関数呼び出し中(古い仕様なのであまり見ないと思われる)
disabled	無効(track_activitiesがoffになっている)

pg_locksビュー

pg_locksビューではロック待ちを起こしているプロセスなどを確認できますが、pg_locksビューだけでは情報が若干不足するため、pg_stat_activityビューやpg_classシステムカタログなどと結合して必要な情報を取得するとよいでしょう。なお、PostgreSQL 14からpg_locksにロック待ちになった(granted列がfalse)際の時刻をwaitstart列に格納するようになり、ロック待ちしている期間を容易に確認できるようになりました。

コマンド14.21では、プロセスIDが186781であるバックエンドプロセスが行ロックの取得待ち状態であること、プロセスIDが186775であるバックエンドプロセスがテーブルロックの取得待ち状態であることが分かります。

ブロックしているプロセスは、pg_blocking_pids関数を用いて簡単に確認できます(**コマンド14.22**)。プロセスID:186781のバックエンドプロセスは、プロセスID:186770のプロセスがブロックしていることが分かります。

なお、これらの情報は、postgresql.confファイルの「log_lock_waits」を「on」にすることでログ(**リスト14.1**)として出力させられます。

コマンド14.21 pg_locksビューの出力例

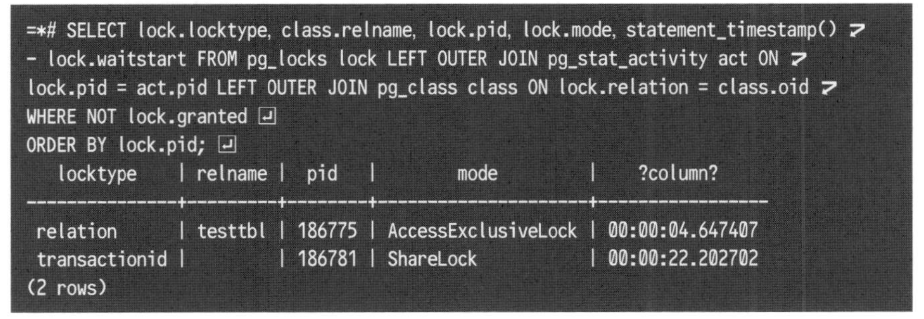

```
=*# SELECT lock.locktype, class.relname, lock.pid, lock.mode, statement_timestamp() ↗
- lock.waitstart FROM pg_locks lock LEFT OUTER JOIN pg_stat_activity act ON ↗
lock.pid = act.pid LEFT OUTER JOIN pg_class class ON lock.relation = class.oid ↗
WHERE NOT lock.granted ↵
ORDER BY lock.pid; ↵
   locktype    | relname |  pid   |        mode         |    ?column?
---------------+---------+--------+---------------------+-----------------
 relation      | testtbl | 186775 | AccessExclusiveLock | 00:00:04.647407
 transactionid |         | 186781 | ShareLock           | 00:00:22.202702
(2 rows)
```

コマンド14.22　pg_blocking_pids関数の出力例

```
=*# SELECT pg_blocking_pids(186781); ↵
 pg_blocking_pids
------------------
 {186770}
(1 row)
```

リスト14.1　ロック待ちプロセスのログの例

```
LOG:  process 186770 acquired ShareLock on transaction 739 after 6020.648 ms
CONTEXT:  while locking tuple (0,1) in relation "testtbl"
STATEMENT:  select * from testtbl where i = 1 for share;
LOG:  process 186781 still waiting for ShareLock on transaction 741 after
1000.084 ms
DETAIL:  Process holding the lock: 186770. Wait queue: 186781.
CONTEXT:  while locking tuple (0,1) in relation "testtbl"
STATEMENT:  select * from testtbl where i = 1 for update;
LOG:  process 186775 still waiting for AccessExclusiveLock on relation 16385 of
database 16384 after 1000.142 ms
DETAIL:  Processes holding the lock: 186781, 186770. Wait queue: 186775.
STATEMENT:  lock testtbl ;
LOG:  process 186781 acquired ShareLock on transaction 741 after 247500.738 ms
CONTEXT:  while locking tuple (0,1) in relation "testtbl"
STATEMENT:  select * from testtbl where i = 1 for update;
```

実際の運用現場では監視ツールに多くを任せているため、本章で紹介したコマンドやビューで確認する機会は少ないでしょう。しかし、監視ツールからメッセージを受け取ったり、急なトラブルの際にすばやく問題を切り分けたりするためにも、しっかりと理解して整理しておくとよいでしょう。

鉄則

- ☑ **知りたいことと見るべきポイントを関連付けておきます。**
- ☑ **監視内容の調査は、いきなり細かな部分を見るのではなく、全体から個別へとドリルダウンします。**

第15章 テーブルメンテナンス

PostgreSQLを運用していると、追記型アーキテクチャの特性からテーブルに無駄なデータが残存してしまいますが、自動バキューム機能を活用することで回避できます。それでは、内部でどのように処理されているのでしょうか。本章では、運用時に発生する問題の回避策も含めて説明します。

15.1 なぜテーブルメンテナンスが必要か

PostgreSQLでテーブルメンテナンスが必要になるのは、テーブルに無駄なデータ(不要領域)が大量に残存して性能低下を招いてしまうようなケースです。PostgreSQLは追記型アーキテクチャのため、データを更新／削除しても不要領域として残ったままになります。運用を続けていくうちに、テーブルに不要領域が大量に残存することで性能低下につながる危険があります。**図15.1**は極端な例ですが、有効なデータが数行しかないのに何ページも抱え込んでいるようなテーブルをイメージしてください。

このような状態にしないために、定期的にVACUUMを実施します。後述するVACUUM FULLとは異なり、バキューム実行中も対象テーブルを参照できます。また、更新に必要なロックもページ単位で取得するので、処理をしているページ(処理前／処理後のページ)以外の更新も可能です。

15.2 バキュームの内部処理

バキュームの主な役割は「不要領域の再利用」と「トランザクションID(XID)周回問題の回避」です。

15.2.1：不要領域の再利用

不要領域を再利用するために、次のような処理が行われます。

図15.1　不要領域の増加イメージ

col1	col2
1	おひつじ座
2	おうし座
3	ふたご座
4	かに座
5	しし座
6	おとめ座
7	てんびん座
8	さそり座
9	いて座
10	やぎ座
11	みずがめ座
12	うお座
13	へびつかい座

有効なデータは2行のみ(col1=1,11)で、それ以外は無効なデータ(不要領域)になっている。

❶各テーブルのページを先頭から走査する
❷VM(Visibility Map)をチェックして不要行を含むページなら❸に、不要行がなければ次のページを走査する
❸対象ページの全行を走査して不要行の情報を抽出する
❹全ページを走査後、不要行が抽出されていれば対象テーブルのインデックスメンテナンスを行って不要行を削除する
❺削除した行の情報をもとにFSM(Free Space Map)を更新する(末端のページが空なら切り詰める)

Column　VACUUMのオプション

VACUUMで指定可能なオプションのうち、VACUUMコマンドの不要領域の再利用処理に関連するオプションについて紹介します(**表15.A**)。デフォルトの動作を知っておくと挙動を理解する手掛かりにもなります。

このコラムで紹介したVACUUMオプションは()を用いた記述とします(**コマンド15.A**)。

表15.A：VACUUMのオプション

オプション	効果
DISABLE_PAGE_SKIPPING	VMのチェックを無効化する。VMが不整合な状態になっていると疑われる場合にのみ指定
SKIP_LOCKED	テーブルが他のトランザクションによってロックされている場合に、そのテーブルに対するVACUUMをスキップする（PostgreSQL 12以降で有効）
INDEX_CLEANUP	通常、不要行がわずかであればインデックスのVACUUMはスキップされるが、ONを指定することで1つでも不要行があれば削除するように強制できる（PostgreSQL 12以降で有効）
PARALLEL	インデックスのVACUUM処理を最大N並列で実行する。1つのテーブルに複数のインデックスが付与されているときに効果がある（PostgreSQL 13以降で有効）

コマンド15.A　オプションの記述方法

```
=# VACUUM ( DISABLE_PAGE_SKIPPING TRUE, SKIP_LOCKED FALSE ) tbl; ⏎
```

VMとFSM

VM（Visibility Map）は、テーブルの可視性の判断およびFREEZE処理（後述）の判断に利用される補助データです。テーブルの1ページの状態を2ビットで管理します。テーブルのあるページに含まれるデータが完全に可視であれば下位ビットが1、一部でも不可視なものがあれば下位ビットが0となります。

バキューム処理では、VMの情報をもとに処理すべきページを絞ることで、負荷の軽減を図っています。また、テーブルのあるページに含まれるデータが完全にFREEZE処理済みであれば上位ビットが1、一部でもFREEZE処理がされてないものがあれば上位ビットが0になり、FREEZE処理の負荷軽減を図っています。滅多に更新されない巨大なテーブルに対して、大きな効果があります。

FSM（Free Space Map）は、テーブルの空き領域の大きさを管理する補助データです（**図15.2**）。テーブルの1ページの空き領域量を1バイト（0～255の256段階の値）で管理します。各値が示す空き領域の大きさは**表15.1**のようになっています。また、各ページの空き容量を調べるには、contribモジュールのpg_freespacemapが利用できます（**コマンド15.1**）。

図15.2　不要領域の再利用イメージ

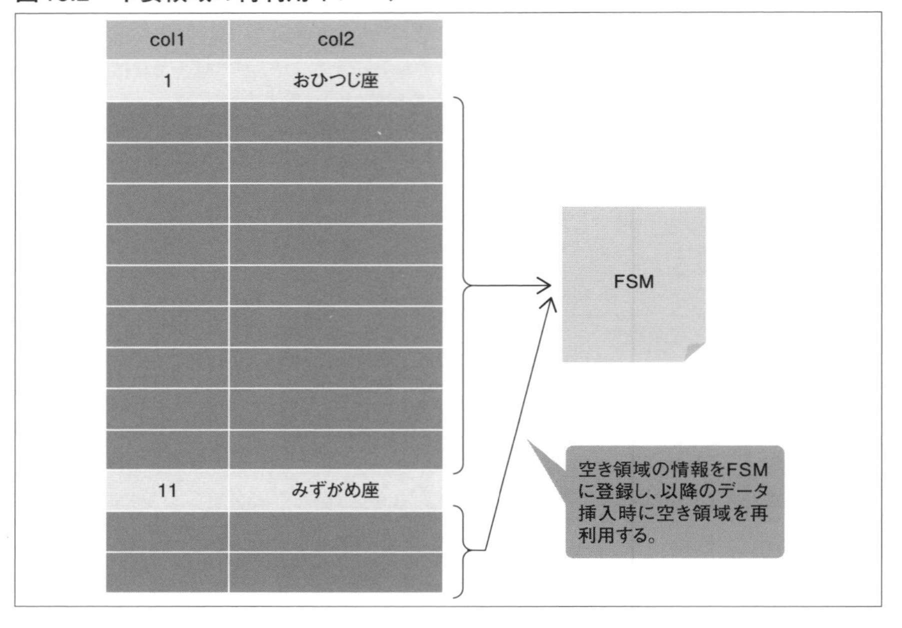

表15.1　空き領域の範囲とカテゴリ

空き領域	カテゴリ
0～31	0
32～63	1
(…中略…)	
8096～8127	253
8128～8163	254
8164～8192	255

コマンド15.1　空き容量を調べる方法

```
=# SELECT * FROM pg_freespace('tbl'); ↵
 blkno | avail
-------+-------
     0 |   832
     1 |  7136
     2 |     0
     3 |     0
     4 |  4704
(5 rows)
```

15.2.2：トランザクションID（XID）周回問題の回避

PostgreSQLで実行される更新トランザクションには、トランザクションID(XID)が割り当てられます。また、テーブルにデータを格納する際に実行されたトランザクションを区別できるように、XIDが行ヘッダ(xmin)として格納されます。実行中のトランザクションは、自身が持つXIDと行が持つXID(xmin)を比較して可視／不可視を判断します。

しかし、XIDは32ビット(＝約40億：20億の古いIDと20億の新しいID)で管理されているために周回を繰り返します。

周回したトランザクションIDを持つトランザクションから既存のデータを見ると、可視判定によりすべてのデータが見えなくなる現象が起こります。これが「XID周回問題」(**図15.3**)です。

回避策は、バキューム処理(「15.2.1　不要領域の再利用」参照)の「❸対象ページの全行を走査して不要行の情報を抽出する」で、各行のage(XIDの差分)を求めてから必要に応じてFREEZE処理を行います。FREEZE処理とは、xminを特殊なXIDである「2」に上書きし、すべてのトランザクションから可視とする処理のことです。FREEZE処理もI/O負荷の高い処理であるため、VMを利用して負荷を軽減する仕組みが導入されています。

FREEZE処理を行うかどうかは、VACUUM実行時にオプションのFREEZEを付与する(VACUUM FREEZEを実行する)か、VACUUM関連の設定値である「autovacuum_freeze_min_age」「autovacuum_freeze_max_age」「autovacuum_freeze_table_age」で制御できます。

なお、現在のXIDよりも5,000万以上古いXIDはVACUUM時に回収されるため基本的には意識しなくてもよいのですが、FREEZE処理は比較的負荷の大きい処理のため、更新をほとんど行わないテーブルはレコード登録後にVACUUM FREEZEを行うことで、運用中に発生するFREEZE処理の負荷を回避できます。

図15.3　XID周回問題

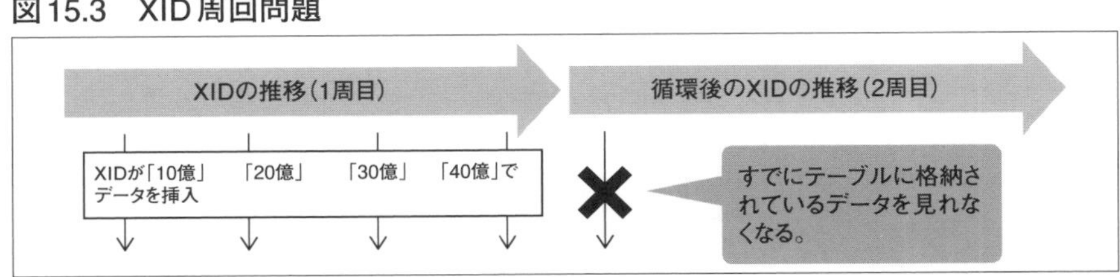

通常時のVACUUMはトランザクション処理の性能の妨げとならないように間欠的に実行されていますが、トランザクションIDが上限に近づくと、性能を考慮した動作は無効化されFREEZE処理を優先して行うようになります。上限にどの程度近づいたときに動作が切り替わるのかは、VACUUM関連の設定値であるvacuum_failsafe_age、vacuum_multixact_failsafe_ageで制御できます。この機能はPostgreSQL 14から導入されました。

また、周回問題に到達するまでに利用可能な残りのトランザクションIDが一定の数を下回ると、PostgreSQLは警告メッセージを出力し始めます。警告メッセージが表示されるようになる閾値は、PostgreSQL 13までは1,100万、PostgreSQL 14では4,000万です。

XIDの差分を確認する方法

各テーブルに含まれる最も古いXIDから現在のXIDまでの差分は、**コマンド15.2**のSQLで確認できます。なお、2つ目のtxid_current関数は当該トランザクションのXIDを返却する関数で、SELECT文であっても強制的にXIDを進められます。

コマンド15.2　XIDの差分確認方法

```
●freeze直後
=# SELECT relname, age(relfrozenxid) FROM pg_class WHERE relkind = 'r' ↗
AND relname = 'tbl'; ↵
 relname | age
---------+-----
 tbl     |   0
(1 row)

●現在流れているXIDを進める
=# SELECT txid_current(); ↵
 txid_current
--------------
       187311
(1 row)

●再度確認
=# SELECT relname, age(relfrozenxid) FROM pg_class WHERE relkind = 'r' ↗
AND relname = 'tbl'; ↵
 relname | age
---------+-----
 tbl     |   1
(1 row)
```

15.3 自動バキュームによるメンテナンス

ここまでの説明を聞くと、PostgreSQLはテーブルメンテナンスを意図的に実施しなければならず面倒と思われる方がいるかもしれません。しかし、PostgreSQLでは自動バキューム機能がデフォルトで有効となっているため、とくに意識をしなくともメンテナンスは行われています。自動バキュームで実行される処理は、手動で実行するVACUUMと変わりはありません。

自動バキュームの挙動は**表15.2**の設定で制御できます。

表15.2 自動バキュームに関する主な設定

項目名	デフォルト値	説明
autovacuum	on	自動バキュームを実行するか否か
log_autovacuum_min_duration	-1	自動バキュームが指定した時間を超えた場合にログを出力（ミリ秒単位、-1は無効、0はすべて）
autovacuum_max_workers	3	同時に実行する自動バキューム処理のワーカ数
autovacuum_naptime	1min	自動バキュームが必要なテーブルのチェックを行う間隔
autovacuum_vacuum_threshold	50	自動バキュームの起動に関する閾値（指定行数以上の更新・削除時に起動）
autovacuum_vacuum_insert_threshold	1000	INSERT時の自動バキュームの起動に関する閾値（指定行数以上の挿入時に起動、PostgreSQL 13以降）
autovacuum_vacuum_scale_factor	0.2	自動バキュームの起動に関する割合（0.2ならテーブルの20%が更新・削除されたときに起動）
autovacuum_vacuum_insert_scale_factor	0.2	INSERT時の自動バキュームの起動に関する割合（0.2なら20%が挿入された場合に起動、PostgreSQL 13以降）
autovacuum_vacuum_cost_delay	2	自動バキュームの実行間隔（ms単位、-1はvacuum_cost_delayの設定に従う）。PostgreSQL 11以前のデフォルト値は20
autovacuum_vacuum_cost_limit	-1	自動バキュームの1回あたりのコスト上限。自動バキュームワーカが並列で実行される場合は各ワーカに均等にコストを振り分ける（-1はvacuum_cost_limit（デフォルト値200）の設定に従う）
autovacuum_work_mem	-1	自動バキュームワーカごとの最大メモリ量（-1はmaintenance_work_memの設定に従う）

PostgreSQLではautovacuum_naptime(1分)ごとに、各テーブルの更新/削除された行数が「autovacuum_vacuum_threshold + autovacuum_vacuum_scale_factor ×(テーブルの行数)」で算出される閾値を超えたとき、もしくは挿入された行数が「autovacuum_vacuum_insert_threshold + autovacuum_vacuum_insert_scale_factor ×(テーブルの行数)」で算出される閾値を超えたときに自動バキュームワーカを起動してバキューム処理を始めます(挿入時の自動バキュームはPostgreSQL 13以降)。

しかし、自動バキュームの設定だけでは完全に要件を満たす制御ができず、テーブルが肥大化してしまう場合があります。たとえば、日中(運用時間帯)はメンテナンス負荷をかけずに、夜間(メンテナンス時間帯)に要件に対応するケースです。このような場合には、頻繁に更新される大きなテーブルを自動バキュームの対象から外し、夜間に手動でVACUUMを実行する運用が考えられます。

自動バキュームの対象から外すには、ALTER TABLEコマンドで対象のテーブルのオプションautovacuum_enabledを変更します(**コマンド15.3**)。なお、同様の方法で、自動バキュームの各パラメータもテーブルごとに設定可能です。ほかのテーブルより頻繁にバキュームさせるなど、細かく制御する際に有用です。

15.3.1:自動バキュームの進捗状況の確認

PostgreSQL 13からは、実行中の自動バキュームの進捗状態をpg_stat_progress_vacuumビューで確認できるようになりました(**コマンド15.4**)。

コマンド15.3 自動バキュームの対象から外す方法

```
=# ALTER TABLE tbl SET (autovacuum_enabled = off); ↵
ALTER TABLE
```

コマンド15.4 自動バキュームの進捗状況

```
=# select * from pg_stat_progress_vacuum; ↵
-[ RECORD 1 ]------+--------------
pid                | 5748
datid              | 16401
datname            | pgbench
relid              | 16880
phase              | scanning heap
```

(前ページからの続き)

```
heap_blks_total    | 679
heap_blks_scanned  | 133
heap_blks_vacuumed | 0
index_vacuum_count | 0
max_dead_tuples    | 291
num_dead_tuples    | 0
```

表15.3　自動バキュームの進捗状況のフェーズ

フェーズ名	説明
initializing	自動バキュームの初期化中
scanning heap	自動バキュームがテーブルのヒープデータのスキャン中
vacuuming indexes	テーブルに付与されたインデックスのバキューム中
vacuuming heap	ヒープデータのバキューム中
cleaning up indexes	インデックスの整理中
truncating heap	データのないヒープページの切り詰め中
performing final cleanup	FSM(空き領域マップ)のバキュームとテーブル統計情報の更新中

このコマンド実行例では、**pgbench**を実行中に発生した自動バキュームの進捗状況をpg_stat_progress_vacuumビューで確認しています。自動バキュームの対象となっているデータベース名(datname)や、対象のテーブルの情報(relid, heap_blks_total)、自動バキュームの状況(heap_blks_scanned, index_vacuum_count)を確認できます。また、自動バキュームの進捗状況(phase)は**表15.3**に示すフェーズ名が表示されます。

15.4　VACUUM FULLによるメンテナンス

VACUUM FULLは、VACUUMによるメンテナンスが想定どおりに機能しなかった場合の対処策として使用します。

15.4.1：VACUUMが機能しないケース（例）

LongTransactionが存在している場合はVACUUMが機能しません。LongTransactionとは、トランザクションを開始後、コミットもロールバックもせずに長時間存在しているトランザクションです。VACUUMによる再利用やFREEZE処理は、現在流れている最も若いXIDより前のXIDを持つ行が対象となります。つまり、LongTransactionより後のトランザクションによっ

コマンド15.5　VACUUMが機能しない例

```
=# VACUUM VERBOSE tbl; ⏎
INFO:  vacuuming "public.tbl"
INFO:  "tbl": removed 48 row versions in 5 pages
INFO:  "tbl": found 48 removable, 500 nonremovable row versions in 5 out of 5 pages
DETAIL:  0 dead row versions cannot be removed yet, oldest xmin: 187322
There were 0 unused item pointers.
Skipped 0 pages due to buffer pins, 0 frozen pages.
0 pages are entirely empty.
CPU: user: 0.00 s, system: 0.00 s, elapsed: 0.00 s.
VACUUM
```

て更新や削除された行にはバキューム処理は行われません。

コマンド15.5は、LongTransactionが存在する状態で1,000行のテーブルから500行を削除してVACUUMを実行した結果です。バキューム処理自体は完了しますが、「500 nonremovable row versions」とあるように適切に処理されていないことが分かります。バッチ処理などで長期化してしまうことがありますが、不必要に開いたままになっているLongTransactionは残さないようにします。

LongTransactionの確認方法／終了方法

LongTransactionは定期的にチェックします。LongTransactionを確認するには「pg_stat_activityビュー」を参照します(**コマンド15.6**)。pg_stat_activityビューの「pid」「query」「xact_start」「state」を確認し、長時間コミットもロールバックもされていないバックエンドプロセスを特定します。stateの値が「idle

コマンド15.6　pg_stat_activityビューの出力例

```
=# SELECT pid, query, xact_start, state FROM pg_stat_activity; ⏎
-[ RECORD 3 ]-----------------------------------------------------
pid        | 31135
query      | SELECT pid, query, xact_start, state FROM pg_stat_activity;
xact_start | 2018-01-08 13:47:15.783834+09
state      | active
-[ RECORD 4 ]-----------------------------------------------------
pid        | 32017
query      | SELECT pid, query, xact_start, state FROM pg_stat_activity;
xact_start | 2018-01-08 13:39:33.703064+09
state      | idle in transaction
```

コマンド15.7　PIDがXのプロセスを終了させる方法

```
=# SELECT pg_terminate_backend(X); ↵
 pg_terminate_backend
----------------------
 t
(1 row)
```

in transaction」で、xact_startの値が現時点より大幅に古いプロセスはLongTransactionとなっている可能性があります。

特定したバックエンドのトランザクションを完了(コミット／ロールバック)します。トランザクションの完了が難しい場合は、特定したバックエンドプロセスを終了させます。特定したバックエンドプロセスを終了させるには、pg_terminate_backend関数が便利です(**コマンド15.7**)。

15.4.2：VACUUM FULL実行時の注意点

VACUUMとは異なり、VACUUM FULLの実行中は対象テーブルが排他ロックされるので、対象テーブルのアクセス(参照／更新)がすべて待たされます。大きなテーブルの場合、数十分から数時間かかることもあるため、事実上システム停止となってしまいます。このため、VACUUM FULLはテーブルの不要領域が肥大化してしまい、性能に影響を及ぼしてしまった場合の改善策の1つとして考えます。

VACUUM FULLでは次のように処理されています。

❶テーブルのデータを1行ずつ取ってきて、別の新しいテーブルに詰め込む
❷新しいテーブルにインデックスを作成する
❸テーブルを入れ替える

つまり、有効な行しか取ってこないので不要領域はいっさい存在しなくなります。なお、VACUUM FULLでは一時的に対象テーブルと新しいテーブルが同時に作成されるため、容量不足で完遂できないことがあります。このような場合は、pg_dumpコマンドやCOPYコマンドなどでデータを別のディスクにバックアップしてあらためてロードするなどの対応が必要です。

テーブルメンテナンスは、正常にバキューム処理されていれば問題になることはありません。基本的には自動バキュームもしくは定期的なバキュームを正常に機能させることを心がけてください。

15.4.3：VACUUM FULLの進捗状況の確認

PostgreSQL 12からは実行中のVACUUM FULLの進捗状況も確認できるようになりました。VACUUM FULLの進捗状況はpg_stat_progress_clusterビューで確認できます（**コマンド15.8**）。名称からも分かるように、CLUSTERコマンドの進捗状況の確認にも同じビューを利用しています。

この実行例では、VACUUM FULLコマンドを実行中の進捗状況をpg_stat_progress_clusterビューで確認しています。VACUUM FULLの対象となっているデータベース名（datname）や、対象のテーブルの情報（relid, heap_blks_total）、VACUUM FULLの状況（heap_blks_scanned, heap_tuples_scanned, heap_tuples_written）を確認できます。

また、CLUSTERコマンドの進捗状況として再構築されたインデックスの数（index_rebuild_count）も確認できます。

VACUUM FULL / CLUSTERの進捗状況（phase）には、**表15.4**に示すフェーズ名が表示されます。

コマンド15.8　VACUUM FULLの進捗状況

```
=# select * from pg_stat_progress_cluster; ↵
-[ RECORD 1 ]-------+------------------
pid                 | 7747
datid               | 13697
datname             | postgres
relid               | 3456
command             | VACUUM FULL
phase               | seq scanning heap
cluster_index_relid | 0
heap_tuples_scanned | 730
heap_tuples_written | 730
heap_blks_total     | 23
heap_blks_scanned   | 23
index_rebuild_count | 0
```

表15.4　VACUUM FULLの進捗状況のフェーズ

フェーズ名	説明
initializing	VACUUM FULL/CLUSTERの初期化中
seq scanning heap	シーケンシャルスキャンを使ってテーブルのヒープデータをスキャン中
index scanning heap	インデックススキャンを使ってテーブルのヒープデータをスキャン中
sorting tuples	インデックスの並びに合わせてタプルデータをソート中
writing new heap	ソートしたタプルを新しいヒープデータとして書き込み中
swapping relation files	新しいヒープデータをテーブルに関連付け中
rebuilding index	インデックスの再構築中
performing final cleanup	古いヒープデータなどのクリーンアップ中

15.5　テーブル統計情報の更新

クエリのプランナがよりよい実行計画を作成するためには、テーブルの更新に合わせて統計情報も更新しておくことが必要です。

15.5.1：自動バキュームによるテーブル統計情報の更新

PostgreSQLでは、自動バキュームが有効になっていればテーブルの統計情報の更新も併せて実行されます。自動バキュームやVACUUM FULLと同様に、テーブル統計情報の取得の進捗状況をpg_stat_progress_analyzeビューでも確認できます。

テーブルの統計情報の更新に利用する設定は、**表15.5**に示す項目で制御できます。

表15.5　テーブル統計情報に関する主な設定

項目名	デフォルト値	説明
default_statistics_target	100	テーブル統計情報（最頻値や分布）を保持するエントリ数
autovacuum_analyze_threshold	50	テーブル統計情報実行の閾値（指定行数以上の更新時に実行）
autovacuum_analyze_scale_factor	0.1	テーブル統計情報実行に関する割合（0.1なら10%が更新されたときに実行）

テーブルの統計情報の更新も自動バキュームと同様に、テーブルに対して実行された更新の数が「autovacuum_analyze_threshold + autovacuum_analyze_scale_factor ×（テーブルの行数）」で算出される閾値を超えたときに実行されます。

15.5.2：テーブル統計情報の個別設定

システム全体の統計情報の粒度はdefault_statistics_targetで設定されており、各テーブルで100エントリとなっています。

default_statistics_targetの値を増加することで、データ分布の複雑なテーブルでも精度の高い統計情報が取得可能となりますが、統計情報の生成と保存に多くのコストが必要です。

そのため、このようなテーブルについて統計情報の精度を上げたい場合には、特定のカラムの統計情報のみをALTER TABLE SET STATISTICSコマンドを用いて変更することが可能です。これにより、VACUUMやANALYZE実行時に変更後の値に基づいた統計情報が生成されます。

鉄則

- **☑バキュームによるメンテナンスが必要な理由を理解します。**
- **☑バキュームが有効にならないケースがあることを理解して、対処策を検討します。**

第16章 インデックスメンテナンス

本章では、データベース運用時のインデックスメンテナンス作業について、必要になる具体的な状況から予防策／改善策まで説明します。また、REINDEXコマンドやCLUSTERコマンドは使い方や注意点を確認します。

16.1 インデックスメンテナンスが必要な状況

インデックスへのアクセス性能が低下する原因として、インデックスファイルの「肥大化」「断片化」「クラスタ性の欠落」が考えられます。

16.1.1：インデックスファイルの肥大化

インデックスファイルが肥大化すると、テーブルの肥大化と同様に有効なデータ（図16.1の網掛け部分）が少量でも多くのページが利用されます。必要なデータを取得するために無駄なI/Oが発行されるので、性能の低下につながります。

図16.1　インデックスファイルの肥大化

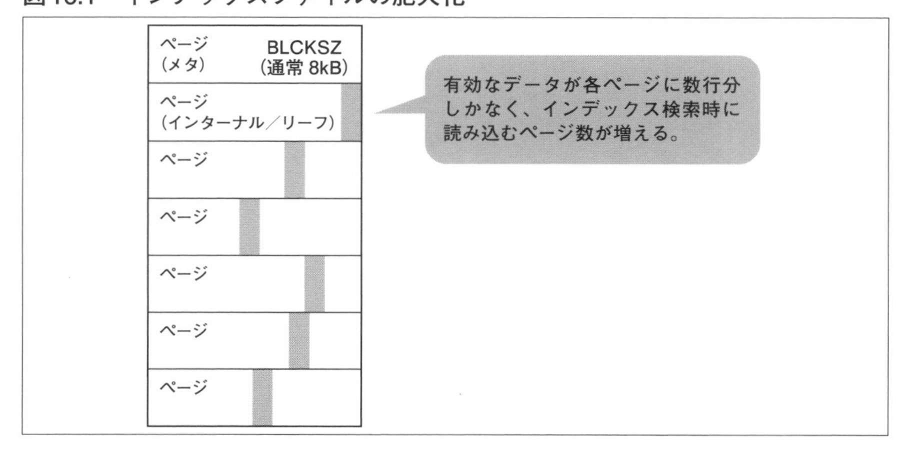

肥大化の傾向は、pg_classの「relpages」と「reltuples」で確認できます。**コマンド16.1**では、有効データが500行にも関わらずページ数が増加していく様子が確認できます。最終的にrelpagesが「4」から「20」になっています。

16.1.2：インデックスファイルの断片化

テーブルの更新と併せてインデックスも断片化していきます。ここでは、B-treeインデックスを例にしてインデックスファイルの断片化を説明します。

テーブルにデータを挿入していくと、インデックスには該当列のデータ(キー)がリーフページに挿入されていきます。インデックスのあるページがいっぱいになると、左右2つのページに分割(SPLIT)されます。特殊なケースを除き、

コマンド16.1　ページ数が増加していく状況

```
=# INSERT INTO tbl VALUES (generate_series(1,500)); ↵
INSERT 0 500

=# ANALYZE tbl; ↵
ANALYZE

=# DELETE FROM tbl WHERE i % 2 = 0; ↵
DELETE 250

=# INSERT INTO tbl VALUES (generate_series(2,500,2)); ↵
INSERT 0 250

=# SELECT relname, relpages, reltuples FROM pg_class WHERE relname = 'idx'; ↵
 relname | relpages | reltuples
---------+----------+-----------
 idx     |        4 |       500
(1 row)

=# DELETE FROM tbl WHERE i % 2 = 0; INSERT INTO tbl VALUES (generate_series(2,500,2)); ↗
ANALYZE tbl; ↵
DELETE 250
INSERT 0 250
ANALYZE
……

=# SELECT relname, relpages, reltuples FROM pg_class WHERE relname = 'idx'; ↵
 relname | relpages | reltuples
---------+----------+-----------
 idx     |       20 |       500
(1 row)
```

SPLITが起こるとデータ量は左のページに50%、右のページに50%になるように分割されます。データを分割して格納するため断片化が起こり(**図16.2**)、インデックスファイルの大部分で断片化が起こると、キャッシュヒット効率が悪化して性能に悪影響を及ぼします。

なお、木構造の各段の一番右端ページでSPLITが起こるケースでは、左のページにできるだけ詰めた形で分割します。このため昇順にデータが追加されるインデックスであれば、断片化の影響を避けられます。ただし、実際にはこのようなインデックスのみを定義するのは困難なため、断片化の影響は多少なりとも受けるものと考えたほうがよいでしょう。

断片化を調べる方法

contribモジュールのpgstattupleに含まれるpgstatindex関数が使えます。**コマンド16.2**では、2つの列(i、j)に定義したインデックス(idx_iとidx_j)の内容を表示しています。いずれの列もinteger型ですが、挿入した順番をidx_iは昇順に、idx_jは降順にしたものです。

ここで着目すべき値は「leaf_fragmentation」です。同じサイズのデータを同じ件数挿入しているにも関わらず、降順に挿入したidx_jでは断片化しているのが確認できます。

なお、pgstattupleによる調査はサーバに負荷がかかるので、サービスの停止時や検証環境で行いましょう。

16.1.3:クラスタ性の欠落

クラスタ性とは、テーブルデータの物理的な配置順序のことを指します。テーブルデータの並び順は、インデックスの並び順に近いとより効果的に検索できます(インデックスが存在しないテーブルでは意識する必要がありません)。

図16.2　インデックスファイルの断片化

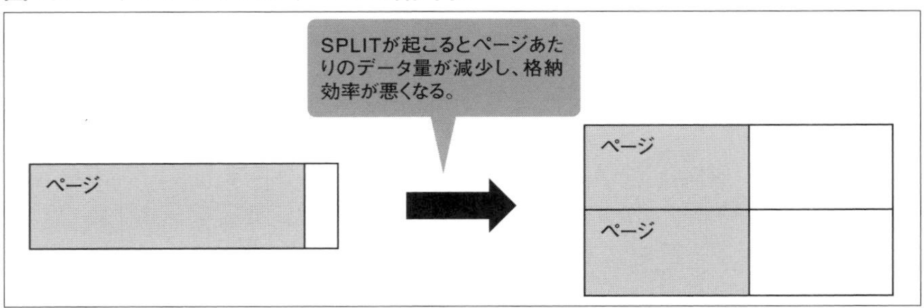

コマンド16.2　idx_i/idx_jインデックスの内容

```
=# SELECT * FROM pgstatindex('idx_i'); ↵
-[ RECORD 1 ]------+-------
version            | 2
tree_level         | 1
index_size         | 245760
root_block_no      | 3
internal_pages     | 1
leaf_pages         | 28
empty_pages        | 0
deleted_pages      | 0
avg_leaf_density   | 87.91
leaf_fragmentation | 0

=# SELECT * FROM pgstatindex('idx_j'); ↵
-[ RECORD 1 ]------+-------
version            | 2
tree_level         | 1
index_size         | 401408
root_block_no      | 3
internal_pages     | 1
leaf_pages         | 47
empty_pages        | 0
deleted_pages      | 0
avg_leaf_density   | 52.49
leaf_fragmentation | 95.74
```

クラスタ性の欠落とは、運用している間にテーブルデータの物理的な配置順序が、頻繁に利用されるインデックスの並び順と乖離した状態になることです。**図16.3**のような状態になると、インデックススキャンをしても必要なデータを取得するために複数のページを参照しなければならず、I/Oの発行回数が増加して性能に影響します。

クラスタ性を調べる方法

テーブルのクラスタ性を確認するには、pg_statsビューのcorrelationを参照します(**表16.1**)。

correlationの値は、ANALYZE時にサンプリングされた値で計算される-1から1までの概算値ですが、おおよそのばらつき具合を確認できます。たとえば、もともと昇順、降順に揃っている2つの列(i、j)を持つテーブルは、更新することで**コマンド16.3**のように変わります。

図16.3　クラスタ性の欠落

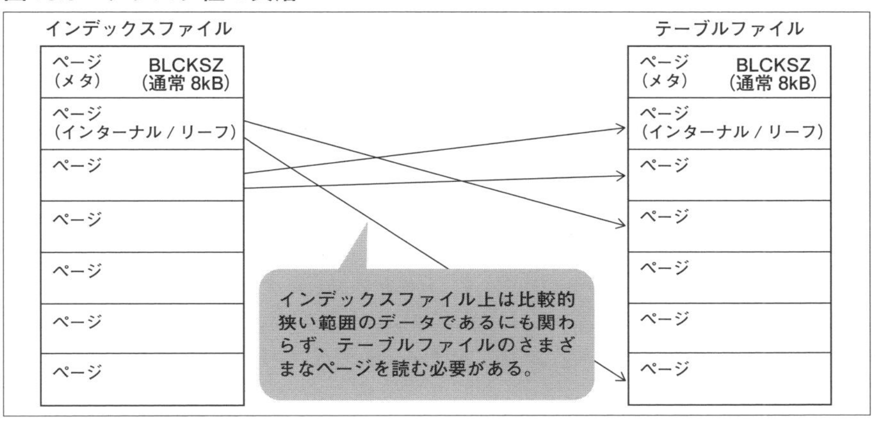

表16.1　pg_statsビューのcorrelationの値

値	状態
-1	降順に揃っている
0	ランダム
1	昇順に揃っている

コマンド16.3　correlationの出力例

```
=# SELECT tablename, attname, correlation FROM pg_stats WHERE tablename = 'test'; ↵
 tablename | attname | correlation
-----------+---------+-------------
 test      | i       |           1
 test      | j       |          -1
(2 rows)

=# UPDATE test SET i = i WHERE i % 2 = 0; ↵
UPDATE 5000

=# ANALYZE test; ↵
ANALYZE

=# SELECT tablename, attname, correlation FROM pg_stats WHERE tablename = 'test'; ↵
 tablename | attname | correlation
-----------+---------+-------------
 test      | i       |     0.50015
 test      | j       |    -0.50015
(2 rows)
```

16.2 【予防策】インデックスファイルの肥大化

なるべく肥大化を起こさないようにするためにバキューム処理を実行します。バキューム処理にはインデックスメンテナンスの処理が盛り込まれているので、テーブルメンテナンス同様に自動バキュームに任せてかまいません。

バキューム処理で完全に空となったインデックスページは再利用され、肥大化を防げます。定期的にバキューム処理が機能していればあまり意識しなくてもよいでしょう。

16.3 【改善策】インデックスファイルの断片化

自動バキュームが機能していても、すべてのインデックスがきれいに再利用できる状況が続くとは限りません。とくにテーブルに複数のインデックスが定義されている場合は、インデックスページに少量のデータが残るケースは十分に考えられ、肥大化は発生してしまいます。

また、仮に肥大化がまったく発生しない状況であっても、データの増加パターンによっては断片化が発生することはあります。断片化によりインデックスファイルのサイズが増加する場合は、REINDEXコマンドでインデックスを再定義します(**コマンド16.4〜コマンド16.8**)。

REINDEXを実行すると対象テーブルはロックされるため、更新処理ができません。ロックの影響を避けたい場合は、**コマンド16.9**のようにして一時的に別のインデックスを作成する方法もあります。CONCURRENTLYオプシ

コマンド16.4　対象のインデックスのみ

```
=# REINDEX (VERBOSE) INDEX idx_i; ⏎
INFO:  index "idx_i" was reindexed
DETAIL:  CPU: user: 0.00 s, system: 0.00 s, elapsed: 0.00 s
REINDEX
```

コマンド16.5　対象テーブル上のすべてのインデックス

```
=# REINDEX (VERBOSE) TABLE test; ⏎
INFO:  index "idx_i" was reindexed
DETAIL:  CPU: user: 0.00 s, system: 0.00 s, elapsed: 0.00 s
INFO:  index "idx_j" was reindexed
DETAIL:  CPU: user: 0.00 s, system: 0.00 s, elapsed: 0.00 s
REINDEX
```

コマンド 16.6　対象スキーマ上のすべてのインデックス

```
=# REINDEX (VERBOSE) SCHEMA public; ↵
INFO:  index "idx" was reindexed
DETAIL:  CPU: user: 0.00 s, system: 0.00 s, elapsed: 0.00 s
INFO:  table "public.tbl" was reindexed
INFO:  index "idx_i" was reindexed
DETAIL:  CPU: user: 0.00 s, system: 0.00 s, elapsed: 0.00 s
INFO:  index "idx_j" was reindexed
DETAIL:  CPU: user: 0.00 s, system: 0.00 s, elapsed: 0.00 s
INFO:  table "public.test" was reindexed
REINDEX
```

コマンド 16.7　対象データベース上のすべてのインデックス

```
=# REINDEX (VERBOSE) DATABASE testdb2; ↵
INFO:  index "pg_class_oid_index" was reindexed
DETAIL:  CPU: user: 0.00 s, system: 0.00 s, elapsed: 0.00 s
INFO:  index "pg_class_relname_nsp_index" was reindexed
DETAIL:  CPU: user: 0.00 s, system: 0.00 s, elapsed: 0.00 s
INFO:  index "pg_class_tblspc_relfilenode_index" was reindexed
DETAIL:  CPU: user: 0.00 s, system: 0.00 s, elapsed: 0.00 s
INFO:  table "pg_catalog.pg_class" was reindexed
INFO:  index "idx" was reindexed
DETAIL:  CPU: user: 0.00 s, system: 0.00 s, elapsed: 0.00 s
INFO:  table "public.tbl" was reindexed
INFO:  index "idx_i" was reindexed
DETAIL:  CPU: user: 0.00 s, system: 0.00 s, elapsed: 0.00 s
...
```

コマンド 16.8　対象データベース上のシステムカタログのインデックス

```
=# REINDEX (VERBOSE) SYSTEM testdb2; ↵
INFO:  index "pg_class_oid_index" was reindexed
DETAIL:  CPU: user: 0.00 s, system: 0.00 s, elapsed: 0.00 s
INFO:  index "pg_class_relname_nsp_index" was reindexed
DETAIL:  CPU: user: 0.00 s, system: 0.00 s, elapsed: 0.00 s
INFO:  index "pg_class_tblspc_relfilenode_index" was reindexed
DETAIL:  CPU: user: 0.00 s, system: 0.00 s, elapsed: 0.00 s
INFO:  table "pg_catalog.pg_class" was reindexed
INFO:  index "pg_statistic_relid_att_inh_index" was reindexed
DETAIL:  CPU: user: 0.00 s, system: 0.00 s, elapsed: 0.00 s
INFO:  index "pg_toast_2619_index" was reindexed
DETAIL:  CPU: user: 0.00 s, system: 0.00 s, elapsed: 0.00 s
...
```

コマンド16.9　CONCURRENTLYオプションでREINDEXコマンド実行

```
=# REINDEX TABLE CONCURRENTLY tbl; ↵
REINDEX
```

ョンを付与することで対象テーブルのロックを取得しないため、実行中も対象テーブルの更新が可能です。

16.4 【改善策】クラスタ性の欠落

クラスタ性を復活させるには、CLUSTERコマンドを実行します(**コマンド16.10**)。CLUSTERを1回実施すれば、利用したインデックス(例ではidx_new)がシステムカタログに保存されるため、同じインデックスで再度CLUSTERを実行する場合は「USING idx_new」の指定は不要です。

16.4.1：CLUSTER実行時の基準となるインデックス

CLUSTER実行時の基準となるインデックスは**コマンド16.11**のように確認します。psqlから確認する場合は、\dメタコマンドで調べたいテーブルを指定します(**コマンド16.12**)。インデックスの横に「CLUSTER」と表示されます。

CLUSTER実行時の基準となるインデックスの明示的な登録や解除はALTER TABLEコマンドで行えます(**コマンド16.13**)。

コマンド16.10　クラスタ性を復活させる

```
=# CLUSTER tbl USING idx_new; ↵
CLUSTER
```

コマンド16.11　CLUSTER実行時の基準となるインデックスの確認

```
=# SELECT relname FROM pg_class
   WHERE oid = (SELECT indexrelid from pg_class c, pg_index i
                WHERE c.oid = i.indrelid AND i.indisclustered = 't'
                AND   c.relname = 'tbl'); ↵
 relname
---------
 idx_new
(1 row)
```

コマンド16.12　CLUSTER実行時に適用されるインデックスの確認（psqlの場合）

```
=# \d tbl ⏎
                Table "public.tbl"
 Column |  Type   | Collation | Nullable | Default
--------+---------+-----------+----------+---------
 i      | integer |           |          |
Indexes:
    "idx_new" btree (i) CLUSTER
```

コマンド16.13　利用されるインデックスの明示的な登録／解除

```
●登録（インデックス名：idx_new2）
=# ALTER TABLE tbl CLUSTER ON idx_new2; ⏎
ALTER TABLE

●解除
=# ALTER TABLE tbl SET WITHOUT CLUSTER; ⏎
ALTER TABLE
```

16.4.2：CLUSTER実行時の注意点

MySQLでは、ClusteredIndexのようにクラスタ性を保つインデックスを定義できますが、PostgreSQLではクラスタ性を保つインデックスは定義できません。このため、PostgreSQLではCLUSTERコマンドによるクラスタ性の改善には一時的な効果しかありません。つまり、CLUSTERを実施した直後のテーブルデータの並び順は指定されたインデックスの順番になりますが、その後運用していく中でクラスタ性は崩れていきます。

なお、CLUSTER実行時にはREINDEXも実施されるので、断片化とクラスタ性の改善を同時に実施したい場合はCLUSTERのみ実施すればよいでしょう。CLUSTERとVACUUM FULLはほぼ同じロジックを利用するので、CLUSTER実行時にはVACUUM FULLと同様に次の点に注意します。

・一時的に対象テーブルの2倍＋インデックスと同程度の容量が必要になる
・CLUSTER実行時にも排他ロックを取得する

基本的にはVACUUMで効果的に再利用し、性能への影響が著しい場合にメンテナンス期間を設けて、REINDEXやCLUSTERといった適切なメンテナンスを実施します。

Column CREATE INDEXやCLUSTERコマンドの進捗確認

PostgreSQL 12からは、実行中のCREATE INDEXやCLUSTERコマンドなど比較的時間のかかるSQLコマンドの進捗状況が確認できるようになりました。CREATE INDEXの進捗確認はpg_stat_progress_create_indexビューで確認できます。tuples_totalに対してtuples_doneがどの程度実行されたか確認するとよいでしょう。

また、CLUSTERコマンドの進捗状況はVACUUM FULLと同じビューを参照するため、pg_stat_progress_clusterビューで確認できます。詳細は第15章で紹介した内容を参照してください。それぞれのビューの例はコマンド16.A、コマンド16.Bです。

コマンド16.A　CREATE INDEXの進捗確認

```
=# select * from pg_stat_progress_create_index; ↵
 pid  | datid | datname | relid | index_relid |   command    |                phase
| lockers_total | lockers_done | current_locker_pid | blocks_total | blocks_done |
tuples_total | tuples_done | partitions_total | partitions_done
------+-------+---------+-------+-------------+--------------+------------------
--------------------+---------------+---------------+--------------------+-------
-------+-------------+--------------+-------------+------------------+-----------
------
 5971 | 16401 | pgbench | 20689 |           0 | CREATE INDEX | building index:
loading tuples in tree |             0 |            0 |                  0 |
0 |           0 |    10000000 |     1115907 |                0 |               0
(1 row)
```

コマンド16.B　CLUSTERの進捗確認

```
=# select * from pg_stat_progress_cluster; ↵
 pid  | datid | datname | relid | command |       phase        | cluster_index_
relid | heap_tuples_scanned | heap_tuples_written | heap_blks_total | heap_blks_
scanned | index_rebuild_count
------+-------+---------+-------+---------+--------------------+----------------
-----+---------------------+---------------------+-----------------+------------
------+---------------------
 5971 | 16401 | pgbench | 20689 | CLUSTER | index scanning heap |
20695 |              593283 |              593283 |               0 |
0 |                   0
```

16.5 インデックスオンリースキャンの利用

インデックスオンリースキャンは、インデックスのみを検索して結果を返却する仕組みです。通常、インデックスを検索した後には必ずテーブルデータを確認する必要がありますが、インデックスオンリースキャンでテーブルデータを確認せずに効率良く検索できます。インデックスオンリースキャンはテーブルデータを確認するのではなく、VM(Visibility Map)を確認する形で実現されています(**図16.4**)。

VMはテーブルデータに比べて小さく、余計なI/Oを抑えるので性能向上が期待できます。テーブルデータを取得していないことは、EXPLAINコマンドにANALYZEとBUFFERSオプションを指定したクエリで確認できます(**コマンド16.14**)。「Heap Fetches」にはテーブルを参照した回数が出力され、インデックスのみを参照した場合は「Heap Fetches: 0」になります。

16.5.1：インデックスオンリースキャンの利用上の注意

インデックスオンリースキャンは特定の条件では大きな効果が見込めるの

図16.4 インデックスオンリースキャンの仕組み

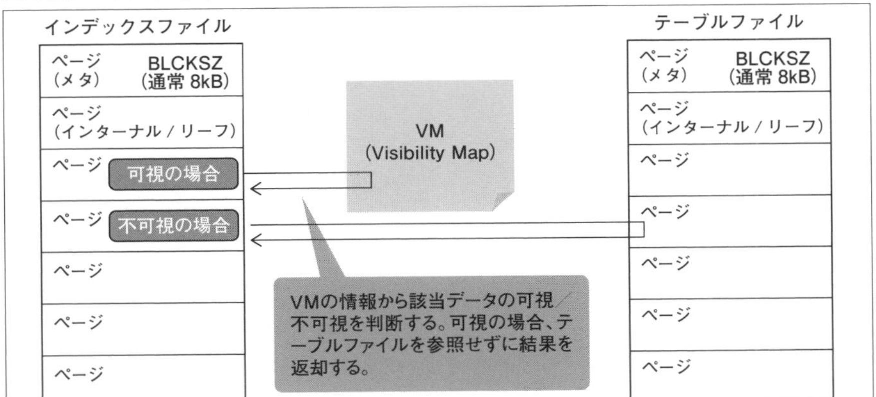

インデックスファイル
ページ(メタ) BLCKSZ(通常 8kB)
ページ(インターナル / リーフ)
ページ 可視の場合
ページ 不可視の場合
ページ
ページ
ページ
VM(Visibility Map)
VMの情報から該当データの可視／不可視を判断する。可視の場合、テーブルファイルを参照せずに結果を返却する。
テーブルファイル
ページ(メタ) BLCKSZ(通常 8kB)
ページ(インターナル / リーフ)
ページ
ページ
ページ
ページ
ページ

コマンド16.14 テーブルデータを取得していないかの確認

```
=# EXPLAIN (ANALYZE on, BUFFERS on) SELECT ...; ↵
...
  Heap Fetches: 0
...
```

ですが、利用できる条件が厳しいのも事実です。

PostgreSQL 14現在、インデックスオンリースキャンを行えるインデックスはB-tree、GiST、SP-GiSTのみです。また、インデックスを定義した列値以外を取得したい場合、結局テーブルデータを確認する必要があるので、効果を得られません。

さらに、VMがページ単位の管理しか行っていない点も制限となります。すぐにVMが変更される(多くのページが更新される)状況では、テーブルデータの確認が必要となって大きな効果を得られません。

インデックスオンリースキャンの効果が頻繁に薄れてしまう場合は、VMを更新してみましょう。さらに、可能な限りVACUUMが実行されるような工夫(自動バキュームの閾値を下げるなど)を検討するとよいでしょう。

Column　カバリングインデックスの利用

インデックスオンリースキャンが有効になる条件を緩和するために導入された仕組みがカバリングインデックスです。カバリングインデックスとして指定したカラムは検索キーとして利用されることはありませんが、インデックスオンリースキャンには利用可能となるため問い合わせの高速化ができます(コマンド16.C)。ただし有効な場面は限定されるため、問い合わせの条件(WHERE句)に適した場合にのみ利用するとよいでしょう。

コマンド16.C　カバリングインデックス

```
●カバリングインデックス作成
=# CREATE INDEX idx_i_j ON tbl(i) INCLUDE (j); ↵
CREATE INDEX

●問い合わせの条件にiを用いているためインデックスオンリースキャンが利用できるようになる
=# EXPLAIN ANALYZE SELECT j FROM tbl WHERE i = 15; ↵
                              QUERY PLAN
--------------------------------------------------------------------------
 Index Only Scan using idx_i_j on tbl  (cost=0.42..50.32 rows=1023 width=4)
 (actual time=0.024..0.184 rows=1002 loops=1)
   Index Cond: (i = 15)
   Heap Fetches: 2
 Planning Time: 0.071 ms
 Execution Time: 0.239 ms
(5 rows)
```

（前ページからの続き）

```
●インデックスにjは保持されているが、問い合わせの条件（WHERE句）がjだとインデックスが使われない
=# EXPLAIN ANALYZE SELECT i FROM tbl WHERE j = 15; ↵
                               QUERY PLAN
----------------------------------------------------------------------------
 Seq Scan on tbl  (cost=0.00..1697.00 rows=1080 width=4)
 (actual time=0.018..6.667 rows=1011 loops=1)
   Filter: (j = 15)
   Rows Removed by Filter: 98989
 Planning Time: 0.064 ms
 Execution Time: 6.718 ms
(5 rows)
```

鉄則

- ☑ 運用を続けることでインデックスに起こる問題を理解します。
- ☑ 性能に影響がでる前に、サービスに対する影響を踏まえた対策を立てます。

Part 4

チューニング編

チューニングにかかる期間を見積もれますか？ 多くのシステムでは、運用後しばらくしてからパフォーマンスの劣化が見られます。ユーザ側からは「あとどれくらい（の時間）で直りますか？」といった質問がきます。サービスを提供しているのですから、当然ですね。
本Partでは、実行計画の見方からスケールアップ、クエリチューニングまでチューニングのノウハウをまとめます。おおよその見積もりを出すためにも、PostgreSQLとして何ができるのか、どのように確認できるのかといった情報はきちんと把握しておきましょう。

第17章
実行計画の取得／解析

PostgreSQLに対して問い合わせ（クエリ）を発行すると、PostgreSQLのプランナはさまざまな検索方法の中から処理コストが最小になる選択や組み合わせを計算します。この最小化された検索方法のことを「実行計画」といいます。本章では、システムのメンテナンスに役立つ知識として「実行計画の取得」「実行計画に基づいた分析」「DBチューニング」について説明します

17.1　最適な実行計画が選ばれない

PostgreSQLは実行計画を作成する際、自動バキュームやANALYZEコマンドで取得する統計情報（テーブルやインデックスの行数／サイズなど）とページ／行単位の演算にかかるコスト値を使います。

PostgreSQLが算出した実行計画は、必ずしも最適なものではありません。理由はさまざまですが、PostgreSQL自身が原因になるケースだけでなく、データベース外の要素が影響することもあります。たとえば、システムを構成するアプリケーションやミドルウェアによって予期しない負荷や挙動、さらにサーバやネットワークといったハードウェアのリソース不足が原因になることもあります。

実際に最適な実行計画が選ばれないケースを見ていきます。

17.1.1：PostgreSQLが原因となる場合

コスト基準値の設定

PostgreSQLは、ハードディスク（HDD）へのランダムアクセスが最も処理コストが大きいと仮定しています。推定の基準となるコストは、「random_page_cost」と「seq_page_cost」で設定されています。デフォルトでは、HDDの利用を前提としてrandom_page_costが「4.0」に対して、seq_page_costが「1.0」で計算されています。

これらの値は設定ファイルで変更できるため、ディスク性能やメモリ量によって調整します。とくに、ソリッドステートドライブ（SSD）を利用する場合

はディスクの特性がHDDとは異なることも考慮します。

統計情報の取得頻度

バッチ処理などで短時間に大量のデータが追加されたり、大量のトランザクションを処理したりした直後は、統計情報と実データに乖離が発生します。不正確な統計情報に基づいて作成される実行計画は、適切に算出されていないことがあります。

統計情報の取得粒度

取得する統計情報の数は、デフォルトでは3万件に固定されています。数億件のデータを持っている場合には、デフォルト(3万件)のサンプリング数は少ないかもしれません。統計情報の数を増やすことで実行計画の精度を上げることが可能です。

しかし、統計情報取得に時間がかかるようになり、自動バキュームワーカが行う統計情報の再取得と通常の問い合わせのタイミングが重なり、性能面でのデメリットとなることがあります。

17.1.2：PostgreSQL以外が原因となる場合

PostgreSQL以外が原因となるのは、次のように多岐にわたります。

ディスク性能

PostgreSQLは、ランダムI/Oがとくに遅いことを前提としたコストバランスを基準としています。近年の高速なディスクや、大量のメモリを持つサーバの場合、ディスクへの負担は減るため、ハードウェア構成によってはPostgreSQLの見積もったコストと実性能に差が出ることがあります。

さらに、PostgreSQLはテーブルデータだけでなくWALやサーバのログなどの書き込みも発生します。書き込み頻度、書き込み量を適切に分散できていないと、特定のディスクに負荷が偏ることになります。ディスク性能に応じた細かなパラメータチューニングができないため、ディスクをパーティションに分割するといった設計段階でI/Oを分散するなどの工夫も必要です。

ネットワーク性能

ネットワーク性能については、PostgreSQLのチューニングによる対処方法は限られています。

実行計画作成時も、ネットワーク性能はいっさい考慮されていないため、システム側で適切に対応する必要があります。たとえば、コネクションプール機能を持つ外部プログラムを利用することで接続のオーバヘッドを削減したり、システム側に問い合わせ結果をそのまま返却するのではなく、ユーザ定義関数(ストアドプロシージャ)を用いて結果の加工・整形を行ってデータを減らしたりといった工夫も求められます。

アプリケーション

アプリケーションによって性能が出ない要因の1つにPREPAREコマンド(プリペアドステートメント)があります。PREPAREで指定したパラメータに対して、一般的な実行計画を作成してメモリ上に保存します。EXECUTEコマンドの実行時に再利用することで、実行計画を作成するオーバヘッドを削減できます。なお、作成済みの実行計画とEXECUTEコマンドで指定された実行時パラメータの相性が悪い場合には性能が出ないこともあります。

バッチ処理や瞬間的な大量アクセス

実行計画は、データベースが定期的に取得する統計情報やデータサイズなどの複数の要素から算出されますが、ある時点の静的な情報がベースになります。瞬間的な負荷によって実行計画が変わることはないため、突発的な事象に対して期待する性能が得られないことも起こります。そのため、スロークエリを報告するPostgreSQLの機構を利用して、監視ソフトなどでデータベースの状態を把握することが重要です。

このようにデータベースの性能を把握するには多様な要素を考慮する必要があります。性能に関する運用上の課題は、障害発生とは異なりログの出力がない分、原因を分析するのも難しくなります。実行計画を適切に取得して分析する手法がとても重要になります。

17.2 実行計画の取得方法

実行計画や統計情報を取得するには、SQL(EXPLAIN／ANALYZE)を使う方法とPostgreSQLが自動的に収集する方法があります。

17.2.1：EXPLAINコマンド

EXPLAINコマンドは、クエリに対してプランナが作成した実行計画を表示するSQLです(**コマンド17.1**)。該当クエリの先頭に「EXPLAIN」を付けます。

ANALYZEオプション

実際にクエリを発行して実行計画と実処理時間の両方を取得するオプションです(**コマンド17.2**)。ただし、INSERTとDELETEでは実際のデータに影響が出ます。PostgreSQLでは、明示的にトランザクションを開始していない限りデータ更新は自動でコミットされるため、実行計画の取得時に必要なデータを更新／削除しないように注意が必要です。

コマンド17.1　EXPLAINコマンド（実行例と構文）

```
・実行例
=# EXPLAIN SELECT * FROM tenk1;

・構文
EXPLAIN [ ( option [, ...] ) ] statement
EXPLAIN [ ANALYZE ] [ VERBOSE ] statement

※ option：次のいずれかを指定できる
ANALYZE [ boolean ]、VERBOSE [ boolean ]、COSTS [ boolean ]、SETTINGS [ boolean ]、BUFFERS
[ boolean ]、
WAL [ boolean ]、TIMING [ boolean ]、SUMMARY [ boolean ]、FORMAT { TEXT | XML | JSON |
YAML }

※statement：次のSQLを指定できる
SELECT、INSERT、UPDATE、DELETE、VALUES、EXECUTE、DECLARE、CREATE TABLE AS、CREATE MATERIALIZED
VIEW AS
```

コマンド17.2　EXPLAINコマンドのANALYZEオプション（実行例）

```
=# EXPLAIN ANALYZE SELECT * FROM tenk1; ↵
                          QUERY PLAN
--------------------------------------------------------------------------
 Seq Scan on tenk1  (cost=0.00..790.00 rows=10000 width=244)
  (actual time=0.006..0.798 rows=10000 loops=1)
 Planning Time: 0.183 ms
 Execution Time: 1.139 ms
(3 rows)
```

また、EXPLAINコマンドが出力する実行計画や実処理時間には、通信コストやクライアント端末の表示にかかる時間は含まれていません。とくにSELECTコマンドで大量の行を出力する際のシステム負荷は無視できないほど大きいですが、EXPLAINコマンドでは考慮されていません。

VERBOSEオプション

実行計画の各ノードが出力する列名の情報を追加で出力します。また、PostgreSQL 14からはクエリ識別子「Query Identifier」も出力します(**コマンド17.3**)。クエリ識別子をログに出力したり、いくつかのシステムビュー(例：pg_stat_activity)に表示したりすることで、多角的なクエリ分析が行いやすくなります。

COSTSオプション

COSTSオプションはデフォルトで有効になっており、各ノードの初期コスト／総コストと統計情報に保存されているテーブルの平均行長／行数を出力します。

SETTINGSオプション（PostgreSQL 12以降）

postgresql.confやテーブルに設定しているパラメータの情報を追加で表示します(**コマンド17.4**)。デフォルトから変更され実行計画の作成に影響のあ

コマンド17.3　EXPLAINコマンドのVERBOSEオプション（実行例）

```
=# EXPLAIN VERBOSE SELECT * FROM tenk1; ↵
                          QUERY PLAN
-----------------------------------------------------------------------------
 Seq Scan on public.tenk1  (cost=0.00..790.00 rows=10000 width=244)
  Output: unique1, unique2, two, four, ten, twenty, hundred, thousand,
   twothousand, fivethous, tenthous, odd, even, stringu1, stringu2, string4
 Query Identifier: 2329010154078386974
(3 rows)
```

コマンド17.4　EXPLAINコマンドのSETTINGSオプション（実行例）

```
=# EXPLAIN ( SETTINGS true ) SELECT * FROM tenk1; ↵
                          QUERY PLAN
-----------------------------------------------------------------------------
 Seq Scan on tenk1  (cost=0.00..790.00 rows=10000 width=244)
 Settings: seq_page_cost = '2'
(2 rows)
```

るパラメータが表示されます。

BUFFERSオプション

ANALYZEオプションと共に指定するオプションで、共有バッファから読み込んだページ数とディスクから読み込んだページ数が追加されます(**コマンド17.5**)。OSファイルキャッシュやそのほかのハードウェアのキャッシュヒット率は確認できません。

WALオプション（PostgreSQL 13以降）

ANALYZEオプションと共に指定するオプションで、クエリ実行時に作成されるWALの情報が表示されます(**コマンド17.6**)。

TIMINGオプション

ANALYZEオプションと共に指定するオプションで、各ノードの処理時間

コマンド17.5　EXPLAINコマンドのBUFFERSオプション（実行例）

```
=# EXPLAIN ( ANALYZE true , BUFFERS true ) SELECT * FROM tenk1; ↵
                         QUERY PLAN
--------------------------------------------------------------------------
 Seq Scan on tenk1  (cost=0.00..0.00 rows=1 width=244)
  (actual time=0.002..0.002 rows=0 loops=1)
 Planning:
   Buffers: shared hit=51 read=4
 Planning Time: 0.217 ms
 Execution Time: 0.067 ms
(5 rows)
```

コマンド17.6　EXPLAINコマンドのWALオプション（実行例）

```
=# EXPLAIN ( ANALYZE true, WAL true ) INSERT INTO t1(i) SELECT * FROM generate_ ➚
series(1,1000);↵
                         QUERY PLAN
--------------------------------------------------------------------------
 Insert on t1  (cost=0.00..10.00 rows=0 width=0)
  (actual time=0.974..0.975 rows=0 loops=1)
   WAL: records=1000 bytes=59000
   ->  Function Scan on generate_series  (cost=0.00..10.00 rows=1000 width=4)
       (actual time=0.101..0.158 rows=1000 loops=1)
 Planning Time: 0.047 ms
 Execution Time: 1.003 ms
(5 rows)
```

を出力します(ANALYZEオプションのデフォルト動作です)。

SUMMARYオプション

実行計画の作成時間を表示します(ANALYZEオプションのデフォルト動作です)。

FORMATオプション

EXPLAINコマンドの出力フォーマットを指定します。デフォルト設定は、目視しやすいノード構造を模した「TEXT形式」です。ほかにも「XML形式」「JSON形式」「YAML形式」をサポートしていて、EXPLAIN結果を加工したり、別のプログラムで利用したりする場合に有効です。XML形式を指定すると**コマンド17.7**のようになります。

17.2.2：ANALYZEコマンド

ANALYZEコマンドは、指定したテーブルの統計情報を取得するSQLです(**コマンド17.8**)。取得した統計情報は、システムカタログのpg_statisticに保存されます。

PostgreSQLはデフォルトで、自動バキューム(autovacuum)の実行時に統

コマンド17.7　EXPLAINコマンドのFORMATオプション（実行例）

```
=# EXPLAIN ( FORMAT xml ) SELECT * FROM tenk1; ↵
                    QUERY PLAN
----------------------------------------------------------
 <explain xmlns="http://www.postgresql.org/2009/explain">+
   <Query>                                               +
     <Plan>                                              +
       <Node-Type>Seq Scan</Node-Type>                   +
       <Parallel-Aware>false</Parallel-Aware>            +
       <Async-Capable>false</Async-Capable>              +
       <Relation-Name>tenk1</Relation-Name>              +
       <Alias>tenk1</Alias>                              +
       <Startup-Cost>0.00</Startup-Cost>                 +
       <Total-Cost>790.00</Total-Cost>                   +
       <Plan-Rows>10000</Plan-Rows>                      +
       <Plan-Width>244</Plan-Width>                      +
     </Plan>                                             +
   </Query>                                              +
 </explain>
(1 row)
```

コマンド17.8　ANALYZEコマンド（実行例と構文）

```
・実行例
=# ANALYZE tenk1;
ANALYZE

・構文
ANALYZE [ ( option [, ...] ) ] [ table_and_columns [, ...] ]
ANALYZE [ VERBOSE ] [ table_and_columns [, ...] ]

※ table_and_columns：統計情報を取得するテーブル名、列名（指定がない場合はすべてのテーブル、列名）
※ option：次のいずれかを指定できる
VERBOSE [ boolean ]、SKIP_LOCKED [ boolean ]
```

計情報も取得します。手動でANALYZEコマンドを実行するよりも、自動バキュームに任せるほうがシステム負荷をかけずに済むため、通常は自動バキュームを有効にしておくことが推奨されます。自動バキュームを停止している場合は、ANALYZEコマンドを手動で実行しなければ、正しい統計情報が取得できません。

なお、PostgreSQLの統計情報はサンプリングによって取得されるため、数行の更新ならば、統計情報を取り直さなくても精度は十分です。このためANALYZEコマンドを手動で実行するのは、大量の行を更新した直後に発行するのが有用です。

VERBOSEオプション

ANALYZEコマンドの詳細な進捗状況を表示します（コマンド17.9）。

SKIP_LOCKEDオプション（PostgreSQL 12以降）

ANALYZEコマンドは統計情報作成のため対象テーブルのロックが解放されるのを待ち合わせますが、このオプションを用いることで、ロックの解放待ちを行わずに対象テーブルの統計情報取得をスキップします。

コマンド17.9　ANAZYZEコマンドのVERBOSEオプション（実行例）

```
=# ANALYZE VERBOSE tenk1; ↵
INFO:  analyzing "public.tenk1"
INFO:  "tenk1": scanned 345 of 345 pages, containing 10000 live rows and
       0 dead rows; 10000 rows in sample, 10000 estimated total rows
```

17.2.3：統計情報取得のためのパラメータ設定

自動的に統計情報を収集するには自動バキューム機能を利用します。統計情報は、テーブル更新頻度や更新量に基づいて取得されるため、適度なペースで最新化できます。

統計情報取得のためのパラメータはpostgresql.confファイル、またはSQLで設定します。テーブル作成時(CREATE TABLE)、テーブル定義変更時(ALTER TABLE)のパラメータの設定可否を○／×でまとめます。なお、postgresql.confとテーブル定義の値が異なる場合は、テーブル定義の値が優先されます。

表17.1の❷と❸は独立しておらず、「❷＋❸×更新されたテーブルの行数」で求められる値で統計情報の更新が必要かどうか判定されます。たとえば、1,000行のテーブルに対して、行の追加／削除／更新が「150回」(=50 + 0.1 × 1000)以上になっていることが自動更新の条件です。

表17.1　統計情報に関するパラメータ

No.	設定項目	デフォルト値	説明	postgresql.conf	CREATE TABLE	ALTER TABLE
❶	autovacuum	on	統計情報を自動で収集するかどうか。	○	○※1	○※1
❷	autovacuum_analyze_threshold	50	更新された行数の閾値	○	○	○
❸	autovacuum_analyze_scale_factor	0.1	更新された行数のテーブル行数に対する比率の閾値	○	○	○
❹	default_statistics_target	100	統計情報のサンプリング数（設定値×300行）	○	×	○※2

※1：CREATE TABLE、ALTER TABLEではパラメータ名autovacuum_enabledで指定する
※2：SET STATISTICSで指定する（カラム単位）

Column システムカタログ「pg_statistic」とシステムビュー「pg_stats」

収集した統計情報は自動／手動を問わず、システムカタログ「pg_statistic」に格納されます。pg_statisticにはテーブルの列ごとに統計情報が保存され（**表17.A**）、プランナがコスト計算をする際の重要な情報となります。

pg_statisticを参照できるのはPostgreSQLのスーパーユーザのみです。一般ユーザはpg_statsビューで参照でき、自身が読み取り権限を持つテーブル情報のみ表示されます。pg_statsビューはテーブル（tablename）と列（attname）ごとに統計情報が表示されます（**コマンド17.A**）。

統計情報として列値の重複度合い（n_distinct）、値の物理的な並び順と論理的な並び順の一致度合い（correlation）、テーブル内の最頻値リスト（most_common_vals）とその出現頻度（most_common_freqs）を参照できます。

表17.A　pg_statisticの列の主な項目

列名	説明
starelid	テーブルに付けられた番号（oid）
staattnum	テーブルの列に付けられた番号
stainherit	当該の統計情報が継承表のデータを含むかどうか。継承表を持つテーブルの場合は2つの統計情報が生成される（プランナは問い合わせによって2つの統計情報を使い分けている）
stawidth	平均列長
stadistinct	列値の重複度合い。正の値の場合は実際のカーディナリティを表し、負数の場合はテーブル内の行数に対する負の乗数となっている（ある値が平均2回現れる場合には「-0.5」、UNIQUE KEYが付与されている場合などすべての値が異なる場合には「-1」）

コマンド17.A　pg_statsビューの出力例

```
=# SELECT tablename, attname, n_distinct, correlation, most_common_vals, ⮐
most_common_freqs FROM pg_stats WHERE tablename = 'emp' AND inherited = false; ⏎
 tablename | attname  | n_distinct | correlation | most_common_vals | most_common_freqs
-----------+----------+------------+-------------+------------------+-------------------
 emp       | name     |         -1 |          -1 |                  |
 emp       | age      |         -1 |        -0.5 |                  |
 emp       | location |          0 |             |                  |
 emp       | salary   | -0.6666667 |         0.5 | {1000}           | {0.6666667}
 emp       | manager  |         -1 |         0.5 |                  |
(5 rows)
```

n_distinctは、empテーブルのname, age, managerで「-1」となっているので、すべて異なる値であると読み取れます。つまり最頻値は存在せず、出現頻度も1回となるためmost_common_valsとmost_commonf_freqsは記録されません。またcorrelationは、-1.0〜1.0の間の数値で表現され、-1もしくは1に近いほどインデックスアクセスが効率的に行える状態であることを示しています。

17.2.4：実行計画を自動収集する拡張モジュール「auto_explain」

統計情報は自動バキュームで自動的に収集されますが、実行計画はEXPLAINコマンドを手動で実行する必要があります。実行計画の自動収集機能を提供するのが、「auto_explain」という拡張モジュールです。auto_explainを有効にすることで、クエリがどのような実行計画に基づいて実施されたかを確認できます(**リスト17.1**)。

システムを運用していると、データ量や内容が変化してインデックスが有効に使われなくなったり、テーブルの結合順序が変化したりする可能性があります。auto_explainを利用すると性能が低下するリスクをすばやく見つけられます。

ただし、auto_explainの結果をPostgreSQLのログに出力する際、内部的な構造をテキスト形式に変換するオーバヘッドが発生します。大量のクエリを、高速に処理するシステムでは性能が低下するリスクがあるので注意してください。

auto_explainのインストール方法

PostgreSQLのyumリポジトリを登録しておけば、**yum**コマンドから簡単にインストールできます(**コマンド17.10**)。

そのほかの方法として、拡張モジュールのバイナリをソースコードからコンパイルして個別にインストールしたり、RPMとして入手したりすることも

リスト17.1　auto_explainのログ出力例

```
postgres@test LOG:  duration: 13.436 ms  plan:
        Query Text: SELECT * FROM tenk1;
        Seq Scan on tenk1  (cost=0.00..790.00 rows=10000 width=244)
```

コマンド 17.10　yumコマンドでインストールする場合

```
# yum install postgresql14-contrib ↵
```

コマンド 17.11　ソースコードからコンパイルする場合

```
$ cd (ソースコードの配置先)/contrib/auto_explain ↵
$ make install ↵
```

コマンド 17.12　RPMからインストールする場合（root）

```
# rpm -ivh postgresql14-contrib-14.3-1PGDG.rhel8.x86_64.rpm ↵
```

可能です。ソースコードからコンパイルする場合は、PostgreSQLをインストールしたのと同じユーザで拡張モジュールのコンパイルとインストールを実行します(**コマンド 17.11**)。

RPMからインストールする場合は、RPMを入手して**rpm**コマンドでインストールします(**コマンド 17.12**)。RPMインストールはOSのrootユーザで行います。なお、PostgreSQLのRPMパッケージはhttps://rhel.pkgs.org/8/postgresql-14-x86_64/から入手できます。

auto_explainの利用方法

auto_explainを利用するには2つの方法があります。1つはpostgresql.confの「shared_preload_libraries」に「auto_explain」と記述しておく方法、もう1つは、**psql**などで接続した後に**コマンド 17.13**のSQLを発行する方法です。前者の場合はすべてのセッションで自動的にEXPLAINが実行されますが、後者の場合はLOADコマンドを実行したセッションのみが対象となります。

意図しないタイミングや再現性の低いスロークエリを発見するには、postgresql.confファイルに設定して常時観測する必要がありますが、オーバヘッドが発生します。LOADコマンドを使えばシステムの負荷を必要最小限に抑えられるので、状況に応じて使い分けてください。

auto_explainで利用可能なオプション

auto_explainのオプションはpostgresql.confに設定します(**表 17.2**)。オプ

コマンド 17.13　auto_explainをコマンドから実行する方法

```
=# LOAD 'auto_explain'; ↵
```

表17.2　auto_explainで利用可能なオプション

オプション名 (auto_explain.××)	設定値	説明
log_min_duration	ログに出力される最小時間(ミリ秒)	デフォルト(-1)は何もログ出力をしないため、auto_explainを使う場合は設定が必要。「500」は500ミリ秒以上、「1s」は1秒以上かかったクエリを出力する。「0」はすべてのクエリをログ出力する
log_analyze	true/false	「true」はEXPLAIN ANALYZEと同じ表示形式でログを出力する。ログ表示にかかるコストが大きい(性能低下に注意)
log_buffers	true/false	「true」はEXPLAIN (ANALYZE, BUFFERS)と同様のログを出力する(性能低下に注意)
log_wal	true/false	「true」はEXPLAIN (ANALYZE true, WAL true)と同様のログを出力する(性能低下に注意)
log_timing	true/false	「true」はEXPLAIN (ANALYZE, TIMING on)と同様のログを出力する。ログ表示にかかるコストが大きい(性能低下に注意)
log_triggers	true/false	トリガ実行の統計を出力する。log_analyzeがtrueの場合のみ有効
sample_rate	0～1以下の実数値	ログを出力する割合を指定する。デフォルト(1)はすべて出力する
log_verbose	true/false	「true」はEXPLAIN VERBOSEと同様のログを出力する
log_settings	true/false	「true」はEXPLAIN (SETTINGS true)と同様のログを出力する
log_format	text/xml/json/yaml	ログ出力のフォーマット
log_nested_statements	true/false	EXPLAINコマンドではサポートされていない特別なオプション。「true」にすると入れ子状の文(ユーザ定義関数などから実行されるSQL)の実行計画も表示できる

ション名は「auto_explain.」とプレフィックスに続けて指定します。なお、オプションのいくつかはEXPLAINコマンドのオプションと同様の意味を持ちます。

auto_explain利用時の、コストパフォーマンスのよいオプションを2つ紹介します。1つ目は「auto_explain.log_min_duration」で、このオプションで指定した時間を超える問い合わせの情報のみを出力します。スロークエリを見つけ出すのにとくに有効です。2つ目は「auto_explain.sample_rate」で、サンプリングでEXPLAINを取得するため、クエリの傾向を把握しながらオーバヘッドを抑えるのに有効です。

17.2.5：拡張統計情報（CREATE STATISTICS）

PostgreSQLにおける統計情報は、テーブル内のカラムごとの統計値が取得されます。しかし、これだけでは実行計画の作成時に行数(rows)の見積もりが正しく行えないことがしばしば発生します。

WHERE句やGROUP BY句など複数の条件が指定可能な問い合わせにおいて、実行計画は両方の条件を満たすデータの行数を推定する必要がありますが、独立したカラムの統計値からでは正確に推定できません。この原因は次の例を見ると分かります。

コマンド17.14のテーブルは、「i=j」という値が10,000レコード存在する、やや特殊なデータを持つテーブルです。

このテーブルに対して条件式(WHERE句)が1つのみの問い合わせ(**コマンド17.15**)を行うと、10,000件の中から100件取得することを正確に推定できています。しかし、このテーブルに対して条件式(WHERE句)が2つの問い合わせ(**コマンド17.16**)を実行すると、推定行数1行に対して実際に取得できる行数は100行となり、推定行数と実際の行数に大きな誤差が発生します。

このような誤差が発生する原因は、**コマンド17.14**のテーブルのデータ特性である「i=j」という情報が、PostgreSQLの統計情報では把握できないためです。

コマンド17.14　行数推定が不正確になるテーブル作成

```
test=# INSERT INTO t2 SELECT i/100, i/100 FROM generate_series(1,10000) s(i); ↵
 INSERT 0 10000
test=# ANALYZE t2; ↵
 ANALYZE
```

コマンド17.15　検索条件1つの場合の実行計画

```
=# EXPLAIN ANALYZE SELECT * FROM t2 WHERE i=1; ↵
                            QUERY PLAN
---------------------------------------------------------------------------
 Seq Scan on t2  (cost=0.00..170.00 rows=100 width=8) ← 推定行数が正確
 (actual time=0.014..0.544 rows=100 loops=1)    ← 実際の行数
   Filter: (i = 1)
   Rows Removed by Filter: 9900
 Planning Time: 0.048 ms
 Execution Time: 0.605 ms
(5 rows)
```

コマンド17.16　検索条件2つの場合の実行計画

```
=# EXPLAIN ANALYZE SELECT * FROM t2 WHERE i=1 AND j=1; ↵
                         QUERY PLAN
------------------------------------------------------------------------
 Seq Scan on t2  (cost=0.00..195.00 rows=1 width=8)  ← 推定行数が不正確
  (actual time=0.015..0.587 rows=100 loops=1)  ← 実際の行数
   Filter: ((i = 1) AND (j = 1))
   Rows Removed by Filter: 9900
 Planning Time: 0.052 ms
 Execution Time: 0.643 ms
(5 rows)
```

このように、カラム個別の統計情報だけでは読み取れないデータの特徴を実行計画に反映するための仕組みが拡張統計情報です。拡張統計情報は、テーブルのカラム数に応じて膨大な組み合わせが存在するため、取得したい組み合わせを個別に定義する必要があります。

CREATE STATISTICSコマンドは、指定したテーブルの拡張統計情報を取得するSQLです(**コマンド17.17**)。取得した拡張統計情報は、システムカタログのpg_statistic_ext_dataに保存され、ANALYZEコマンドや自動バキュームデーモンで統計情報の収集・更新が行われるようになります。統計情

コマンド17.17　CREATE STATISTICSコマンド（実行例と構文）

```
・実行例
=# CREATE STATISTICS ext_stats_t2 ON i, j FROM t2; ↵
CREATE STATISTICS

・構文
CREATE STATISTICS [ IF NOT EXISTS ] statistics_name
   ON ( expression )
   FROM table_name

CREATE STATISTICS [ IF NOT EXISTS ] statistics_name
   [ ( statistics_kind [, ... ] ) ]
   ON { column_name | ( expression ) }, { column_name | ( expression ) } [, ...]
   FROM table_name

※ statistics_kind：取得する統計情報の種別
※ column_name：拡張統計情報の取得対象カラムを指定する
※ expression：拡張統計情報の取得対象式を指定する
※ statistics_kindを指定する場合はcolumn_nameもしくはexpressionを2つ以上指定する
※ table_name：拡張統計情報の取得対象テーブル
```

報の種別は**表17.3**のとおりです。

テーブルの拡張統計情報を定義することで、行数推定が正確になることが確認できます(**コマンド17.18**)。

このような実行計画の改善は、拡張統計情報の関数的依存統計(stxddependencies)から判定されています。関数的依存は「j=f(i)」という関係が成立する割合で表現でき、**コマンド17.14**のテーブルでは常に「i=j」となるため、関数的依存は1.0です。WHERE句にiとjの2つが指定されていても、iが1ならばjも必ず1になるという関数的依存から、行数推定時に片方のカラムの統計値を100%(1.0)分無視することで推定行数の補正を行います。関数

表17.3　拡張統計情報の種別

種別	説明
ndistinct	列値の重複度合いに関する統計を有効にする。複数のカラム（式）のバリエーションを取得する
dependencies	関数的依存統計を有効にする。ほかのカラム（式）に対する関連性の強さを0～1の範囲で表現する
mcv	カラム（式）の組み合わせにおける最頻値の統計取得を有効にする（PostgreSQL 12以降）

コマンド17.18　検索条件2つの場合の実行計画（拡張統計情報あり）

```
test=# CREATE STATISTICS ext_stats_t2 ON i, j FROM t2; ↵
CREATE STATISTICS
test=# ANALYZE t2; ↵
ANALYZE

=# SELECT stxddependencies FROM pg_statistic_ext_data ; ↵
            stxddependencies
------------------------------------------
 {"1 => 2": 1.000000, "2 => 1": 1.000000}

test=# EXPLAIN ANALYZE SELECT * FROM t2 WHERE i=1 AND j=1; ↵
                    QUERY PLAN
---------------------------------------------------------------------------------------------
 Seq Scan on t2  (cost=0.00..195.00 rows=100 width=8)  ← 正しい値に変わった
  (actual time=0.019..0.699 rows=100 loops=1)     ← 実際の行数
   Filter: ((i = 1) AND (j = 1))
   Rows Removed by Filter: 9900
 Planning Time: 0.263 ms
 Execution Time: 0.766 ms
(5 rows)
```

的依存は、郵便番号と市町村のようなカラム間に関連性が存在する場合に、実行計画の精度向上が見込める統計情報です。

そのほかの拡張統計情報種別であるndistinctとmcvは、「コラム　システムカタログ「pg_statistic」とシステムビュー「pg_stats」」(P.265参照)で紹介した内容を、複数のカラムの組み合わせに対して取得した統計情報です。

また、PostgreSQL 14からは、拡張統計情報に式(expression)を指定することもできます。**コマンド17.19**のようにWHERE句に含まれている関数を拡張統計情報の式として定義することで、カラム(mtime)の統計値ではなく、カラムに式(date_part)を適用した状態の統計情報を取得できます。

以前のバージョンでは、関数を適用する場合にはテーブルの行数に一定の係数をかけて行数推定を行っていましたが、拡張統計情報を持つことで精度の高い実行計画が作成できます。

コマンド17.19　拡張統計情報として式統計を取得した実行計画

```
●拡張統計情報の取得前
=# EXPLAIN ANALYZE SELECT * FROM pgbench_history WHERE 5 <= date_part('sec',mtime) ↩
AND date_part('sec',mtime) < 6; ↵
                              QUERY PLAN
------------------------------------------------------------------------------------
 Seq Scan on pgbench_history  (cost=0.00..26514.88 rows=5008 width=116)
  (actual time=0.040..298.668 rows=16147 loops=1)  ↑ 推定行数が不正確
                              ↑ 実際の行数
   Filter: (('5'::double precision <= date_part('sec'::text, mtime)) AND
    (date_part('sec'::text, mtime) < '6'::double precision))
   Rows Removed by Filter: 985447
 Planning Time: 0.084 ms
 Execution Time: 299.305 ms
(5 rows)

●拡張統計情報の取得
=# CREATE STATISTICS ext_stats_pgbench_history ON date_part('sec', mtime) ↩
FROM pgbench_history; ↵
CREATE STATISTICS
=# ANALYZE pgbench_history ; ↵
ANALYZE

●拡張統計情報の取得後
=# EXPLAIN ANALYZE SELECT * FROM pgbench_history WHERE 5 <= date_part('sec',mtime) ↩
AND date_part('sec',mtime) < 6; ↵
                              QUERY PLAN
------------------------------------------------------------------------------------
```

（前ページからの続き）

```
 Seq Scan on pgbench_history  (cost=0.00..26514.88 rows=17317 width=116)
  (actual time=0.037..408.457 rows=16147 loops=1)  ↑ 実際の行数に近い
                              ↑実際の行数
   Filter: (('5'::double precision <= date_part('sec'::text, mtime)) AND
    (date_part('sec'::text, mtime) < '6'::double precision))
   Rows Removed by Filter: 985447
 Planning Time: 0.190 ms
 Execution Time: 419.891 ms
(5 rows)
```

17.3 実行計画の構造

ここからは実行計画の中身について見ていきます。一般的に、ある問い合わせには同じ結果を導き出すための方法が複数存在しています。プランナは、統計情報や経験的な計算式に基づいてコストを計算し、可能な限り多くの組み合わせの中から最もコストの小さい実行計画を選択します。

EXPLAINコマンドは、プランナが導き出した最適な実行計画を出力します（コマンド17.20）。

コマンド17.20　EXPLAINコマンドの出力例

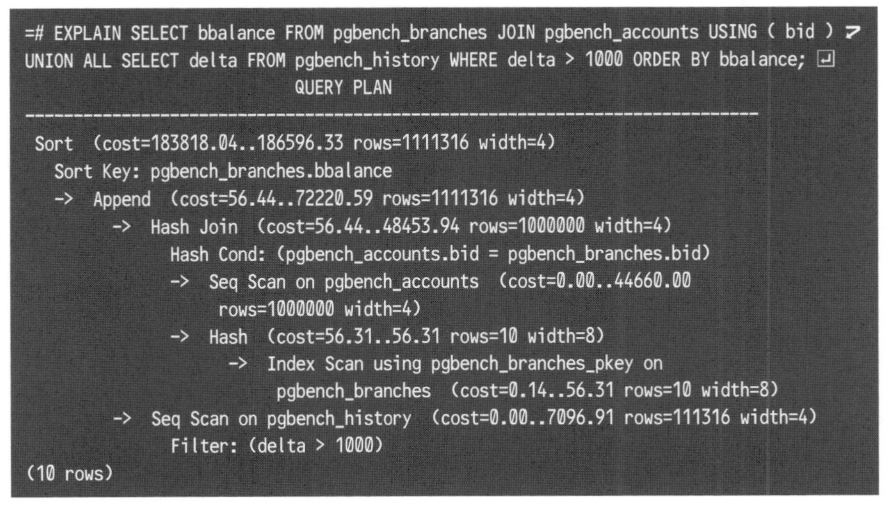

```
=# EXPLAIN SELECT bbalance FROM pgbench_branches JOIN pgbench_accounts USING ( bid ) ⮐
UNION ALL SELECT delta FROM pgbench_history WHERE delta > 1000 ORDER BY bbalance; ↵
                              QUERY PLAN
---------------------------------------------------------------------------------
 Sort  (cost=183818.04..186596.33 rows=1111316 width=4)
   Sort Key: pgbench_branches.bbalance
   ->  Append  (cost=56.44..72220.59 rows=1111316 width=4)
         ->  Hash Join  (cost=56.44..48453.94 rows=1000000 width=4)
               Hash Cond: (pgbench_accounts.bid = pgbench_branches.bid)
               ->  Seq Scan on pgbench_accounts  (cost=0.00..44660.00
                rows=1000000 width=4)
               ->  Hash  (cost=56.31..56.31 rows=10 width=8)
                     ->  Index Scan using pgbench_branches_pkey on
                      pgbench_branches  (cost=0.14..56.31 rows=10 width=8)
         ->  Seq Scan on pgbench_history  (cost=0.00..7096.91 rows=111316 width=4)
               Filter: (delta > 1000)
(10 rows)
```

実行計画では処理する単位を「ノード」と呼び、ノードは階層構造を持ちます。テキスト形式で表示される実行計画は1行目に最上位のノードが現れ、順に「->」の記号とインデントによって複数のノードが表れます。同じ階層のノードは同じインデントに揃えられています。基本的に、問い合わせの実行は最も深い階層のノードから順番に実行され、最上位ノードは最後に実行されます(**図17.1**)。一見複雑な構造をしていても、階層構造を辿ることで実行計画の内容が理解できます。

図17.1　実行計画の木構造と実行順序

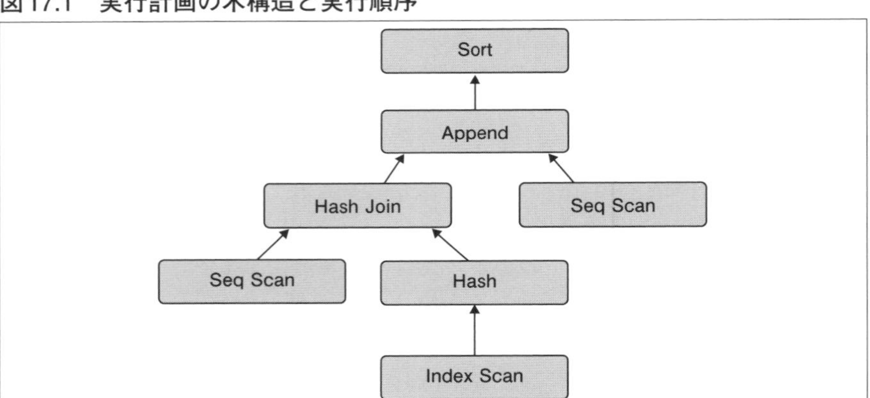

Column　JITコンパイル（Just-In-Time Compilation）

JITコンパイルは、問い合わせの実行時に専用の関数を動的に作成して問い合わせの高速化を行う機能です。PostgreSQL 11から搭載され、PostgreSQL 12からデフォルトで有効になっています。**コマンド17.20**で例に挙げた問い合わせは、JITが有効になっていると**コマンド17.B**の実行計画となります[注A]。

なお、JITコンパイルが専用関数を作成するオーバヘッドがあるため、有効にしていても常に利用されるわけではありません。PostgreSQLでは、JITを利用するか否かは問い合わせのコストで判定しています。JITの設定項目は**表17.B**です。

注A　JITの利用には、--with-llvm付きでビルドされたPostgreSQLサーバであること、LLVMが利用できるLinux系OSに限定されていることといった前提条件があります。

コマンド17.B　JITコンパイルを用いた実行計画

```
=# EXPLAIN SELECT bbalance FROM pgbench_branches JOIN pgbench_accounts ⮐
USING ( bid ) UNION ALL SELECT delta FROM pgbench_history WHERE delta > 1000 ⮐
ORDER BY bbalance; ↵
                            QUERY PLAN
----------------------------------------------------------------------------
 Sort  (cost=213988.95..217486.87 rows=1399169 width=4)
   Sort Key: pgbench_branches.bbalance
   ->  Append  (cost=52.85..71160.81 rows=1399169 width=4)
         ->  Hash Join  (cost=52.85..31170.35 rows=1000000 width=4)
               Hash Cond: (pgbench_accounts.bid = pgbench_branches.bid)
               ->  Seq Scan on pgbench_accounts  (cost=0.00..27380.00
                    rows=1000000 width=4)
               ->  Hash  (cost=52.72..52.72 rows=10 width=8)
                     ->  Index Scan using pgbench_branches_pkey on
                          pgbench_branches  (cost=0.14..52.72 rows=10 width=8)
         ->  Seq Scan on pgbench_history  (cost=0.00..19002.93 rows=399169
width=4)
               Filter: (delta > 1000)
 JIT:
   Functions: 14
   Options: Inlining false, Optimization false, Expressions true, Deforming true
(13 rows)
```

表17.B　JITコンパイルの設定項目

設定項目	デフォルト値	説明
jit	on	サーバが対応している場合にJITコンパイルを使うかどうか
jit_above_cost	100000	JITが有効(on)の場合にJITコンパイルを行うコストの最小値
jit_inline_above_cost	500000	JITが有効(on)の場合にJITコンパイルでインライン展開を行うコストの最小値
jit_optimize_above_cost	500000	JITが有効(on)の場合にJITコンパイルで高度な最適化を行うコストの最小値
jit_provider	llvmjit	JITコンパイルに利用するライブラリ名。独自のコンパイラを用いる場合に変更する

式評価処理とデフォーム処理(メモリ上にタプルとして展開する処理)はJITの効果が発揮されやすいため、有効化の閾値(jit_above_cost)はコストが100000以上の場合にJITが有効になるよう設定されています。

実行計画(**コマンド17.B**)ではExpressions, Deformingがtrueとなっており、JITコンパイルによって14個の関数が作成される計画になっています。

一方で、インライン展開処理(Inlining, jit_inline_above_cost)と高度な最適化処理(Optimization, jit_optimize_above_cost)は有効な場面が限定されるため、コストが大きい(≒時間のかかる)問い合わせの場合にJITコンパイルの適用を図ります。そのため、閾値はやや高めに設定されています。

PostgreSQLではJITが有効な状態がデフォルトであり、デフォルトの閾値であればJITコンパイルが問い合わせの実行時間に悪影響を及ぼすケースは少ないため、チューニングの優先度は高くありません。

17.3.1：スキャン系ノード

ここからは、ノードを「スキャン系」「複数のデータを結合」「データを加工」の3つに分類して、それぞれ代表的なものを説明します。まずはスキャン系です。

データを取り出す役割を担うノードには「シーケンシャルスキャン」や「インデックススキャン」があります。データを取り出すノードは通常、実行計画の最も深い階層に現れ、最初に実行されるノードです。実行計画におけるスキャン系ノードの代表的なものは**表17.4**のとおりです。スキャン系ノードでは、どのテーブルに対してスキャンしたかと、データを選別するフィルタ条件が表示されるので[注1]、どのようにデータを取り出すかを読み取れます。

表17.4　スキャン系ノード一覧

ノード名	説明
Seq Scan	テーブル全体を順番にスキャンする
Index Scan	テーブルに付与されたインデックスを用いて、そのインデックス順にテーブルをスキャンする
Index Only Scan	テーブルに付与されたインデックスだけを用いてスキャンする
Bitmap Scan	テーブルに付与されたインデックスからビットマップを作成して、テーブルをスキャンする
Foreign Scan	外部表に対してスキャンする
Function Scan	組み込み関数やユーザ定義関数を実行する

注1　Function Scanの場合は、テーブルの代わりに関数名を表示します。EXPLAINコマンドにVERBOSEオプションを付けると関数の入力値などの詳細な情報も表示します。

コマンド 17.21　シーケンシャルスキャンの実行計画

```
=# EXPLAIN SELECT * FROM onek WHERE ten = 1; ⏎
                        QUERY PLAN
----------------------------------------------------------
 Seq Scan on onek  (cost=0.00..82.50 rows=100 width=244)
   Filter: (ten = 1)
(2 rows)
```

図 17.2　シーケンシャルスキャンの実行イメージ

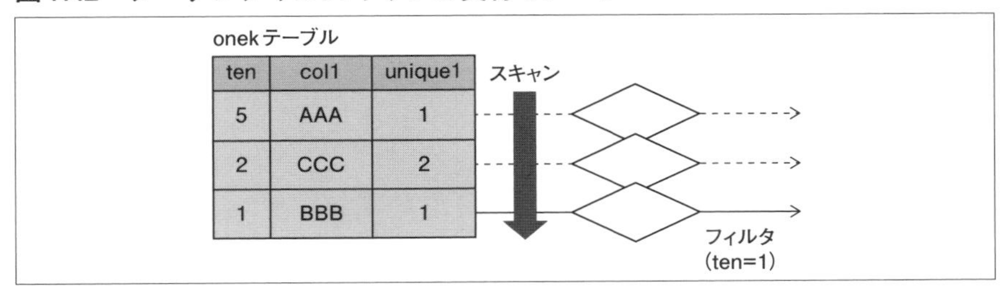

シーケンシャルスキャン（Seq Scan）

最もシンプルなシーケンシャルスキャン(Seq Scan)の実行計画は**コマンド 17.21**のように表示されます。onekテーブルからデータを取り出し、フィルタを使って「ten = 1」のデータだけを取り出すように選択しています(**図 17.2**)。

インデックススキャン（Index Scan）

インデックススキャン(Index Scan)の実行計画では、スキャンするインデックス名と条件も併せて表示されます(**コマンド 17.22**)。**図 17.3**を例にすると、onekテーブルに付与されたインデックスを走査してからテーブルのデータを取得します。

コマンド 17.22　インデックススキャンの実行計画

```
=# EXPLAIN SELECT * FROM onek WHERE unique1 = 1 AND ten = 1; ⏎
                                  QUERY PLAN
---------------------------------------------------------------------
 Index Scan using onek_unique1 on onek  (cost=0.28..8.29 rows=1 width=244)
   Index Cond: (unique1 = 1)
   Filter: (ten = 1)
(3 rows)
```

図17.3　インデックススキャンの実行イメージ

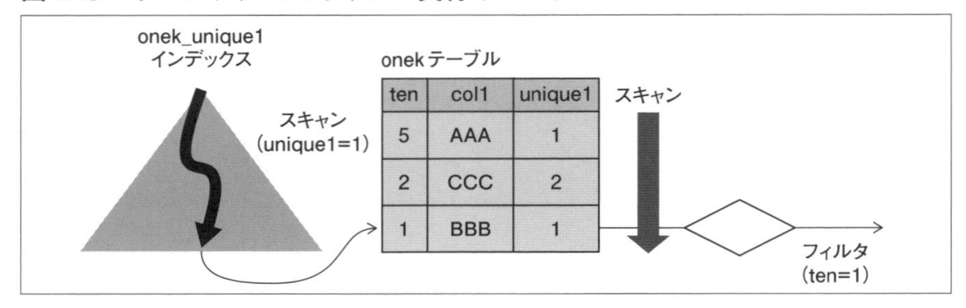

17.3.2：複数のデータを結合するノード

結合ノードは「入れ子ループ結合」「ハッシュ結合」「マージ結合」の3種類があります。実行計画における結合ノードの表示名は**表17.5**のとおりです。結合の対象となる2つのノードを区別するため「外側テーブル」「内側テーブル」と呼びます。結合ノードは2つの実行結果の集合を求めるもので、2つのテーブルのスキャン結果を入力とし、1つの結果を出力します(**図17.4**)。

入れ子ループ結合

入れ子ループ結合は、外側テーブルの1行ごとに内側テーブルをすべて「Join Filter」で評価します(**コマンド17.23**)。

二重ループになるので、ループ回数が増えるほど「ハッシュ結合」「マージ結合」よりも効率が悪くなり、データ量の多いテーブルが外側テーブルになってしまうと非常に遅い結合方式です。ただし、外側テーブルの行数が少なく、内側テーブルにインデックスを張っている場合には、ほかの2つの結合方法よりも高速に動きます。

表17.5　結合ノード一覧

ノード名	説明
Nested Loop	外側テーブル1行のデータに対して、内側テーブルをすべて評価する
Hash Join	内側テーブルのハッシュを作成し、ハッシュに基づいて外側テーブルを評価する
Merge Join	結合条件でソートされたテーブルを、順に評価する

図 17.4　結合イメージ

empテーブル

eid	ename	did
123	SMITH	20
486	SCOTT	30
722	CLARK	10
1057	MARTIN	30

結合条件（did）

deptテーブル

did	dname
10	ACCOUNTING
20	RESEARCH
30	SALES

テーブル

eid	ename	did	dname
722	CLARK	10	ACCOUNTING
123	SMITH	20	RESEARCH
486	SCOTT	30	SALES
1057	MARTIN	30	SALES

コマンド 17.23　入れ子ループ結合

```
=# EXPLAIN SELECT * FROM dept JOIN emp USING ( did ); ↵
                    QUERY PLAN
------------------------------------------------------------
 Nested Loop  (cost=0.00..8.30 rows=4 width=22)
   Join Filter: (dept.did = emp.did)
   ->  Seq Scan on dept  (cost=0.00..2.03 rows=3 width=12)
   ->  Seq Scan on emp  (cost=0.00..2.04 rows=4 width=14)
(4 rows)
```

ハッシュ結合

ハッシュ結合は、内側テーブルの結合キーでハッシュを作成し、ハッシュと外側テーブルの結合キーを評価します（**コマンド 17.24**）。

ハッシュを作成するために、先に内側テーブルをスキャンしてから外側テーブルをスキャンします。最初にハッシュを作成するためのオーバヘッドが発生しますが、その後は高速に結合できます。作成したハッシュがメモリに収まるサイズの場合には有効な結合方法で、比較的小さなテーブルと大きなテーブルを結合するのに向いています。

コマンド17.24　ハッシュ結合

```
=# EXPLAIN SELECT * FROM dept JOIN emp USING ( did ); ⏎
                              QUERY PLAN
-----------------------------------------------------------------
 Hash Join  (cost=2.07..4.16 rows=4 width=22)
   Hash Cond: (emp.did = dept.did)
   ->  Seq Scan on emp  (cost=0.00..2.04 rows=4 width=14)
   ->  Hash  (cost=2.03..2.03 rows=3 width=12)
         ->  Seq Scan on dept  (cost=0.00..2.03 rows=3 width=12)
(5 rows)
```

マージ結合

マージ結合は2つのテーブルを結合キーでソートし、順番に付き合わせることで評価します(**コマンド17.25**)。結合キーでソートされた状態が前提となるため事前にソート処理が必要です。

マージ結合の最大の課題はソートのオーバヘッドが大きいことですが、ソート済みの結果を取得できるのであれば問題はありません。PostgreSQLでは主キーには必ずB-treeインデックスを張るため、「結合キー＝主キー」であるならソート済みの結果が得られます。また、結合キーにインデックスを付与する場合も多いでしょう。マージ結合は、大きなテーブル同士の結合で、ハッシュがメモリに収まらないような場合にとくに有効になる実行計画です。

「入れ子ループ結合」「ハッシュ結合」「マージ結合」の結合方式は仕組みが異なるため、データ量や結合条件によって実行計画が変わります。また、外側テーブルと内側テーブルの順序も性能に大きな影響を与える要因です。実行計画

コマンド17.25　マージ結合

```
=# EXPLAIN SELECT * FROM dept JOIN emp USING ( did ); ⏎
                              QUERY PLAN
-----------------------------------------------------------------
 Merge Join  (cost=4.13..4.21 rows=4 width=22)
   Merge Cond: (dept.did = emp.did)
   ->  Sort  (cost=2.05..2.06 rows=3 width=12)
         Sort Key: dept.did
         ->  Seq Scan on dept  (cost=0.00..2.03 rows=3 width=12)
   ->  Sort  (cost=2.08..2.09 rows=4 width=14)
         Sort Key: emp.did
         ->  Seq Scan on emp  (cost=0.00..2.04 rows=4 width=14)
(8 rows)
```

の結合ノードが期待どおりになっているかを確認しましょう。

17.3.3：データを加工するノード

データを加工する役割を担うノードは、SQLによる問い合わせで明示的に要求される場合(Limitノード)と、PostgreSQLのプランナが実行計画を組み上げるうえで必要に応じて追加する場合(Resultノード)があります。

17.3.4：そのほかのノード

そのほかのノードは必要に応じて適切に使われるため、実行計画の解析やチューニングの際に考慮すべき優先順位は低くなります(**表17.6**)。

ソートノード

注意が必要なものが「ソートノード(Sort)」です。ソートノードは、問い合わせのORDER BY句で指定された場合やマージ結合のために使われます(**コマンド17.26**)。実行計画のノードにはソートする列名が表示され、並び順はデフォルトで昇順(ASC)です。降順(DESC)を指定することで実行計画の表示に反映されますが、コスト計算には影響しません。

PostgreSQLのソートは、メモリ上で実行できる場合には「クイックソート」(**コマンド17.27**)ですが、できない場合はソート結果をファイルに書き出す「外部

表17.6　そのほかのノード

ノード名	説明
Sort	スキャン結果をソートする
Incremental Sort	スキャン結果のソート時にインデックスを用いることでソートに用いるメモリを縮小し、1件目の結果取得を高速化する
Hash	スキャン結果からハッシュを作成する
Aggregate	スキャン結果をsum()やavg()などの特定の演算で集約する
HashAggregate	スキャン結果からハッシュを作成しその結果から集約する
Append	スキャン結果に別のスキャン結果を追加する。また複数パーティションで実行された検索結果をマージする
BitmapAnd	複数のビットマップスキャン結果の積(AND)を取得する
BitmapOr	複数のビットマップスキャン結果の和(OR)を取得する
ModifyTable	INSERT/UPDATE/DELETEなどの更新系SQLにEXPLAINを発行したときの特殊なノード
Materialize	スキャン結果を一時的にファイルに書き出す
Gather	並列に実行したスキャン結果を集約する

コマンド17.26　ソートノード

```
=# EXPLAIN SELECT * FROM pgbench_accounts ORDER BY abalance DESC; ↵
                              QUERY PLAN
-----------------------------------------------------------------------------
 Sort  (cost=144865.63..147375.21 rows=1003831 width=97)
   Sort Key: abalance DESC
   ->  Seq Scan on pgbench_accounts  (cost=0.00..44798.31 rows=1003831 width=97)
(3 rows)
```

コマンド17.27　クイックソートの実行例

```
=# EXPLAIN ( ANALYZE true, TIMING false ) SELECT * FROM pgbench_accounts ORDER BY ↗
abalance; ↵
                              QUERY PLAN
-----------------------------------------------------------------------------
 Sort  (cost=144865.63..147375.21 rows=1003831 width=97)
  (actual rows=1000000 loops=1)
   Sort Key: abalance
   Sort Method: quicksort  Memory: 165202kB
   ->  Seq Scan on pgbench_accounts  (cost=0.00..44798.31 rows=1003831 width=97)
        (actual rows=1000000 loops=1)
 Planning Time: 0.368 ms
 Execution Time: 545.403 ms
(6 rows)
```

ソート」(**コマンド17.28**)になります。外部ソートは、問い合わせが遅くなる原因の1つで、初期設定のメモリサイズが小さいため起こりやすい現象です。なお、問い合わせを実行してみるまでクイックソートになるか外部ソートになるかは分かりません。

コマンド17.28　外部ソートの実行例

```
=# EXPLAIN ( ANALYZE true, TIMING false ) SELECT * FROM pgbench_accounts ORDER BY ↗
abalance; ↵
                              QUERY PLAN
-----------------------------------------------------------------------------
 Sort  (cost=144865.63..147375.21 rows=1003831 width=97)
  (actual rows=1000000 loops=1)
   Sort Key: abalance
   Sort Method: external merge  Disk: 104704kB
   ->  Seq Scan on pgbench_accounts  (cost=0.00..44798.31 rows=1003831 width=97)
        (actual rows=1000000 loops=1)
 Planning Time: 0.074 ms
 Execution Time: 741.118 ms
```

コマンド17.27とコマンド17.28は、まったく同じデータを用いて比較をしておりコスト(cost)に違いはありませんが、実行時間(Execution time)が違っていることが分かります。ソートで利用するメモリサイズのチューニングが重要です(チューニング方法は第18章を参照)。

17.4 パラレルクエリ

17.4.1:パラレルクエリとは

PostgreSQLでは、問い合わせの応答をより速くするために、複数のCPUを並列に実行するような実行計画(パラレルクエリ)を作成できます。パラレルクエリはPostgreSQL 9.6で導入され、バージョンアップを積み重ねるごとにパラレルクエリに対応したノードも増えています。

表17.7 並列処理に関連するノード一覧

ノード名	説明	対応開始バージョン
Parallel Seq Scan	テーブルスキャンを並列実行する	9.6
Parallel Index Scan	インデックススキャンを並列実行する(パラレルスキャンに対応しているのはbtreeインデックスのみ)	10
Parallel Index Only Scan	インデックスオンリースキャンを並列実行する(パラレルスキャンに対応しているのはbtreeインデックスのみ)	10
Parallel Bitmap Heap Scan	ビットマップスキャンを並列実行する(パラレルスキャンに対応しているのはbtreeインデックスのみ)	10
Nested Loop	外側テーブル1行のデータに対して、内側テーブルをN並列で評価する(Gatherノードで集約されるため)	9.6
Parallel Hash Join	内側テーブルのハッシュを作成し、ハッシュに基づいて外側テーブルを並列に評価する	9.6
Merge Join	結合条件でソートされたテーブルを、各プロセスが分担して並列に評価する	10
Finalize Aggregate	並列処理する各プロセスが生成した部分的な結果を1つに集約する	9.6
Partial Aggregate	並列処理する各プロセスの処理結果を一時的・部分的に集約する	9.6
Gather	並列に実行した処理結果を集約する	9.6
Gather Merge	結果のソートが必要な場合に、並列に実行した処理結果をマージしながら集約する	10
Parallel Append	並列実行された複数のスキャン結果を統合する	11

PostgreSQLのどのバージョンからパラレルクエリが利用できるようになったのか、**表17.7**にまとめます。

17.4.2：パラレルクエリのチューニング

パラレルクエリを利用するために特別な設定を行う必要はありませんが、狙った箇所だけを並列に実行することはできず、設定パラメータに基づいたコスト計算によって自動的に並列処理が行われます。ユーザがチューニング可能な設定パラメータには、並列動作するワーカプロセス数、並列処理に伴うコスト計算の基礎数値があります。設定可能なパラメータを**表17.8**にまとめます。

表17.8　パラレルクエリのチューニングパラメータ

設定項目	デフォルト値	説明
parallel_setup_cost	1000	パラレルワーカプロセスを起動するコスト（seq_page_cost(1.0)との相対的なコストを指定）
parallel_tuple_cost	0.1	1タプルをあるワーカプロセスから別のワーカプロセスにコピーするコスト（seq_page_cost（1.0）との相対的なコストを指定）
min_parallel_table_scan_size	8MB	テーブルスキャンを並列処理するための下限のテーブルサイズ（PostgreSQL 9.6では項目名「min_parallel_relation_size」）
min_parallel_index_scan_size	512kB	インデックススキャンを並列処理するための下限のインデックスサイズ（PostgreSQL 10以降で設定可能）
force_parallel_mode	off	（実験的パラメータ）性能によらず強制的に並列処理の実行計画を作成するか否か（PostgreSQL 14で廃止）
max_worker_processes	8	システムがサポートするバックグラウンドプロセスの上限（設定反映にはPostgreSQLの再起動が必要）
max_parallel_workers	8	パラレルクエリ用にシステムがサポートするワーカ数の上限。max_worker_processesが上限となる
max_parallel_workers_per_gather	2	GatherまたはGather Mergeノード1つに対して起動できるパラレルクエリのワーカ数の上限。デフォルトの場合2並列でパラレルクエリを実行できる。max_worker_processesが上限となる
max_parallel_maintenance_workers	2	CREATE INDEXとVACUUMが利用するワーカプロセスの上限。max_parallel_workers_per_gatherとmax_worker_processesの利用数を共有しており、どちらかが動作している間は実行可能な数が制限される
parallel_leader_participation	on	並列処理にリーダプロセスも参加するか否か。onにすると並列度は上がるが、リーダプロセスが担当する処理が終わるまで次のノードに結果を返せず、クエリ全体の処理時間は必ずしも早くなるわけではない

狙ったとおりにパラレルクエリが実行できない場合にはパラメータ設定を見直します。max_worker_processes以外のパラメータは、セッション内のSETコマンドでも設定更新が可能です。

また、パラレルクエリが拡張されてきた結果、テーブルのパーティショニング(宣言的パーティショニング)がより効果的に利用できるようになっています。時刻をキーにパーティショニングが行われているテーブル(**コマンド17.29**)に対して、範囲指定で問い合わせ(**コマンド17.30**)を行うと、指定範囲外のデータしか持たないテーブルは問い合わせ実行の対象から除外(パーティションプルーニング)され、指定範囲内のデータを持つ子テーブルに対してのみパラレルスキャンが行われます。

コマンド17.29　1年単位で分割されたordersテーブル

```
=# \d+ orders ⏎
                                          Partitioned table "public.orders"
     Column      |          Type          | Collation | Nullable | Default | Storage  |
Compression | Stats target | Description
-----------------+-----------------------+-----------+----------+---------+----------
+-------------+--------------+-------------
 o_orderkey      | integer               |           | not null |         | plain    |
|             |
 o_custkey       | integer               |           | not null |         | plain    |
|             |
 o_orderstatus   | character(1)          |           | not null |         | extended |
|             |
 o_totalprice    | numeric(15,2)         |           | not null |         | main     |
|             |
 o_orderdate     | date                  |           | not null |         | plain    |
|             |
 o_orderpriority | character(15)         |           | not null |         | extended |
|             |
 o_clerk         | character(15)         |           | not null |         | extended |
|             |
 o_shippriority  | integer               |           | not null |         | plain    |
|             |
 o_comment       | character varying(79) |           | not null |         | extended |
|             |
 o_ref           | text                  |           |          |         | extended |
|             |
Partition key: RANGE (o_orderdate)
Indexes:
    "orders_pkey" PRIMARY KEY, btree (o_orderkey, o_orderdate)
Partitions: orders_2014 FOR VALUES FROM ('2014-01-01') TO ('2015-01-01'),
```

（前ページからの続き）

```
            orders_2015 FOR VALUES FROM ('2015-01-01') TO ('2016-01-01'),
            orders_2016 FOR VALUES FROM ('2016-01-01') TO ('2017-01-01'),
            orders_2017 FOR VALUES FROM ('2017-01-01') TO ('2018-01-01'),
            orders_2018 FOR VALUES FROM ('2018-01-01') TO ('2019-01-01'),
            orders_2019 FOR VALUES FROM ('2019-01-01') TO ('2020-01-01'),
            orders_2020 FOR VALUES FROM ('2020-01-01') TO ('2021-01-01'),
            orders_default DEFAULT
```

コマンド17.30　ordersテーブルの範囲指定の問い合わせ

```
=# EXPLAIN SELECT * FROM orders WHERE o_orderdate >= '2017-08-01' ⮐
AND o_orderdate < '2019-07-31'; ↵
                                QUERY PLAN
-----------------------------------------------------------------------------
 Gather  (cost=1.00..632.69 rows=9251 width=108)
   Workers Planned: 2
   ->  Parallel Append  (cost=0.00..631.69 rows=3855 width=108)
         ->  Parallel Seq Scan on orders_2017 orders_1
             (cost=0.00..206.07 rows=1146 width=108)
               Filter: ((o_orderdate >= '2017-08-01'::date) AND
               (o_orderdate < '2019-07-31'::date))
         ->  Parallel Seq Scan on orders_2019 orders_3
             (cost=0.00..205.16 rows=1618 width=108)
               Filter: ((o_orderdate >= '2017-08-01'::date) AND
               (o_orderdate < '2019-07-31'::date))
         ->  Parallel Seq Scan on orders_2018 orders_2
             (cost=0.00..201.18 rows=2678 width=108)
               Filter: ((o_orderdate >= '2017-08-01'::date) AND
               (o_orderdate < '2019-07-31'::date))
(9 rows)
```

17.4.3：集約関数・集約処理の使用

プランナが並列に実行可能であると判断できれば、パラレルクエリ内で集約関数や集約処理を扱うことも可能です（**コマンド17.31**）。この問い合わせでは各パーティションでGROUP BY句と集約関数（avg）を実行し、中間集計（Partial HashAggregate）を行い、各パーティションの結果を集約（Gather Merge）し、再集計（Finalize GroupAggregate）を行っています。

集約関数を再計算するオーバヘッドは発生しますが、この問い合わせでは、5レコード×2ワーカの再計算を行うのみでよいため、並列化の効果が大きく高速な実行計画となっています。

コマンド 17.31　パラレルクエリの集約処理と実行計画

```
●問い合わせ結果
=# SELECT o_orderpriority, avg(o_totalprice) as average_price FROM orders WHERE ↗
o_orderdate >= '2017-08-01' AND o_orderdate < '2019-07-31' GROUP BY o_orderpriority; ↵
 o_orderpriority |    average_price
-----------------+--------------------
 1-URGENT        | 149705.623366013072
 2-HIGH          | 149772.481916932907
 3-MEDIUM        | 152250.179147788565
 4-NOT SPECIFIED | 152465.949566148902
 5-LOW           | 149678.101430948419
(5 rows)

●実行計画
=# EXPLAIN SELECT o_orderpriority, avg(o_totalprice) as average_price FROM orders ↗
WHERE o_orderdate >= '2017-08-01' AND o_orderdate < '2019-07-31' GROUP BY o_orderpriority;
↵
                                  QUERY PLAN
-----------------------------------------------------------------------------
 Finalize GroupAggregate  (cost=652.11..652.37 rows=5 width=48)
   Group Key: orders.o_orderpriority
   ->  Gather Merge  (cost=652.11..652.23 rows=10 width=48)
         Workers Planned: 2
         ->  Sort  (cost=651.09..651.10 rows=5 width=48)
               Sort Key: orders.o_orderpriority
               ->  Partial HashAggregate  (cost=650.97..651.03 rows=5 width=48)
                     Group Key: orders.o_orderpriority
                     ->  Parallel Append  (cost=0.00..631.69 rows=3855 width=24)
                           ->  Parallel Seq Scan on orders_2017 orders_1
                           (cost=0.00..206.07 rows=1146 width=24)
                             Filter: ((o_orderdate >= '2017-08-01'::date)
                             AND (o_orderdate < '2019-07-31'::date))
                           ->  Parallel Seq Scan on orders_2019 orders_3
                           (cost=0.00..205.16 rows=1618 width=24)
                             Filter: ((o_orderdate >= '2017-08-01'::date)
                             AND (o_orderdate < '2019-07-31'::date))
                           ->  Parallel Seq Scan on orders_2018 orders_2
                           (cost=0.00..201.18 rows=2678 width=24)
                             Filter: ((o_orderdate >= '2017-08-01'::date)
                             AND (o_orderdate < '2019-07-31'::date))
(15 rows)
```

17.5　実行計画の見方

実行計画には、処理単位のノード情報とプランナが見積もった数値が表示

表17.9　各ノード共通の表示項目

表示項目	項目名	説明
cost=N.NN..M.MM	始動コスト（N.NN）	1件目のデータを返却できるようになるまでにかかるコスト
	総コスト（M.MM）	すべてのデータを返却するまでにかかるコスト
width=N	行長	ノードが返却する1行あたりの平均の行の長さ
rows=N	行数	ノードが返却する行数

されています。すべてのノードで**表17.9**の見積もり値が表示されます。

17.5.1：処理コストの見積もり

シーケンシャルスキャンのように事前の準備が必要ないノードの場合、始動コストは「0」になります（**コマンド17.32**）。しかし、インデックススキャンの場合は、先にインデックスを検索してから1件目のデータを取り出すので、始動コストは「0」になりません（**コマンド17.33**）。

また、ソートやハッシュなどのノードは、いったんすべてのデータを読み切るまで1件目の結果を返せないため、始動コストは大きくなります。総コストは、ノードのすべての処理を実行するのに必要なコストです。実行計画は階層構造を取っており、下位ノードのコストは自動的に上位ノードに加算されます。

なお、始動コストが大きいこと自体は問題とはいえず、総コストがどの程

コマンド17.32　シーケンシャルスキャンの場合

```
=# EXPLAIN SELECT * FROM emp; ⏎
                    QUERY PLAN
---------------------------------------------------
 Seq Scan on emp  (cost=0.00..4.04 rows=4 width=14)
                         ↑
(1 row)
```

コマンド17.33　インデックススキャンの場合

```
h=# EXPLAIN SELECT * FROM emp ORDER BY did; ⏎
                              QUERY PLAN
------------------------------------------------------------------------
 Index Scan using emp_did_idx on emp  (cost=0.13..12.19 rows=4 width=14)
                                              ↑
(1 row)
```

度増加したのかが重要です。コスト値から実行計画上の問題点を見つけ出すときは、どのような実行計画が実行されているかだけでなく、どのノードでコストが増加したのかに注目します。

行長と行数

行長は、テーブルを構成する列のデータ型の長さを足し合わせたものです。たとえば、integer型の列が2つのテーブルなら行長は必ず「8」になります。しかし、text型のように長さが不定の場合には、ANALYZEで統計情報を収集しておかないと妥当な値が表示されません。行数は総コストを求めるうえで大きな影響があるため、統計情報を取得していない状態での実行計画は不正確なものになります。

行長と行数を手動で確認する場合は、pg_statsビューとシステムカタログ「pg_class」を参照します（**コマンド17.34、コマンド17.35**）。なお、プランナがコストを推定する場合は、システムカタログ「pg_statistic」を参照しています。

17.5.2：処理コスト見積もりのパラメータ

始動コスト、総コストはノードごとの計算式が存在します。計算式に利用するコスト調整パラメータ（**表17.10**）を変更することでコスト見積もりをチューニングできます。

コスト調整パラメータの各項目はseq_page_cost（初期値：1.0）との相対値

コマンド17.34　行長の参照例

```
=# SELECT tablename, attname, avg_width FROM pg_stats WHERE tablename = 'emp'; ⏎
 tablename | attname | avg_width
-----------+---------+-----------
 emp       | eid     |         4
 emp       | ename   |         6
 emp       | did     |         4
(3 rows)
```

コマンド17.35　行数の参照例

```
=# SELECT relname, reltuples FROM pg_class WHERE relname = 'emp'; ⏎
 relname | reltuples
---------+-----------
 emp     |         4
(1 row)
```

表17.10　設定ファイルのコスト調整パラメータ

設定項目	初期値	説明
seq_page_cost	1.0	ディスクをシーケンシャルアクセスするときに1ページ分(8KB)を読み込むための時間を表すコスト(seq_page_cost = 1.0を基準値にする)
random_page_cost	4.0	ディスクをランダムアクセスするときに1ページ分(8KB)を読み込むための時間を表すコスト値(ディスクのシーケンシャル呼び出しとの相対値で4倍の時間がかかると想定)
cpu_tuple_cost	0.01	ヒープデータ1行あたりのCPU処理にかかる時間を相対値で表すコスト値
cpu_index_tuple_cost	0.005	インデックスデータ1行あたりのCPU処理にかかる時間を相対値で表すコスト値
cpu_operator_cost	0.0025	WHERE句などで「=」や「>」などの演算1回の処理にかかる時間を相対値で表すコスト値
parallel_setup_cost	1000	パラレルワーカのプロセス起動・各種初期化を行うためにかかる時間を相対値で表すためのコスト値
parallel_tuple_cost	0.1	1行分のデータをワーカプロセスから別のワーカプロセスにコピーするのにかかる時間を相対値で表すコスト値
effective_cache_size	4GB	ディスクアクセス時のキャッシュヒット率を予想するために用いる値で、PostgreSQLが利用していると仮定できるメモリサイズを設定する

で指定することが推奨されています。ディスクからシーケンシャルアクセスで8KBのデータを読み込む時間をコスト1.0とした場合に、ほかの処理にかかる時間の相対値を各設定項目のコストとして設定します。

また、effective_cache_sizeはほかの項目とは違い、問い合わせ時のキャッシュヒット率を予測するためのパラメータです。effective_cache_sizeに設定する値は、共有バッファだけでなく、OSのファイルキャッシュやディスクキャッシュなども考慮して設定します。サーバ上にPostgreSQL以外に動作するアプリケーションがない場合は、物理メモリの50%程度の値を設定するとよいでしょう。設定値を大きくしても、実際にメモリを確保することはなく、あくまでもキャッシュヒット率からディスクアクセス発生率を推定するためのヒントとして利用されます。

なお、コスト調整パラメータはSETコマンドで特定の問い合わせだけ調整することもできますが、設定値は経験的に利用されてきた値であり、意図的にコストを変えたい場合を除いて変更しないほうが安全です。また、postgresql.confファイルに定義されているデフォルト値の変更も推奨されていません(あらゆる問い合わせに影響を与えてしまいます)。

17.6　処理コスト見積もりの例

実行計画がコスト調整パラメータをどのように使っているのかを、1,000万件のランダムなint値を持つテーブル(random_t)をサンプルとして説明します。random_tテーブルの統計情報は**コマンド17.36**、**コマンド17.37**のようになっており、random_tテーブルはサイズが「44,248ページ」(358,231,808 = 44,248 × 8kB)で「1e+07」(=10,000,000)レコードを持っていて、値は「0〜10」で、それぞれの値の出現率について概算値が記録されていることが分かります。

実行計画の作成では、これらの値を利用してコストを計算しています。

17.6.1：シンプルなシーケンシャルスキャンの場合

実行計画は**コマンド17.38**で、コストは**リスト17.2**の計算式で求められます。始動コストはシーケンシャルスキャンのため「0」であり、総コストはディスクI/Oのコストと行単位のデータ処理に必要なCPUコストの和で算出します。行長(width)と行数(rows)は統計情報を参照した推定値が表示されます。

17.6.2：条件付きシーケンシャルスキャンの場合

実行計画は**コマンド17.39**で、**リスト17.3**の計算式で求められます。始動

コマンド17.36　random_tテーブルのサイズに関する統計情報

```
=# SELECT relname,relpages,reltuples FROM pg_class WHERE relname LIKE 'random_t%'; ↵
    relname     | relpages |  reltuples
----------------+----------+--------------
 random_t       |    44248 |        1e+07
 random_t_i_idx |     8463 | 9.999977e+06
(2 rows)
```

コマンド17.37　random_tテーブルのカラムに関する統計情報

```
=# SELECT tablename , attname , avg_width , most_common_vals , most_common_freqs ↗
FROM pg_stats WHERE tablename LIKE 'random_t'; ↵
-[ RECORD 1 ]-----+------------------------------------------------------------------
------------------------------------------
tablename         | random_t
attname           | i
avg_width         | 4
most_common_vals  | {8,7,5,2,4,9,3,1,6,0,10}
most_common_freqs | {0.1026,0.10233333,0.101066664,0.1,0.09996667,0.09916667,0.09903333,0.0
9786667,0.09713333,0.050833333,0.05}
```

コマンド 17.38　random_t テーブルのシーケンシャルスキャンの実行計画

```
=# EXPLAIN SELECT * FROM random_t; ↵
                              QUERY PLAN
-------------------------------------------------------------------
 Seq Scan on random_t  (cost=0.00..144248.00 rows=10000000 width=4)
(1 row)
```

リスト 17.2　random_t テーブルのシーケンシャルスキャンのコスト計算式

```
始動コスト          = 0
総コスト  = (seq_page_cost * relpages) + (cpu_tuple_cost * reltuples)
          = (1.0 * 44,248) + (0.01 * 10,000,000)
                    = 44,248 + 100,000
                    = 144,248
行長(width)         = avg_width = 4
行数(rows)          = reltuples = 10,000,000
```

コマンド 17.39　random_t テーブルの条件付きシーケンシャルスキャンの実行計画

```
=# EXPLAIN SELECT * FROM random_t WHERE i = 4 ; ↵
                              QUERY PLAN
-----------------------------------------------------------------
 Seq Scan on random_t  (cost=0.00..169248.00 rows=999667 width=4)
   Filter: (i = 4)
(2 rows)
```

リスト 17.3　random_t テーブルの条件付きシーケンシャルスキャンのコスト計算式

```
始動コスト          = 0
総コスト            = (seq_page_cost * relpages) + (cpu_tuple_cost * reltuples) +
( cpu_operator_cost * 条件式の数 * reltuples )
          = (1.0 * 44,248) + (0.01 * 10,000,000) + (0.0025 * 1 * 10,000,000)
          = 44,248 + 100,000 + 25,000
          = 169,248
行長(width)         = avg_width = 4
行数(rows)          = reltuples * 選択性※ = 10,000,000 * 0.09996667 ≒ 999,667
   ※選択性(selectivity) = most_common_valsの値4の添え字にあるmost_common_freqs = (
     0.09996667 )
```

コストは条件なしの場合と同じで、総コストは条件を判定する回数分のコストが加算されます。行長(width)と行数(rows)は統計情報を参照した推定値が表示されます。

17.6.3：ソート処理の場合

実行計画は**コマンド17.40**で、**リスト17.4**の計算式で求められます。ソートのコスト計算は、LIMIT句の有無やソートするデータサイズによって計算式が異なります。**リスト17.4**は、LIMIT句がなくデータサイズがクイックソート可能なケースです。始動コストには、クイックソートの計算量である「行数×LOG2(行数)」が計上されています。

なお、データサイズが大きくクイックソートにできない場合は、メモリサイズで分割したマージソートを行います。マージソートの場合は、CPUコストである「行数×LOG2(行数)」に加えて、ファイルへの読み書きのコストが計算式に追加されます。

17.6.4：インデックススキャンの場合

実行計画は**コマンド17.41**です。インデックススキャンの場合は、インデックスの探索後にテーブルデータにアクセスするため、大きく分けて4つのコス

コマンド17.40　random_tテーブルのソートの実行計画

```
=# EXPLAIN SELECT i FROM random_t ORDER BY i; ↵
                              QUERY PLAN
-------------------------------------------------------------------------
 Sort  (cost=1306922.83..1331922.83 rows=10000000 width=4)
   Sort Key: i
   ->  Seq Scan on random_t  (cost=0.00..144248.00 rows=10000000 width=4)
(3 rows)
```

リスト17.4　random_tテーブルのソートのコスト計算式

```
始動コスト          = シーケンシャルスキャンの総コスト + ソートのコスト((2 * cpu_
operator_cost) * 行数 * LOG2(行数))
          = 144,248 + (2 * 0.0025) * 10,000,000 * LOG2(10,000,000)
          = 144,248 + (0.005 * 10,000,000 * 23.2534966)
          = 144,248 + 1,162,674.83
          = 1,306,922.83
総コスト  = 始動コスト + (cpu_operator_cost * 行数)
          = 1,306,922.83 + (0.0025 * 10,000,000)
          = 1,306,922.83 + 25,000
          = 1,331,922.83
行長(width)        = avg_width = 4
行数(rows)         = 行数 = 10000000
```

コマンド17.41　random_tテーブルのインデックススキャンの実行計画

```
=# EXPLAIN SELECT * FROM random_t WHERE i = 4; ↵
                              QUERY PLAN
--------------------------------------------------------------------------
 Index Scan using random_t_i_idx on random_t  (cost=0.43..196436.30
 rows=999667 width=4)
   Index Cond: (i = 4)
(2 rows)
```

ト（インデックスの「ディスクアクセスコスト」「CPUコスト」、テーブルデータの「ディスクアクセスコスト」「CPUコスト」）を計算します。計算式は非常に複雑であるため、最もよく利用されるB-treeインデックスでのコスト算出時の主な要素について説明します。

インデックスのディスクアクセスコスト

B-treeインデックスは木構造であるため、本来はルートページからリーフページまでを辿るコストが発生しますが、計算式ではディスクアクセスのコストとして計上していません。ルートページなどアクセス頻度の高いデータは、共有バッファに格納済みであると仮定しているため、コストの大きなディスクアクセスのコストではなく、CPUコストとして計上します。

また、そのほかのインデックスページも一定量が共有バッファに載っていると仮定しているため、「effective_cache_size」を考慮した特殊な係数をかけて、1ページあたりのコストを小さく見積もっています。

インデックスのCPUコスト

「cpu_operator_cost」と「cpu_index_tuple_cost」を使って1行あたりの処理コストを計算し、選択性を考慮したインデックス行数(rows)を乗算することで算出しています。1行あたりの処理コスト計算では、インデックス検索の条件数のほかに、ソートを考慮したコストも調整しています。

テーブルデータのディスクアクセスコスト

インデックスの並び順とテーブルの並び順がどれくらい揃っているかを考慮して計算します。並び順はpg_statsビューの「correlation」で確認できます（**コマンド17.42**）。correlationは-1〜1の間で表現され、1に近いほどインデックスとテーブルの間の並び順が揃っていることを示しています。

コマンド17.42　pg_statsビューの「correlation」

```
=# SELECT tablename, attname, correlation FROM pg_stats WHERE tablename ⤶
LIKE 'random_t'; ↵
 tablename | attname | correlation
-----------+---------+-------------
 random_t  | i       | 0.091295615
(1 row)
```

correlationによって、1ページあたりの読み込みコストが「seq_page_cost」〜「random_page_cost」の間で変動します。ディスクアクセスはcorrelationが1に近いほどシーケンシャルになりやすいため、コストも小さくなるように調整されます。

テーブルデータのCPUコスト

テーブルデータのCPUコストの計算はシーケンシャルスキャンの計算式と同じです。ただし、インデックスで判定済みの条件式は、すでにインデックスのCPUコストとして計上されているため、テーブルデータのCPUコスト計算からは除外されます。**コマンド17.41**の「i=4」という条件は、インデックス側で処理されるのでテーブルデータのCPUコストとしては計上されていません。

17.6.5：見積もりと実行結果の差

プランナが選択する実行計画は見積もり値であり、実際に期待する性能が出ているかは判定できません。また、ソートノードのように実行して初めて確認できる情報も存在します。

EXPLAINコマンドにANALYZEオプションを付与すると、実際に問い合わせが実行され、その結果として**表17.11**の付加情報が表示されます。これらの情報は、プランナがどの程度正しい見積もりをしていたかを確認するた

表17.11　ANALYZE実行時の表示項目

表示項目	項目名	説明
actual time=N.NN..M.MM	始動時間(N.NN)	1件目のデータを取得するまでにかかった時間(ミリ秒)
	総実行時間(M.MM)	すべてのデータを取得するまでにかかった時間(ミリ秒)
rows=N	行数(N)	ノードが返却した行数
loops=N	ノード実行回数(N)	ノードの実行回数

めに使います。

なお、**コマンド17.43**は統計情報が取得できていないテーブルに対して実行した実行計画です。Nested Loopで結合され、行数(rows)が非常に大きな値(4610400)に見積もられています。しかし、EXPLAIN ANALYZEの結果であるrowsを見るとわずかに2行であり、見積もりと実行結果が大きく乖離しています。また、本来必要のないパラレルスキャンも行われてしまい、問い合わせの実行時間も遅くなっています。

同じ問い合わせを統計情報の取得後に改めて実行すると**コマンド17.44**のように変わります。ノード構造が変わり、パラレルスキャンが不要な実行計画に改善されています。統計情報の精度によってノードの構造自体も大きく変わり、総実行時間に対する影響も無視できないものになるため、統計情報の定期的な取得は重要です。

コマンド17.43　統計情報が取得できていないテーブルの実行計画

```
=# EXPLAIN ANALYZE SELECT * FROM t1, t2; ↵
                              QUERY PLAN
-------------------------------------------------------------------------------
 Nested Loop  (cost=1.00..57686.47 rows=4610400 width=20)
 (actual time=0.395..7.277 rows=2 loops=1)
   ->  Seq Scan on t2  (cost=0.00..30.40 rows=2040 width=12)
       (actual time=0.008..0.011 rows=1 loops=1)
   ->  Materialize  (cost=1.00..31.72 rows=2260 width=8)
       (actual time=0.383..7.260 rows=2 loops=1)
         ->  Gather  (cost=1.00..20.42 rows=2260 width=8)
             (actual time=0.371..7.246 rows=2 loops=1)
               Workers Planned: 2
               Workers Launched: 2
               ->  Parallel Seq Scan on t1  (cost=0.00..19.42 rows=942 width=8)
             (actual time=0.001..0.002 rows=1 loops=3)
 Planning Time: 0.210 ms
 Execution Time: 7.388 ms
(9 rows)
```

コマンド17.44　統計情報を取得した後の実行計画

```
pgbench=# ANALYZE t1; ↵
ANALYZE
pgbench=# ANALYZE t2; ↵
ANALYZE
pgbench=# EXPLAIN ANALYZE SELECT * FROM t1, t2; ↵
                              QUERY PLAN
```

(前ページからの続き)

```
--------------------------------------------------------------------------
 Nested Loop  (cost=0.00..2.05 rows=2 width=20)
 (actual time=0.011..0.013 rows=2 loops=1)
   ->  Seq Scan on t2  (cost=0.00..1.01 rows=1 width=12)
       (actual time=0.005..0.005 rows=1 loops=1)
   ->  Seq Scan on t1  (cost=0.00..1.02 rows=2 width=8)
       (actual time=0.003..0.003 rows=2 loops=1)
 Planning Time: 0.129 ms
 Execution Time: 0.079 ms
(5 rows)
```

鉄則

- ☑ **環境に合わせて最適な実行計画になるよう設定を見直します。**
- ☑ **スロークエリの特定にはauto_explainなどのモジュールも活用します。**

第18章 パフォーマンスチューニング

本章では、データベース利用時を想定したパフォーマンスチューニングを「スケールアップ」「パラメータチューニング」「クエリチューニング」に分類し、実例を挙げながら説明します。

18.1　事象分析

システムのどのような事象であっても、最初に行うべき作業は何が起こっているのか情報を集めることです。監視項目の設定(第9章)や実行計画の取得(第17章)、ログデータの保管などがありますが、PostgreSQLに特化した特殊なものを除けば、一般的なシステムと大きく変わりません。対策を怠っていると分析に必要な情報がなく、偶発的に発生した事象が何日かけても再現させられない状況になってしまう場合もあり得ます。

18.1.1：PostgreSQLログの取得

何らかのエラーが発生した場合はログにエラー情報が出力されますが、パフォーマンス低下の情報は必ずしも出力されるわけではありません。

実際のサービス環境では、サーバの負荷を抑えるために、あえてログレベルを「ERROR」や「WARNING」に設定して出力量を減らすケースもあります。パフォーマンス低下の前兆といえるログは、必ずしも「ERROR」や「WARNING」のレベルで出力されるわけではないので、取得したログが役に立たないこともあり得ます。このような場合は、保守／検証用の擬似的な環境でサービス環境とは異なるログレベルにしておく対策も検討するとよいでしょう。

18.1.2：テーブル統計情報の取得

自動バキュームでの統計情報の取得はデフォルトで有効になっているため、意識的に設定変更しない限り、定常的に最新の統計情報へと更新されています。

パフォーマンスが問題になるのは、システムの稼働期間がかなり経過してからというのも珍しくありません。稼働直後は快適に動いていたのに、徐々に動作が遅くなってきた場合は、過去と現在で何が変わったのかを比較したくなります。しかし、PostgreSQL自身はこのような比較をする仕組みがありません。

PostgreSQLの統計情報はシステムカタログに保存されているので、定期的に統計情報を保存しておけば後で比較できます。取得する統計情報がどの程度変化するかはシステム次第ですが、あまり大きなサイズではないので、月次でダンプするようにしておくのもよいでしょう。

現在の統計情報だけで問題箇所を見つけるには専門的な知識や経験が必要ですが、過去の統計情報と比較して変化のある部分を見つけることは比較的簡単です。変化した場所を特定できるだけでも分析には有効です。

18.1.3：クエリ統計情報の取得

データベースのパフォーマンスが問題になるケースで多いのは「クエリのレスポンスが遅い」という事象です。

クエリ統計情報の取得には、クエリの処理時間、発行回数などを記録する「pg_stat_statements」や、関数の統計情報を記録している「pg_stat_user_functions」を使います。pg_stat_statementsは拡張モジュールで提供されています。テーブル統計情報と同じように、定期的にダンプしておくと問題箇所の特定に役立つでしょう。クエリ統計情報は、問題解決に向けたチューニングの第一歩にもなる有効な情報です。

また、PostgreSQL 13以降は「log_statement_sample_rate」設定を利用できるようになりました。この設定でログ出力割合を設定しておくことで、問題が起こる前にクエリパフォーマンスの傾向をログファイルの肥大化を抑えつつ把握できるようになりました。

18.1.4：システムリソース情報の取得

主な取得対象は/sys/proc配下のシステムリソース情報であり、`vmstat`や`sar`コマンドで取得可能です。可視化や通知機能を持った監視製品やサービスを利用してもよいでしょう。

18.2 事象分析の流れ

パフォーマンスチューニングが必要になる場面では、「アプリケーションのレスポンスが悪い」など、データベース管理者にとっては問題箇所の予測が難しいこともしばしば発生します。ここでは、どのような場面でも適切にチューニングするための流れを整理します(**図18.1**)。

❶情報を取得する

問題が発生した際のログファイルやリソース情報以外に、発生時の状況(いつ、誰が、どのような操作をしていたか)や各種設定ファイル、さらにデータベースのサイズやシステムの運用期間など、基本的な情報はあらかじめ取得しておきます。

❷事象を分析する

問題が発生した前後のログに、何らかのメッセージが出ていないか確認します。問題の原因は出力されたメッセージ(現象)とは直結しないこともあるので、統計情報やリソース情報を多角的に分析します。

❸原因を絞り込む

ソフトウェア/ハードウェアの両面に着目します。ソフトウェア面では、問題のあるSQLが1つだけなのか、複数あるのかにも着目し、問題のある

図18.1　チューニングの作業フロー

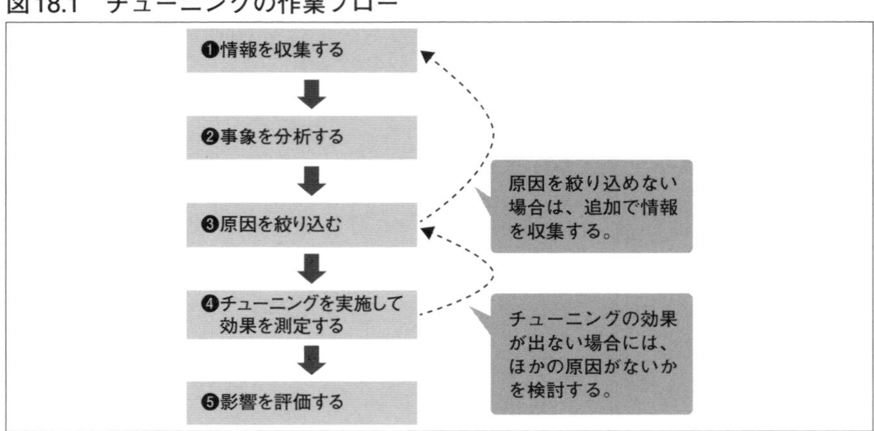

SQLが判明すれば対策を講じます。特別に問題のあるSQLが見つからない場合には、PostgreSQL側なのか、ハードウェア側なのかさらに絞り込みます。ハードウェア面では、ディスクI/Oの負荷状態やスワップの発生有無を重点的にチェックします(データベースはディスクI/Oがボトルネックになりやすいためです)。

❹チューニングを実施して効果を測定する

チューニングする対象は事象や原因によって変わってくるため、パラメータは原則として1つずつ変更します。一度に複数変更すると、効果のあった設定の判定が難しくなります。ただし、postgresql.confファイルには自動バキュームやチェックポイント処理など複数のパラメータが連動しているものもあるので、1つだけ変えても効果が出ないものは併せて変更します。

また、設定値を調整できる場合は、最初に大きく変更して影響を見極めてから微調整するとよいでしょう。

❺影響を評価する

チューニングを実施して問題のあった問い合わせのパフォーマンスが改善されても、たいていの場合、何らかの副作用が発生します。たとえば、特定の問い合わせを高速化するためにインデックスを追加すると、従来よりもメンテナンスコストが増加してしまいます。また、統計精度を上げたことで統計情報の取得に時間がかかることもあります。

最終的には、対処内容が妥当であるのかどうかをシステム全体として評価することを忘れないようにしましょう。

18.3 スケールアップ

ハードウェアの性能は費用対効果の面からも年々良くなってきており、運用しているデータベースをていねいにチューニングするよりも、メモリの増設やHDDからSSDへの置き換えで問い合わせ処理などの性能を大きく向上できるケースが増えてきました。CPUは簡単には拡張できませんが、PostgreSQLではCPUコア数に対する高いスケーラビリティも確保されているため、システム導入時に性能のよいサーバを揃えるだけでかなりの問題が解決できるケースもあります。

近年はデータベースでもクラウドサービスを利用するケースが増え、各種リソースの拡張も柔軟に行えるようになっています。また、クラウド環境で提供されているリソース監視サービスを利用して、ボトルネックになっているリソースの調査を行うこともできます。リソース監視サービスを利用して、不足しているリソースのスケールアップを図るのも1つの対策となるでしょう。

闇雲にスケールアップしても性能が改善するとは限りませんが、ここではスケールアップが有効な例を紹介します。

18.3.1：【事例1】SSDへの置き換えが有効なケース

SSDの特徴の1つはシーク時間[注1]がHDDよりも高速で、ディスクに格納されているデータの取得にかかる時間が安定していることです。シーク時間の差は、ディスクアクセスがランダムになるほど顕著になります。PostgreSQLでは、インデックススキャンの際にはランダムアクセスが発生します。また、パラレルスキャンや宣言的パーティショニングを活用する場合もランダムアクセスが発生します。

HDDからSSDに置き換えた場合は、実行計画に用いるコスト計算用のパラメータも併せて調整します。PostgreSQLのデフォルト設定では、シーケンシャルスキャンとランダムスキャンのコスト比を「1：4」で見積もります。SSDは、シーケンシャルアクセスとランダムアクセスに性能差がほとんどないため、コスト比を「1：1」に近づけます。

コスト比はランダムアクセス(random_page_cost)で調整します。デフォルトは「4.0」ですが、シーケンシャルアクセス(seq_page_cost)と同じ値にするとコスト比も「1：1」になります。コスト調整を省いてしまうと、インデックススキャンが高速でもシーケンシャルスキャンが使われて不要なI/Oを発生させてしまいます。

18.3.2：【事例2】メモリ容量の拡張が有効なケース

データベースでは、ディスクI/Oがボトルネックになる傾向があります。PostgreSQLでは、問い合わせ時にインデックスやテーブルのデータが共有バッファ上に展開されます。メモリ容量の拡張はディスクI/Oが抑えられるため多くのシステムで有効です。

なお、共有バッファのサイズを大きくすると、メモリ管理のCPU負荷が増えるため、LinuxのHugePage設定も併せてチューニングする必要があります

注1　ディスク上の記録位置に到達するまでの所要時間です。

（HugePage設定は第10章を参照）。

18.4　パラメータチューニング

発生した事象に合わせて、postgresql.confファイルのパラメータを調整する方法を見ていきます。

18.4.1：【事例3】work_memのチューニング

PostgreSQLの問い合わせの性能を良くするためには、ディスクI/Oを減らすことが有効です。最も一般的な設定は「shared_buffers」を物理メモリサイズに合わせて調整することです。しかし、「shared_buffers」に余裕があっても、**コマンド18.1**のようなクエリではディスクI/Oが発生することがあります。

コマンド18.1は、約6,000万件のデータを持つlineitemテーブルに対して簡単な集約とソートを処理しています。実行計画と処理時間は**コマンド18.2**のようになっています。

各ノードでパラレルスキャンが行われ、JITも行われているため、やや複雑に処理しているように見えるかもしれませんが、**コマンド18.2**の実行計画で注目したいのは、HashAggregate[注2]ノードとSortノードです。

HashAggregateノードでは、ハッシュ作成のために3プロセス合計で約2GBとかなり大きなディスクを利用しています。また、HashAggregateノードほどではありませんが、Sortノードでもマージソートのために7MBほどのディスクを利用しています。

ソートやハッシュはメモリ上で実行できるほうが高速に処理できますが、クエリで使えるメモリ量はwork_memというパラメータで設定されており、デフォルト値は4MBに設定されています。あらためて実行計画を見てみると、ハッシュ作成に最大926MB、ソート処理に7MB必要としており、work_mem

コマンド18.1　ディスクI/Oが発生するクエリの例

```
=# SELECT l_suppkey , avg(l_discount) FROM lineitem GROUP BY l_suppkey ↗
ORDER BY l_suppkey; ↵
```

注2　HashAggregateがディスクを利用してハッシュ集約を行えるようになったのはPostgreSQL 13からです。PostgreSQL 12まではHashAggregateの代わりにGroupAggregateが利用されましたが、GroupAggregateはソートされたデータしか受け取れないため事前にソートが必要となり、60,000,000件のソート処理を行ってからGroupAggregateを行うという、より非効率な実行計画が選択されていました。

コマンド18.2　コマンド18.1のチューニング前の実行結果

```
=# EXPLAIN ANALYZE SELECT l_suppkey , avg(l_discount) FROM lineitem ⏎
GROUP BY l_suppkey ORDER BY l_suppkey; ⏎
                              QUERY PLAN
----------------------------------------------------------------------------
 Finalize GroupAggregate  (cost=2998282.28..3024473.93 rows=100409 width=36)
 (actual time=25153.677..25570.106 rows=100000 loops=1)
   Group Key: l_suppkey
   ->  Gather Merge  (cost=2998282.28..3021712.68 rows=200818 width=36)
       (actual time=25153.640..25398.031 rows=300000 loops=1)
         Workers Planned: 2
         Workers Launched: 2
         ->  Sort  (cost=2997282.26..2997533.28 rows=100409 width=36)
             (actual time=24925.361..24946.266 rows=100000 loops=3)
               Sort Key: l_suppkey
               Sort Method: external merge  Disk: 6952kB
               Worker 0:  Sort Method: external merge  Disk: 6952kB
               Worker 1:  Sort Method: external merge  Disk: 6952kB
               ->  Partial HashAggregate  (cost=2789670.40..2986193.01
                   rows=100409 width=36) (actual time=14494.012..24857.562
                   rows=100000 loops=3)
                     Group Key: l_suppkey
                     Planned Partitions: 8  Batches: 45  Memory Usage: 4305kB
                       Disk Usage: 529096kB
                     Worker 0:  Batches: 41  Memory Usage: 4305kB
                       Disk Usage: 522872kB
                     Worker 1:  Batches: 41  Memory Usage: 4305kB
                       Disk Usage: 926224kB
                     ->  Parallel Seq Scan on lineitem  (cost=0.00..1383744.40
                         rows=24994240 width=8) (actual time=0.057..3080.412
                         rows=19995351 loops=3)
 Planning Time: 0.108 ms
 JIT:
   Functions: 36
   Options: Inlining true, Optimization true, Expressions true, Deforming true
   Timing: Generation 8.840 ms, Inlining 279.654 ms, Optimization 521.241 ms,
     Emission 327.440 ms, Total 1137.174 ms
 Execution Time: 25631.136 ms
(22 rows)
```

の容量をオーバーしていることが分かります。そこで「work_mem」を1GBまで大きくして、性能が改善されるかを試してみます（**コマンド18.3**）。

ディスクアクセスする必要がなくなり、クエリの実行時間（Execution time）はチューニング前の「25.6秒」から「17.9秒」に短縮されています。

コマンド18.3　コマンド18.1のチューニング途中の実行結果

```
●work_memをSETコマンドで更新
=# SELECT 1024 * 1024 ; ↵
 ?column?
----------
  1048576
(1 row)

=# SET work_mem = 1048576; ↵
SET
=# SHOW work_mem; ↵
 work_mem
----------
 1GB
(1 row)

●クエリ再実行
=# EXPLAIN ANALYZE SELECT l_suppkey , avg(l_discount) FROM lineitem ↗
GROUP BY l_suppkey ORDER BY l_suppkey; ↵
                                QUERY PLAN
---------------------------------------------------------------------------
 Finalize GroupAggregate  (cost=1519312.48..1545504.13 rows=100409 width=36)
 (actual time=17687.873..17966.241 rows=100000 loops=1)
   Group Key: l_suppkey
   ->  Gather Merge  (cost=1519312.48..1542742.88 rows=200818 width=36)
       (actual time=17687.833..17771.878 rows=300000 loops=1)
         Workers Planned: 2
         Workers Launched: 2
         ->  Sort  (cost=1518312.46..1518563.48 rows=100409 width=36)
             (actual time=17657.387..17676.933 rows=100000 loops=3)
               Sort Key: l_suppkey
               Sort Method: quicksort  Memory: 17135kB
               Worker 0:  Sort Method: quicksort  Memory: 17135kB
               Worker 1:  Sort Method: quicksort  Memory: 17135kB
               ->  Partial HashAggregate  (cost=1508715.60..1509970.71
                   rows=100409 width=36) (actual time=17525.473..17617.841
                   rows=100000 loops=3)
                     Group Key: l_suppkey
                     Batches: 1  Memory Usage: 44049kB
                     Worker 0:  Batches: 1  Memory Usage: 44049kB
                     Worker 1:  Batches: 1  Memory Usage: 44049kB
                     ->  Parallel Seq Scan on lineitem  (cost=0.00..1383744.40
                         rows=24994240 width=8) (actual time=0.060..3159.428
                         rows=19995351 loops=3)
 Planning Time: 0.083 ms
 JIT:
```

(前ページからの続き)

```
   Functions: 24
   Options: Inlining true, Optimization true, Expressions true, Deforming true
   Timing: Generation 3.726 ms, Inlining 205.208 ms, Optimization 229.826 ms,
     Emission 199.767 ms, Total 638.527 ms
 Execution Time: 17973.300 ms
(22 rows)
```

work_memのサイズ変更でパフォーマンス向上はできましたが、問題も残っています。work_memはクライアント同時接続数に比例してメモリを必要とします。また、クエリの構造によってはさらにその数倍のメモリを利用してしまうこともあります。仮に100クライアントが同じようなクエリを同時に実行すると、それだけで100GB以上のメモリを利用してしまうことになります。

このような状態になると、サーバの実メモリを超えてwork_memを確保しようとしてしまい、メモリのスワップアウトが発生するために、かえって処理時間が長くなることが起こります。そのため、work_memを1GBに変更するだけでチューニング終了とはなりません。

ここからは、work_mem変更後の実行計画(**コマンド18.3**)を踏まえて、work_memのパラメータの最適値を求めてみましょう。HashAggregateノードでは約45MB、Sortノードでは約17MBのメモリを必要としています。これらの閾値に合わせてwork_memの値を変更してみると**表18.1**のような結果が得られます。

今回のクエリでは、Sortノードがメモリで実行されることで約1秒の実行時間の短縮、HashAggregateでは約6秒の実行時間の短縮ができることが分かります。work_memは1GBも必要はなく、実行時間への影響が大きいHashAggregateをメモリ上で処理できればよいことから、work_memの適正値は45MBとなります。

work_memを45MBにチューニングした場合、もし100クライアントが同時にクエリを発行しても4〜5GBのメモリがあれば問題なく処理できます。4

表18.1　work_mem別の性能比較

work_mem (MB)	処理時間 (秒)	Sortノード	HashAggregateノード
45	18.0	メモリ利用	メモリ利用
17	23.9	メモリ利用	ディスク利用
16	24.7	ディスク利用	ディスク利用

~5GBは決して小さな量とはいえませんが、データベースにアクセスしてくるクライアントが利用するメモリサイズとして現実的な範囲に収まることから、対応策の1つとして採用できるでしょう。

実際には、データベースを運用するにつれてテーブルサイズが大きくなることも考えられますし、100クライアントが同時にwork_memを使い切る可能性は低いとも考えられるため、work_memをあらかじめ「64MB」程度に設定しておくことも有効な対応策です。

表18.1のようなデータを取得しておくと、テーブルサイズが変化した際のチューニング方針を決定するのにも役立てられます。

18.4.2：【事例4】チェックポイント間隔のチューニング

チェックポイント処理が実行されると、その時点の共有バッファの情報がディスクと同期されます。テーブルデータのロード時や更新トランザクションが大量に発行されると、**リスト18.1**のログメッセージが出力されます。

頻繁にチェックポイントが発生すると性能低下の原因となるため、設定値「max_wal_size」を大きくします。デフォルトではチェックポイント間隔が30秒以下になった場合に**リスト18.1**のログメッセージが出力されます。

max_wal_sizeはデフォルト値が「1GB」と大きいですが、チェックポイントが多発するようであればさらに大きな値を設定することを検討してください。

ベンチマークコマンド「pgbench」での性能測定

PostgreSQL付属のベンチマークコマンド「pgbench」を使った、チェックポイント頻度と性能測定の比較結果を**表18.2**に示します。pgbenchのスケールファクタ「100」、クライアント数「100」で、5分間走行した場合の性能を、CPU

リスト18.1　チェックポイント処理が多発する場合に出力されるログ

```
LOG:  checkpoints are occurring too frequently (8 seconds apart)
HINT:  Consider increasing the configuration parameter "max_wal_size".
```

表18.2　pgbenchのスコア比較

スコア（tps）	設定値（max_wal_size）	チェックポイント発生回数
6962	1GB（デフォルト値）	26回
13483	2GB	13回
28203	4GB	0回

数64・メモリ256GB・ディスクSSDという十分なマシンスペックを持ったサーバでpgbench用に最低限のpostgresql.confのチューニングを行って測定しています。

表18.2から、max_wal_sizeを大きくするとチェックポイントの発生回数が減り、データベースの性能が大幅に向上することが分かります。

なお、十分なCPU／メモリ／ディスクリソースを持つサーバでは、max_wal_sizeのデフォルト値(1GB)のままではチェックポイントが多発することになり、サーバの性能を有効活用できなくなってしまいます。実際の運用では、チェックポイントの間隔を監視する閾値を設定する「checkpoint_warning」でログを監視し、チェックポイントが頻繁に発生していないかをチェックしてmax_wal_sizeをチューニングするとよいでしょう。

ただし、max_wal_sizeを大きくすると設定値と同じだけのディスク容量を消費するので、物理設計では設定値に基づいたWAL領域を考慮しておく必要があります。

また、発生するトランザクション量が少なければ「min_wal_size」(デフォルト値：80MB)までディスク消費量を減らすように調整されますが、トランザクションログは自動的に再利用されるので、min_wal_sizeとmax_wal_sizeには同じ値を設定しておくことを推奨します。min_wal_sizeとmax_wal_sizeが同じ値であれば、トランザクションの記録に必要なディスク容量が常に確保済みとなり、不意のディスク枯渇によるトランザクションログの消失を防止できます。

18.4.3：【事例5】統計情報のチューニング

自動バキュームと同様に、統計情報も自動的に取得するように設定されています。統計情報は全データをチェックするのではなく、サンプリングによって求めているため、レコード数が多い場合やデータのバリエーションが多い(＝カーディナリティが高い)データなど、データの出現に偏りがある場合は精度が悪くなってしまいます。

統計情報の精度が悪いと効率のよい実行計画が作成されず、問い合わせに余分な時間がかかることがあります。**コマンド18.4**の実行計画ではテーブルから「476行」を取得すると見積もっていますが、実際の検索結果は「102行」となっており、約4倍の誤差が発生しています。

統計情報のサンプリング数を変更する方法の1つとして、postgresql.confファイルの「default_statistics_target」を書き換えてすべてのテーブルのサンプ

コマンド18.4　精度が不十分な統計情報

```
=# EXPLAIN ANALYZE SELECT * FROM stats_test WHERE i = 8000; ⏎
                                  QUERY PLAN
------------------------------------------------------------------------------
 Bitmap Heap Scan on stats_test  (cost=8.12..1664.31 rows=476 width=8)
 (actual time=0.058..1.015 rows=102 loops=1)
   Recheck Cond: (i = 8000)
   Heap Blocks: exact=101
   ->  Bitmap Index Scan on stats_test_i_idx  (cost=0.00..8.00 rows=476 width=0)
       (actual time=0.036..0.036 rows=102 loops=1)
         Index Cond: (i = 8000)
 Planning Time: 0.188 ms
 Execution Time: 1.071 ms
(7 rows)
```

リング数を変更する方法があります。

default_statistics_targetをデフォルト値(100)から「10,000」に増やして、ANALYZEコマンドで統計情報を更新します。統計情報を調整すると**コマンド18.5**のように見積もり行数が「96行」となり、実際の検索結果に近づくことが分かります。

ただし、postgresql.confファイルの値を更新すると、すべてのテーブルが影響を受けてしまいます。そのため、ALTER TABLE SET STATISTICで特定のテーブルのみサンプリング数を変更するとよいでしょう。

コマンド18.5　サンプリング数を変更した統計情報

```
=# EXPLAIN ANALYZE SELECT * FROM stats_test WHERE i = 8000; ⏎
                                  QUERY PLAN
------------------------------------------------------------------------------
 Bitmap Heap Scan on stats_test  (cost=5.17..369.16 rows=96 width=8)
 (actual time=0.062..1.122 rows=102 loops=1)
   Recheck Cond: (i = 8000)
   Heap Blocks: exact=101
   ->  Bitmap Index Scan on stats_test_i_idx  (cost=0.00..5.15 rows=96 width=0)
       (actual time=0.040..0.040 rows=102 loops=1)
         Index Cond: (i = 8000)
 Planning Time: 0.358 ms
 Execution Time: 1.184 ms
(7 rows)
```

18.4.4：【事例6】パラレルスキャン

パラレルスキャンは、従来は1つのバックエンドプロセスで実行していたテーブルのスキャンを複数のプロセス(パラレルワーカプロセス)で並列に実行する機能です。クエリを複数のプロセスで実行することで空きCPUを効率的に利用できるメリットがありますが、I/O負荷も高くなってしまいます。

パラレルスキャンはパラレルワーカプロセス内で個々に集約処理やテーブル結合を行い、結果をリーダ(バックエンドプロセス)が集約して最終的な実行結果としてクライアントに返却します。

シーケンシャルスキャンの場合

それでは、パラレルスキャンの実行例を見てみましょう。**コマンド18.6**の「lineitem」テーブルにはベンチマーク用の注文データが約6,000万件格納されています。並列数を示す、「Workers Launched」は4となっていますが、実際にはパラレルワーカの4つのプロセスのほかに、リーダとなるプロセスが存在するので5つのプロセスで並列にシーケンシャルスキャンされています。Partial HashAggregateノードでsum(合計値)も並列計算され、Gatherノードで各パラレルワーカプロセスの結果を取りまとめて、Finalize HashAggregateノードで最終的な実行結果を生成しています。

パラレルスキャンを無効化した場合は、**コマンド18.7**のプランが選択されます。**コマンド18.6**では5つのプロセスが並列で処理しましたが、そのまま5倍の高速化ができるわけではなく、実際には3倍程度の高速化になっています(Execution time:が「16239.908 ms」と「47019.175 ms」)。

インデックススキャンの場合

実行するクエリとプランは**コマンド18.8**のとおりです。**コマンド18.6**と同じテーブルで、カラム「l_suppkey」にインデックスを付与しています。「Workers Launched: 4」で5つのプロセスの並列処理になっています。

パラレルスキャンを無効化(**コマンド18.9**)して比べてみると、ここでは約2倍の高速化ができていることが分かります(Execution time:が「432.182 ms」と「825.556 ms」)。

並列処理による分割損の調整

シーケンシャルスキャンとインデックススキャンの実行結果からも分かる

コマンド 18.6　パラレルスキャンの実行例

```
=# EXPLAIN ANALYZE SELECT l_suppkey, sum(l_quantity) FROM lineitem GROUP BY l_suppkey; ⏎
                              QUERY PLAN
---------------------------------------------------------------------------
 Finalize HashAggregate  (cost=1404134.40..1405388.20 rows=100304 width=36)
 (actual time=16171.874..16230.291 rows=100000 loops=1)
   Group Key: l_suppkey
   Batches: 1  Memory Usage: 68625kB
   ->  Gather  (cost=1359749.88..1401125.28 rows=401216 width=36)
       (actual time=15538.551..15672.730 rows=500000 loops=1)
         Workers Planned: 4
         Workers Launched: 4
         ->  Partial HashAggregate  (cost=1358749.88..1360003.68 rows=100304
             width=36) (actual time=15504.848..15577.453 rows=100000 loops=5)
               Group Key: l_suppkey
               Batches: 1  Memory Usage: 44049kB
               Worker 0:  Batches: 1  Memory Usage: 47121kB
               Worker 1:  Batches: 1  Memory Usage: 44049kB
               Worker 2:  Batches: 1  Memory Usage: 44049kB
               Worker 3:  Batches: 1  Memory Usage: 44049kB
               ->  Parallel Seq Scan on lineitem  (cost=0.00..1283767.25
                   rows=14996525 width=9) (actual time=0.017..2668.559
                   rows=11997210 loops=5)
 Planning Time: 0.071 ms
 Execution Time: 16239.908 ms
(16 rows)
```

コマンド 18.7　パラレルスキャンを無効化した場合

```
=# EXPLAIN ANALYZE SELECT l_suppkey, sum(l_quantity) FROM lineitem GROUP BY l_suppkey; ⏎
                              QUERY PLAN
---------------------------------------------------------------------------
 HashAggregate  (cost=2033593.50..2034847.30 rows=100304 width=36)
 (actual time=46961.563..47015.579 rows=100000 loops=1)
   Group Key: l_suppkey
   Batches: 1  Memory Usage: 44049kB
   ->  Seq Scan on lineitem  (cost=0.00..1733663.00 rows=59986100 width=9)
       (actual time=0.008..7384.249 rows=59986052 loops=1)
 Planning Time: 0.054 ms
 Execution Time: 47019.175 ms
(6 rows)
```

コマンド18.8　パラレルスキャン（インデックス利用）の実行例

```
=# EXPLAIN ANALYZE SELECT l_suppkey FROM lineitem WHERE l_suppkey < 10000 ↩
GROUP BY l_suppkey; ⏎
                                QUERY PLAN
----------------------------------------------------------------------------
 Finalize HashAggregate  (cost=110278.85..111273.90 rows=99505 width=4)
 (actual time=425.474..431.191 rows=9999 loops=1)
   Group Key: l_suppkey
   Batches: 1  Memory Usage: 3601kB
   ->  Gather  (cost=1000.57..109283.80 rows=398020 width=4)
       (actual time=0.352..411.755 rows=14440 loops=1)
         Workers Planned: 4
         Workers Launched: 4
         ->  Group  (cost=0.56..68481.80 rows=99505 width=4)
             (actual time=0.028..389.704 rows=2888 loops=5)
               Group Key: l_suppkey
               ->  Parallel Index Only Scan using lineitem_l_suppkey_idx on
                   lineitem  (cost=0.56..64757.43 rows=1489747 width=4)
                   (actual time=0.027..280.183 rows=1199334 loops=5)
                     Index Cond: (l_suppkey < 10000)
                     Heap Fetches: 0
 Planning Time: 0.077 ms
 Execution Time: 432.182 ms
(13 rows)
(20 rows)
```

コマンド18.9　パラレルスキャン（インデックス利用）を無効化した場合

```
=# EXPLAIN ANALYZE SELECT l_suppkey FROM lineitem WHERE l_suppkey < 10000 ↩
GROUP BY l_suppkey; ⏎
                                QUERY PLAN
----------------------------------------------------------------------------
 Group  (cost=0.56..124347.30 rows=99505 width=4) (actual time=0.021..824.971
 rows=9999 loops=1)
   Group Key: l_suppkey
   ->  Index Only Scan using lineitem_l_suppkey_idx on lineitem
       (cost=0.56..109449.84 rows=5958987 width=4) (actual time=0.020..532.271
       rows=5996668 loops=1)
         Index Cond: (l_suppkey < 10000)
         Heap Fetches: 0
 Planning Time: 0.066 ms
 Execution Time: 825.556 ms
```

ように、パラレルスキャンは並列数がそのまま性能向上につながるわけではなく、分割損も発生します。分割損の程度は、サーバのCPU数、CPU性能、ディスク性能のほか、クエリ内容にも影響されます。PostgreSQLでは、並列処理による分割損をクエリの実行コストに反映するためのパラメータがいくつか存在します(設定値は第17章の表17.8を参照)。

1つ目は、パラレルスキャンの並列数の上限を制御するパラメータ「max_parallel_workers」、「max_parallel_workers_per_gather」です。max_parallel_workers_per_gatherのデフォルト値は「2」で、リーダと合わせて最大で3つのプロセスが並列で処理します。

なお、各パラメータの大小関係は次のようになっている必要があり、小さい側の値までしか有効になりません。

```
max_worker_processes >= max_parallel_workers >= max_parallel_workers_per_
gather
```

2つ目は、パラレルスキャンの実行を試みるテーブルサイズ「min_parallel_table_scan_size」とインデックスサイズ「min_parallel_index_scan_size」の下限を決めるパラメータです。PostgreSQLのパラレルスキャンは、かなり小さなテーブルに対しても並列処理を試みます。並列実行しなくても十分なレスポンスが得られているならば、設定値を大きくし、必要のないパラレルスキャンが発生しないようにチューニングしてもよいでしょう。

3つ目は、パラレルスキャンのオーバヘッドを実行計画に反映するパラメータ「parallel_setup_cost」、「parallel_tuple_cost」です。PostgreSQLのクエリプランナが実行計画を作る際に、コスト計算に利用します。コストパラメータはほかのコストパラメータとの相対値で定義するため、影響を判断できる場合にのみ変更すればよく、通常はデフォルト値から変更しません。

テーブルのスキャンや集約処理に時間がかかっているクエリでは、パラレルスキャンを利用することで実行時間を大きく短縮できる可能性があります。当然ですが、もともとのリソース負荷×並列数分のCPUおよびI/Oリソースを消費することになります。

EXPLAINを発行して実行計画のコストを確認したり、EXPLAIN ANALYZEでクエリの実行時間を確認したりすることで、クエリのどの部分で時間がかかっているかを把握し、リソースに余裕があるならば、まず「max_parallel_workers_per_gather」からチューニングしてみるとよいでしょう。

18.5 クエリチューニング

18.5.1：【事例7】ユーザ定義関数のチューニング

SQLを実行する際に、ユーザ定義関数を利用するケースがあります。しかし、ユーザが定義した関数からは、PostgreSQLに対して「どのくらい複雑な処理をしているか」「何行結果を返却するか」という正確な情報が渡りません。そのため効率の悪い実行計画が作成されて、性能が悪くなるケースがあります。

たとえば**コマンド18.10**のようなユーザ定義関数を使ったクエリを実行した場合を見てみます。**コマンド18.11**では、実行計画の時点ではFunctionScanが「1,000行」しか返却しないと見積もっているのに対して、実際には「1,001,594行」の結果が生成されています。

コマンド18.10　ユーザ定義関数のサンプル

```
=# CREATE TYPE foo AS (tid int, delta int); ↵
CREATE TYPE

=# CREATE OR REPLACE FUNCTION user_func() RETURNS SETOF foo AS ↵
-# $$ ↵
$# SELECT t.tid , delta FROM pgbench_tellers AS t , pgbench_history AS h ↗
WHERE t.tid = h.tid ;  $$ LANGUAGE sql; ↵
CREATE FUNCTION
```

コマンド18.11　ユーザ定義関数を利用した場合の実行計画

```
=# EXPLAIN ANALYZE SELECT * FROM user_func() AS f , pgbench_accounts AS a ↗
WHERE aid = tid ; ↵
                                  QUERY PLAN
-----------------------------------------------------------------------------
 Nested Loop  (cost=0.68..2271.75 rows=1000 width=105)
 (actual time=503.551..2091.927 rows=1001594 loops=1)
   ->  Function Scan on user_func f  (cost=0.25..10.25 rows=1000 width=8)
       (actual time=501.718..560.093 rows=1001594 loops=1)
   ->  Index Scan using pgbench_accounts_aid_bid_idx on pgbench_accounts a
       (cost=0.42..2.26 rows=1 width=97) (actual time=0.001..0.001 rows=1
       loops=1001594)
         Index Cond: (aid = f.tid)
 Planning Time: 9.021 ms
 Execution Time: 2132.855 ms
(6 rows)
```

ユーザ定義関数に行数を指定する

実行計画時点の「1,000」は、関数を定義したときに設定される初期値です。実際に返却する行数が「1,000」から大きく異なるとPostgreSQLは最適な実行計画を作成できないので、明示的に返却行数をCREATE FUNCTIONコマンドで指定する必要があります。

コマンド18.12で行数を「1,000,000」と指定した実行計画は**コマンド18.13**です。結合方法はNestedLoopからHashJoinに変わり、実行時間も短縮できました。

しかし、データ量が変化していくとユーザ定義関数が返却する行数も徐々に変わっていきます。現在の関数が何行くらいのデータを返却するかはPostgreSQLは判断ができません。PostgreSQLが統計情報を定期的に取得するように、ユーザ定義関数で取得する行数も一定間隔ごとに確認し、CREATE OR REPLACE FUNCTIONコマンドやALTER FUNCTIONコマ

コマンド18.12　ユーザ定義関数への行数指定

```
=# CREATE OR REPLACE FUNCTION user_func() RETURNS SETOF foo AS ⏎
-# $$ ⏎
$# SELECT t.tid , delta FROM pgbench_tellers AS t , pgbench_history AS h ↗
WHERE t.tid = h.tid ;  $$ LANGUAGE sql ROWS 1000000;   ⏎
CREATE FUNCTION
```

コマンド18.13　ユーザ定義関数に行数を指定した場合の実行計画

```
=# EXPLAIN ANALYZE SELECT * FROM user_func() AS f , pgbench_accounts AS a ↗
WHERE aid = tid ; ⏎
                              QUERY PLAN
---------------------------------------------------------------------------
 Hash Join  (cost=39880.25..52505.26 rows=1000000 width=105)
 (actual time=1174.506..1447.174 rows=1001594 loops=1)
   Hash Cond: (f.tid = a.aid)
   ->  Function Scan on user_func f  (cost=0.25..10000.25 rows=1000000 width=8)
       (actual time=370.888..424.895 rows=1001594 loops=1)
   ->  Hash  (cost=27380.00..27380.00 rows=1000000 width=97)
       (actual time=798.797..798.799 rows=1000000 loops=1)
         Buckets: 1048576  Batches: 1  Memory Usage: 134169kB
         ->  Seq Scan on pgbench_accounts a  (cost=0.00..27380.00 rows=1000000
             width=97) (actual time=0.015..514.679 rows=1000000 loops=1)
 Planning Time: 0.108 ms
 Execution Time: 1494.425 ms
(8 rows)
```

ンドを使って再定義すると、より精度の高いクエリが実行できるでしょう。

pg_stat_user_functionsビュー

PostgreSQLには、ユーザ定義関数がどのくらい時間がかかったかを記録している「pg_stat_user_functions」ビューがあります。デフォルトでは無効になっているので、「track_functions」を「all」もしくは「pl」に設定します。postgresql.confファイルで設定するとすべてのユーザ定義関数に対して保存できますが、SETコマンドでも一時的に有効にできます(**コマンド18.14**)。

pg_stat_user_functionsビューは関数の呼び出し回数と累積時間を記録するため、関数が実行されるごとの処理時間や時間経過による変化を確認できません。大まかな傾向を把握するための情報と考え、詳細な情報はクエリ単位の実行時間をログに記録する「log_min_duration_statement」を併用することが望ましいです。

18.5.2：【事例8】インデックスの追加

システムを運用し続けることでデータ量が多くなってくると、結果を得るために必要なコストや取得する行数が変わってきます。PostgreSQLは統計情報に基づいてコストの小さいクエリを実行しようとするため、実行計画が変化すること自体は必ずしも問題とはなりません。ただし、データ量の増加に伴って問い合わせの性能が低下してしまった場合には、対応方法の1つとしてインデックスの追加が有効になるケースがあります。

データベース設計段階では主キーや頻繁に利用する問い合わせで必要なインデックスを付与するため、少し特殊なインデックスの例を紹介します。

コマンド18.14　pg_stat_user_functionsビューを有効にする

```
=# SET track_functions = 'all'; ↵
SET
=# EXPLAIN ANALYZE SELECT * FROM user_func() AS f , pgbench_accounts AS a ➘
WHERE aid = tid ; ↵
=# EXPLAIN ANALYZE SELECT * FROM user_func() AS f , pgbench_accounts AS a ➘
WHERE aid = tid ; ↵
=# SELECT * FROM pg_stat_user_functions ; ↵
 funcid | schemaname | funcname  | calls | total_time | self_time
--------+------------+-----------+-------+------------+-----------
  25977 | public     | user_func |     2 |     834.45 |    834.45
(1 row)
```

関数インデックスの利用

ユーザ定義関数やPostgreSQLの組み込み関数では、通常の列に付与したインデックスは利用されませんが、関数インデックスを付与すると関数を利用する問い合わせを高速化できます。**コマンド18.15**のような関数を利用する問い合わせに対して、**コマンド18.16**のようにインデックスを付与すると、処理時間が短縮します(**コマンド18.17**)。

コマンド 18.15　シーケンシャルスキャン時の実行計画

```
=# EXPLAIN ANALYZE SELECT "都道府県名カナ", "市区町村名カナ" FROM zipcode ↗
WHERE "市区町村名カナ" like '%ﾅｶ%' AND char_length("市区町村名カナ") > 10 ; ↵
                              QUERY PLAN
------------------------------------------------------------------------------
 Seq Scan on zipcode  (cost=0.00..5016.19 rows=2472 width=41)
 (actual time=1.935..35.582 rows=2956 loops=1)
   Filter: (("市区町村名カナ" ~~ '%ﾅｶ%'::text) AND
   (char_length("市区町村名カナ") > 10))
   Rows Removed by Filter: 124426
 Planning Time: 0.138 ms
 Execution Time: 35.712 ms
(5 rows)
```

コマンド 18.16　関数インデックスのサンプル

```
=# CREATE INDEX ON zipcode ( char_length("市区町村名カナ") ); ↵
CREATE INDEX
```

コマンド 18.17　関数インデックスを利用した実行計画

```
=# EXPLAIN ANALYZE SELECT "都道府県名カナ", "市区町村名カナ" FROM zipcode ↗
WHERE "市区町村名カナ" like '%ﾅｶ%' AND char_length("市区町村名カナ") > 10 ; ↵
                              QUERY PLAN
------------------------------------------------------------------------------
 Index Scan using zipcode_char_length_idx on zipcode  (cost=0.29..3409.38
 rows=1566 width=41) (actual time=0.352..13.500 rows=2956 loops=1)
   Index Cond: (char_length("市区町村名カナ") > 10)
   Filter: ("市区町村名カナ" ~~ '%ﾅｶ%'::text)
   Rows Removed by Filter: 26965
 Planning Time: 0.164 ms
 Execution Time: 13.620 ms
(6 rows)
```

部分インデックスの利用

部分インデックスは、ある列の値のうち特定範囲の値について頻繁に検索する場合に有効なインデックスです。部分インデックスは、性能向上が期待できるだけでなく、行全体にインデックスを付与するよりもインデックスのサイズを抑えられるため、限られたディスク容量の中でなるべく性能向上をしたい場合にも利用できます。

部分インデックスは通常のインデックスに加えて、WHERE句を付与することでインデックス対象の条件を絞り込みます(コマンド18.18)。

18.5.3：【事例9】カバリングインデックスの利用

インデックスオンリースキャンは、テーブルデータの読み込みを省略しインデックスだけで問い合わせ結果を取得できるため、大幅な高速化が見込めるものの、利用条件の厳しさから実際に利用される場面は限定的です。PostgreSQL 11から導入されたカバリングインデックスは、インデックスオンリースキャンの利用条件を一部緩和する機能です。

カバリングインデックスは、CREATE INDEXにINCLUDE句でカラムを指定することで利用できます(コマンド18.19)。INCLUDE句に指定したカラムは検索キーにはならないため、インデックス探索に影響を与えることもなく、本来インデックスに指定できないデータ型のカラムも指定できます。

コマンド18.18　部分インデックスのサンプル

```
=# CREATE INDEX ON zipcode ( "都道府県名" ) WHERE "都道府県名" = '東京都'; ⏎
CREATE INDEX

=# EXPLAIN ANALYZE SELECT "都道府県名カナ", "市区町村名カナ" FROM zipcode ↗
WHERE "市区町村名カナ" like '%ﾅｶ%' AND "都道府県名" = '東京都'; ⏎
                              QUERY PLAN
------------------------------------------------------------------------
 Index Scan using "zipcode_都道府県名_idx" on zipcode  (cost=0.28..2395.68
 rows=208 width=41) (actual time=0.779..1.181 rows=80 loops=1)
   Filter: ("市区町村名カナ" ~~ '%ﾅｶ%'::text)
   Rows Removed by Filter: 3968
 Planning Time: 0.131 ms
 Execution Time: 1.220 ms
```

コマンド18.19　カバリングインデックスの作成

```
=# CREATE INDEX ON orders ( o_orderdate ) INCLUDE ( o_totalprice ); ⏎
```

通常のインデックススキャンを用いた問い合わせ(**コマンド 18.20**)と、カバリングインデックスによってインデックスオンリースキャンが利用できる場合(**コマンド 18.21**)のクエリ実行時間を比較すると、大きな効果があることが分かります。

コマンド 18.20　通常の問い合わせ

```
=# EXPLAIN ANALYZE SELECT sum(o_totalprice) FROM orders ↗
WHERE o_orderdate > '1997-10-28' AND o_orderdate < '1997-12-30' ; ↵
                              QUERY PLAN
------------------------------------------------------------------------------
 Aggregate  (cost=229246.96..229246.97 rows=1 width=32)
 (actual time=1606.379..1606.381 rows=1 loops=1)
   ->  Index Scan using orders_o_orderdate_idx on orders
       (cost=0.43..228298.33 rows=379449 width=8) (actual time=0.064..1513.423
       rows=385554 loops=1)
         Index Cond: ((o_orderdate > '1997-10-28'::date) AND
         (o_orderdate < '1997-12-30'::date))
 Planning Time: 0.108 ms
 JIT:
   Functions: 5
   Options: Inlining false, Optimization false, Expressions true, Deforming true
   Timing: Generation 0.855 ms, Inlining 0.000 ms, Optimization 0.251 ms,
     Emission 3.813 ms, Total 4.919 ms
 Execution Time: 1607.330 ms
(9 rows)
```

コマンド 18.21　カバリングインデックスを用いた問い合わせ実行

```
=# EXPLAIN ANALYZE SELECT sum(o_totalprice) FROM orders ↗
WHERE o_orderdate > '1997-10-28' AND o_orderdate < '1997-12-30' ; ↵
                              QUERY PLAN
------------------------------------------------------------------------------
 Finalize Aggregate  (cost=8233.57..8233.58 rows=1 width=32)
 (actual time=89.790..95.915 rows=1 loops=1)
   ->  Gather  (cost=8233.35..8233.56 rows=2 width=32)
       (actual time=89.641..95.902 rows=3 loops=1)
         Workers Planned: 2
         Workers Launched: 2
         ->  Partial Aggregate  (cost=7233.35..7233.36 rows=1 width=32)
             (actual time=70.558..70.559 rows=1 loops=3)
               ->  Parallel Index Only Scan using orders_o_orderdate_o_totalprice_idx
                   on orders  (cost=0.56..6838.09 rows=158104 width=8)
                   (actual time=1.107..39.785 rows=128518 loops=3)
```

（前ページからの続き）

```
                    Index Cond: ((o_orderdate > '1997-10-28'::date) AND
                    (o_orderdate < '1997-12-30'::date))
                    Heap Fetches: 0
 Planning Time: 0.104 ms
 Execution Time: 95.957 ms
(10 rows)
```

18.5.4：【事例10】プリペアド文による実行計画再利用の設定

構造が複雑な問い合わせでは、実行計画の作成にも数ミリ秒の時間がかかります。大量に繰り返し実行する問い合わせの場合、実行計画の作成にかかる時間もかなりのオーバヘッドになってしまいます。

PostgreSQLのプリペアド文を用いることで、実行計画を再利用でき、実行計画を作成する時間の分だけ問い合わせ時間を短縮できます(**コマンド18.22**)。実行計画を都度計算する場合(**コマンド18.23**)にはプリペアド文に入力した数値(1000,1000)がそのまま実行計画に渡されていますが、実行計画が再利用されると(**コマンド18.24**)、プリペアド文の引数が$1, $2となり、「Planning Time」も「0.454ms」から「0.022ms」に短縮されているのが分かります。

実行計画を再利用するかどうかはPostgreSQLが自動で判定を行っているのですが、プリペアド文の引数によって最適な実行計画が異なる場合にも再利用されてしまうことがあります。

簡単な例を挙げると、10万1件のレコードのうち値'1'が10万件、値'2'が1件というテーブルの場合(**コマンド18.25**)、検索条件が1ならばシーケンシャルスキャンを行うのが最適ですが、検索条件が2ならばインデックススキャンを用いたほうが最適になるというケースがあります。

しかし、プリペアド文を実行する際に実行計画の再利用が行われると、最

コマンド18.22　プリペアド文の作成

```
●PREPARE文の作成
=# PREPARE checkdelta (int, int) AS
  SELECT * FROM pgbench_accounts as a,
                pgbench_tellers as t,
                pgbench_branches as b,
                pgbench_history as h
          WHERE a.aid=$1 AND a.bid = b.bid AND b.bid = t.bid AND h.delta = $2 ; ↵
```

コマンド18.23　プリペアド文の実行（実行計画を作成する場合）

```
=# EXPLAIN ANALYZE EXECUTE checkdelta (1000,1000); ↵
                                 QUERY PLAN
--------------------------------------------------------------------------
 Nested Loop  (cost=1001.57..50588.79 rows=4260 width=929)
 (actual time=1.081..186.783 rows=4170 loops=1)
   ->  Gather  (cost=1000.00..50431.49 rows=426 width=116)
       (actual time=1.047..184.804 rows=417 loops=1)
         Workers Planned: 2
         Workers Launched: 2
         ->  Parallel Seq Scan on pgbench_history h  (cost=0.00..49388.89
             rows=178 width=116) (actual time=1.038..180.674 rows=139 loops=3)
               Filter: (delta = 1000)
               Rows Removed by Filter: 1420462
   ->  Materialize  (cost=1.57..104.08 rows=10 width=813)
       (actual time=0.000..0.001 rows=10 loops=417)
         ->  Nested Loop  (cost=1.57..104.03 rows=10 width=813)
             (actual time=0.028..0.142 rows=10 loops=1)
               Join Filter: (a.bid = t.bid)
               Rows Removed by Join Filter: 90
               ->  Nested Loop  (cost=1.57..4.78 rows=1 width=461)
                   (actual time=0.022..0.025 rows=1 loops=1)
                     ->  Index Scan using pgbench_accounts_aid_bid_idx on
                         pgbench_accounts a  (cost=0.42..2.44 rows=1 width=97)
                         (actual time=0.010..0.011 rows=1 loops=1)
                           Index Cond: (aid = 1000)
                     ->  Bitmap Heap Scan on pgbench_branches b
                         (cost=1.14..2.16 rows=1 width=364)
                         (actual time=0.008..0.009 rows=1 loops=1)
                           Recheck Cond: (bid = a.bid)
                           Heap Blocks: exact=1
                           ->  Bitmap Index Scan on pgbench_branches_pkey
                               (cost=0.00..1.14 rows=1 width=0)
                               (actual time=0.003..0.003 rows=1 loops=1)
                                 Index Cond: (bid = a.bid)
               ->  Seq Scan on pgbench_tellers t  (cost=0.00..98.00 rows=100
                   width=352) (actual time=0.003..0.095 rows=100 loops=1)
 Planning Time: 0.454 ms
 Execution Time: 187.086 ms
(22 rows)
```

適な実行計画の使い分けができなくなることがあります(**コマンド18.26**)。

PostgreSQL 11以前は、このような状態になる場合、プリペアド文をDEALLOCATEコマンドで削除して再作成するかクライアントの接続をリセ

コマンド18.24 プリペアド文の実行（実行計画を再利用する場合）

```
=# EXPLAIN ANALYZE EXECUTE checkdelta (1000,1000); ↵
                                QUERY PLAN
---------------------------------------------------------------------------
 Nested Loop  (cost=1001.57..50589.02 rows=4270 width=929)
 (actual time=1.776..184.552 rows=4170 loops=1)
   ->  Gather  (cost=1000.00..50431.59 rows=427 width=116)
       (actual time=1.710..182.503 rows=417 loops=1)
         Workers Planned: 2
         Workers Launched: 2
         ->  Parallel Seq Scan on pgbench_history h  (cost=0.00..49388.89
             rows=178 width=116) (actual time=1.862..178.576 rows=139 loops=3)
               Filter: (delta = $2)
               Rows Removed by Filter: 1420462
   ->  Materialize  (cost=1.57..104.08 rows=10 width=813)
       (actual time=0.000..0.002 rows=10 loops=417)
         ->  Nested Loop  (cost=1.57..104.03 rows=10 width=813)
             (actual time=0.056..0.207 rows=10 loops=1)
               Join Filter: (a.bid = t.bid)
               Rows Removed by Join Filter: 90
               ->  Nested Loop  (cost=1.57..4.78 rows=1 width=461)
                   (actual time=0.040..0.044 rows=1 loops=1)
                     ->  Index Scan using pgbench_accounts_aid_bid_idx on
                         pgbench_accounts a  (cost=0.42..2.44 rows=1 width=97)
                         (actual time=0.023..0.025 rows=1 loops=1)
                           Index Cond: (aid = $1)
                     ->  Bitmap Heap Scan on pgbench_branches b
                         (cost=1.14..2.16 rows=1 width=364)
                         (actual time=0.010..0.010 rows=1 loops=1)
                           Recheck Cond: (bid = a.bid)
                           Heap Blocks: exact=1
                           ->  Bitmap Index Scan on pgbench_branches_pkey
                               (cost=0.00..1.14 rows=1 width=0)
                               (actual time=0.005..0.005 rows=1 loops=1)
                                 Index Cond: (bid = a.bid)
               ->  Seq Scan on pgbench_tellers t  (cost=0.00..98.00 rows=100
                   width=352) (actual time=0.005..0.130 rows=100 loops=1)
 Planning Time: 0.022 ms
 Execution Time: 184.886 ms
```

ットする必要がありました。PostgreSQL 12以降は、実行計画の再利用をユーザが制御できるパラメータ「plan_cache_mode」を設定することで、実行計画の再利用を制御できるようになりました（**コマンド18.27、表18.3**）。

プリペアド文の引数によって理想的な実行計画が異なる場合には、「plan_

コマンド 18.25　データの偏ったテーブル

```
=# SELECT t1, count(*) FROM tbl1 GROUP BY t1; t1 | count ↵
----+--------
  1 | 100000
  2 |      1
(2 rows)
```

コマンド 18.26　実行計画の再利用により正しい計画が利用できない例

```
=# EXPLAIN ANALYZE EXECUTE t1(2); ↵
                                QUERY PLAN
----------------------------------------------------------------------------
 Seq Scan on tbl1  (cost=0.00..1693.01 rows=100001 width=6)
 (actual time=9.955..9.956 rows=1 loops=1)
   Filter: (t1 = $1)
   Rows Removed by Filter: 100000
 Planning Time: 0.015 ms
 Execution Time: 9.990 ms
(5 rows)
```

コマンド 18.27　実行計画の再利用を抑止する設定パラメータ

```
=# SET plan_cache_mode = force_custom_plan; ↵
SET
=# EXPLAIN ANALYZE EXECUTE t1(2); ↵
                                QUERY PLAN
----------------------------------------------------------------------------
 Index Scan using tbl1_t1_idx on tbl1  (cost=0.29..1.31 rows=1 width=6)
 (actual time=0.021..0.022 rows=1 loops=1)
   Index Cond: (t1 = 2)
 Planning Time: 0.209 ms
 Execution Time: 0.045 ms
(4 rows)
```

表 18.3　プリペアド文の制御パラメータ

設定項目	デフォルト値	説明
plan_cache_mode	auto	プリペアド文で実行計画の再利用するかどうかを制御する。autoの場合はPostgreSQLに判断を任せ、force_custom_planは実行計画を再利用する、force_generic_planは実行計画の再利用を行わない

cache_mode」を「force_custom_plan」に設定することで実行計画が常に作成されるようになります。なお、PostgreSQL 14からは、pg_prepared_statements

コマンド18.28　プリペアド文の計画再利用の確認

```
=# SELECT name,statement,generic_plans,custom_plans FROM pg_prepared_statements; ↵
 name |              statement               | generic_plans | custom_plans
------+------------------------------------+---------------+--------------
 t1   | PREPARE t1 (int) AS               +|             2 |            5
      |   SELECT * FROM tbl1  WHERE t1=$1; |               |
(1 row)
```

カタログから実行計画の再利用回数(generic_plans)、都度作成している回数(custom_plans)を確認できます(**コマンド18.28**)。

18.5.5：【事例11】テーブルデータのクラスタ化

PostgreSQLは追記型アーキテクチャなので、データの更新処理を繰り返すと徐々に物理上のデータ配置がばらばらになり、クラスタ性が欠落した状態になります。クラスタ性が欠落すると、無駄なI/Oが発生して性能低下の原因になります。これを特定の基準に並べ替えるためのSQLがCLUSTERコマンドです。

インデックスは特定の列でソートされているため、CLUSTERコマンドでは指定したインデックスの並び順に合わせて、データをソートする仕組みを提供しています。

まず、CLUSTER実行前の実行計画と処理時間を確認し(**コマンド18.29**)、CLUSTERコマンドを**コマンド18.30**のように実行してから、再度実行計画と処理時間を確認します(**コマンド18.31**)。CLUSTERコマンドの発行前後の処理時間(Execution time)が変化しているのが分かります。CLUSTERコマンドの実行前後では、同じインデックスを使って検索していますが、実行計画のコストにも違いがあります。CLUSTER実行後はデータの並び順がインデックスの順序と一致するため、実行計画の数値も実際のクエリの実行時間も短縮できたことが分かります。

コマンド 18.29　CLUSTER 実行前の実行計画と処理時間

```
=# EXPLAIN ANALYZE SELECT * FROM pgbench_accounts WHERE abalance > 1000; ↵
                              QUERY PLAN
-----------------------------------------------------------------------------
 Index Scan using pgbench_accounts_abalance_idx on pgbench_accounts
 (cost=0.42..22955.93 rows=398924 width=97)
 (actual time=0.070..363.135 rows=404055 loops=1)
   Index Cond: (abalance > 1000)
 Planning Time: 0.106 ms
 Execution Time: 379.789 ms
(4 rows)
```

コマンド 18.30　CLUSTER コマンドの実行例

```
=# CLUSTER pgbench_accounts USING pgbench_accounts_abalance_idx; ↵
=# ANALYZE pgbench_accounts; ↵
```

コマンド 18.31　CLUSTER 実行後の実行計画と処理時間

```
=# EXPLAIN ANALYZE SELECT * FROM pgbench_accounts WHERE abalance > 1000; ↵
                              QUERY PLAN
-----------------------------------------------------------------------------
 Index Scan using pgbench_accounts_abalance_idx on pgbench_accounts
 (cost=0.42..14129.29 rows=405878 width=97)
 (actual time=0.046..85.373 rows=404055 loops=1)
   Index Cond: (abalance > 1000)
 Planning Time: 0.224 ms
 Execution Time: 101.206 ms
(4 rows)
```

鉄則

- ☑ **いきなりチューニングを実施せず、きちんと分析して効果を測定します。**
- ☑ **期限や費用対効果、目標などを考慮してチューニング計画を立てます。**

Appendix

PostgreSQLのバージョンアップ

PostgreSQLを使ったシステムを長期間運用し続けるときには、PostgreSQL自体のバージョンアップもあらかじめ想定しておく必要があります。ここでは、PostgreSQLをバージョンアップする際に考えておくべきポイントを整理します。

A.1 PostgreSQLのバージョンアップポリシー

PostgreSQLの開発は20年以上継続され、現在も開発が続いています。つまり、最新版のPostgreSQLを使っているとしても、時間が経過することで徐々に古くなっていきます。

PostgreSQLの開発コミュニティでは、おおむね次のポリシーでPostgreSQLをバージョンアップしています。

- PostgreSQLは3ヵ月ごとにマイナーバージョンアップする[注1](バグ修正やセキュリティ対応)
- PostgreSQLは1年ごとにメジャーバージョンアップする
- PostgreSQL開発コミュニティのサポート期間は5年

つまりPostgreSQLのバージョンアップを5年以上しないと、PostgreSQL開発コミュニティからのサポートが原則として受けられなくなります[注2]。

A.2 バージョンアップの種類

マイナーバージョンアップとメジャーバージョンアップでは、システムへの影響度も異なります。それを踏まえた対応方針は、顧客とあらかじめ合意をとっておく必要があります。

A.2.1：マイナーバージョンアップ

マイナーバージョンアップは原則としてバグ修正やセキュリティ対応なので、PostgreSQLの仕様には変更はなく、バージョンアップ前のデータベースクラスタをそのまま使用でき、アプリケーションへの影響も通常はありません。影響があるのは、修正対象のバグに依存した実装をしているケースです。

修正対象のバグには、データが破壊されるなどの深刻な問題に発展する可能性を含むものがあるため、マイナーバージョンアップは原則として対応するのが望ましいです。

注1　マイナーバージョンアップの予定は、開発ロードマップ(https://www.postgresql.org/developer/roadmap/)を参考にしてください。

注2　コミュニティのメーリングリストなどでは古いバージョンに関する問い合わせにも回答してくれる人もいるかもしれませんが、いつでも回答してもらえるとは限りません。

A.2.2：メジャーバージョンアップ

メジャーバージョンアップはバグ修正だけでなく、機能の追加や性能の改善も含まれます。PostgreSQLではなるべく過去バージョンとの互換性を維持する方針で開発をしていますが、改善内容によっては互換性がないケースもあります。また、バージョンアップ前のデータベースクラスタは、メジャーバージョンアップ後には使えなくなります。

システムの要件によっては、メジャーバージョンアップに対応する必要があるとは言い切れません。判断する1つの目安として「システムを5年以上運用するかどうか」があります。次のような長期的な運用方針を顧客とすり合わせておきましょう。

- 5年以上使わないシステムなら、メジャーバージョンアップせずにシステム開発時のバージョンで運用する
- 5年以上使う予定のシステムなら、5年目以降はコミュニティによるサポートが受けられないリスクがあるのでメジャーバージョンアップする

A.3 マイナーバージョンアップの手順

マイナーバージョンアップは次の手順で実施します。

- PostgreSQLの停止
- PostgreSQLプログラムファイルの入れ替え
- PostgreSQLの起動

PostgreSQLをいったん停止する必要があるため、マイナーバージョンアップに伴うシステムの許容停止時間を、事前に顧客と調整する必要があります。

マイナーバージョンアップで修正されるバグ内容によっては、インデックス再構築などの追加作業が発生することがあります。また、いくつかのバージョンではスタンバイサーバからアップデートを行うことが必要なケースがあります。プライマリサーバからバージョンアップしてしまうと、WAL送信先のスタンバイサーバが正しくWALを処理できずにクラッシュしてしまうことがあります。

バージョンアップの順番についての制約や、追加作業が発生するかどうかは、

PostgreSQLのリリースノートで事前に確認しましょう。

A.4 ローリングアップデート

同期レプリケーション構成を組んでいるシステムの場合は、プライマリ／スタンバイ両方のPostgreSQLのバージョンを入れ替える必要があります。システムの停止時間を最小限に留めるために「ローリングアップデート」という手法を使います。ローリングアップデートは次の手順で進めます(**図A.1**)。

❶プライマリ／スタンバイが動作している
❷いったんスタンバイを停止して、プライマリからは非同期レプリケーショ

図A.1　ローリングアップデート

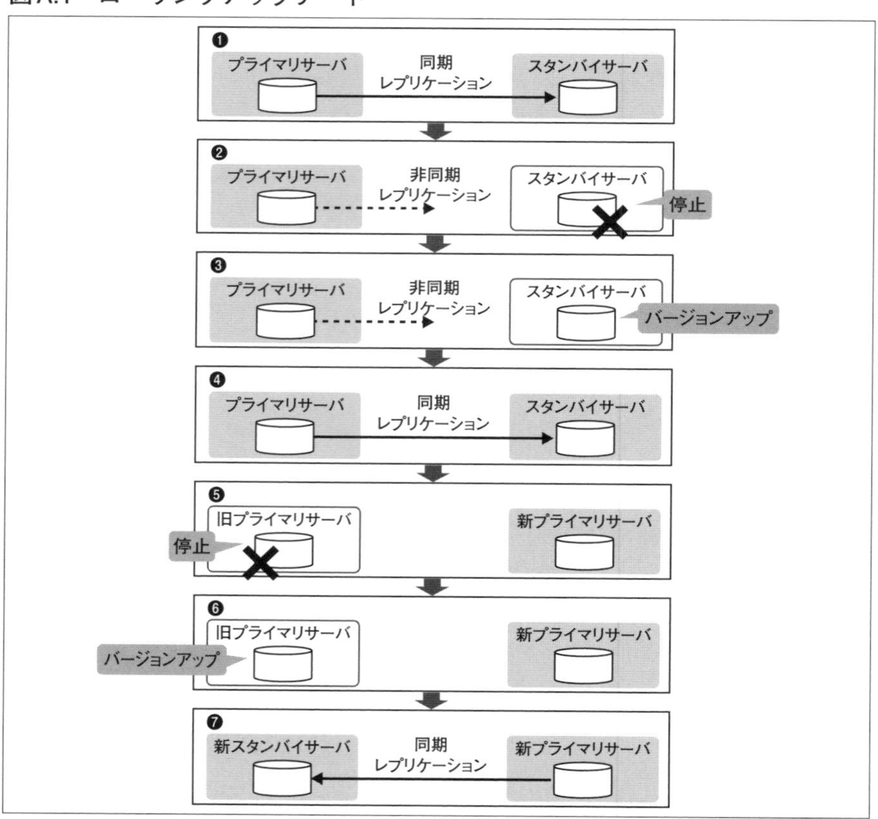

ン状態に変更する
❸スタンバイのPostgreSQLをバージョンアップする
❹スタンバイのバージョンアップが完了した後に、スタンバイを同期レプリケーション構成としてプライマリに再接続する
❺プライマリとスタンバイが同期したことを確認した後に、プライマリを停止して、スタンバイを新プライマリとして昇格させる[注3]
❻停止した旧プライマリのPostgreSQLをバージョンアップする
❼旧プライマリを新スタンバイとして、新プライマリに同期レプリケーション接続する

A.5 メジャーバージョンアップの手順

メジャーバージョンアップは、単にPostgreSQLのプログラムファイルを入れ替えるだけでは対応できません。これは次の理由によるものです。

データベースクラスタの非互換性

メジャーバージョンが異なる場合、データベースクラスタに互換性がありません。新しいバージョンのPostgreSQLが古いバージョンのデータベースクラスタを指定して起動しようとすると、バージョンエラーで起動しません。

メジャーバージョン間の機能互換性

メジャーバージョンアップでは、機能が追加されています。PostgreSQLでは極力互換性を維持する方針で開発をしていますが、改善内容によっては互換性を維持しない場合もあります。

システムカタログを自分で参照している場合

メジャーバージョンアップでは、システムカタログや稼働統計情報ビューの内容が変更されることがあります。運用時の監視対象としてシステムカタログや稼働統計情報ビューを参照している場合、SQLに影響がないかを確認する必要があります。

注3　アプリケーションから仮想IP経由でプライマリに接続している場合には、仮想IPも変更します。

PostgreSQLパラメータの確認

メジャーバージョンアップでは、PostgreSQLパラメータの追加や削除、またデフォルト値が変更されることがあります。現行の設定ファイルのままで問題がないか確認する必要があります。

メジャーバージョンアップの場合には、システムにどの程度影響があるか事前に調査する必要があり、データベースクラスタの互換性がないという問題に対応する必要があります。データベースクラスタ内のデータを移行するには、大きく分けて3つの方法(「ダンプ／リストア」「pg_upgradeコマンド」「論理レプリケーション」)があります。

A.5.1：ダンプ／リストアによるデータ移行方式

ダンプ／リストアとは、pg_dumpコマンドやpg_dumpallコマンドでデータベース内のスキーマ／データをファイルに書き込み、psqlコマンドやpg_restoreコマンドで復元するものです。

ダンプ／リストアは古い時代のPostgreSQLのメジャーバージョンアップに使われていた手順です。PostgreSQLで大規模なデータを扱うことが多くなっている現在では、大規模データをダンプ／リストアする手順では、非常に時間がかかることが問題になっています。ダンプ／リストアは、データ規模が小さいデータベースクラスタや長時間の停止が許容されるシステムに適しています。

A.5.2：pg_upgradeコマンドによるデータ移行方式

大規模なデータを持つデータベースクラスタを移行する場合には、pg_upgradeを使用します。pg_upgradeは、PostgreSQL 8.4以降のメジャーバージョンから本稿執筆時点(2022年7月)の最新版であるPostgreSQL 14までのメジャーバージョンへの移行に対応しています。

pg_upgradeを使うことで、大規模なデータを持つデータベースクラスタの移行も高速に可能です。なぜなら、テーブルやインデックスのファイル構造がPostgreSQL 8.4以降変更されていないためです。メジャーバージョン間で違いがあるのは、システムカタログや各種制御ファイルのみで、このようなファイルのサイズはユーザデータに対して非常に小さいことから、高速にデータベースクラスタを変更できます。

レプリケーションによる冗長化構成の場合は、プライマリのデータベースクラスタをpg_upgradeで変更した後に、rsyncコマンドを併用して、高速にスタンバイ側のデータベースクラスタを変更することも可能です。rsyncコマンドを使った手順は複雑ですが、なるべく移行時間を短縮したい場合には有効な手法です。具体的な手順については、「PostgreSQL 13文書 ストリーミングレプリケーションおよびログシッピングのスタンバイサーバのアップグレード」を参照してください[注4]。

A.5.3：論理レプリケーションによるデータ移行方式

論理レプリケーションによるアップグレードは、バージョンの異なるPostgreSQLに対しても論理レプリケーションができることを利用した移行方式です。

移行元の古いメジャーバージョンのPostgreSQLをプライマリサーバ、移行先の新しいメジャーバージョンのPostgreSQLをスタンバイサーバとして論理レプリケーションを用いてデータの同期を行ったのち、新しいメジャーバージョンのPostgreSQLをプライマリに切り替え、移行元のプライマリサーバを停止して、スイッチオーバを行うことでアップグレードを行います。それぞれのサーバで論理レプリケーションの設定を行っておく必要はありますが、サービス停止時間は数秒でアップグレードを行えます。

A.5.4：拡張機能を使った場合の注意点

PostgreSQLは、contribモジュールをはじめとするさまざまな拡張機能を組み込むことが可能です。拡張機能(ユーザ定義関数、ユーザ定義型など)を組み込んだシステムをメジャーバージョンアップする場合には、次の点に注意が必要です。

拡張機能のモジュールを最新化する

C言語で開発された拡張機能は、PostgreSQLのバージョンに依存してコンパイル&リンクされています。このため、PostgreSQLのメジャーバージョンに対応した拡張機能のモジュールを新しいバージョンのPostgreSQL環境にインストールする必要があります[注5]。

注4 https://www.postgresql.jp/document/13/html/pgupgrade.html#PGUPGRADE-STEP-REPLICAS

注5 PostgreSQL 13以降は、パッケージ化されていない拡張機能はアップグレードがサポートされなくなりました。PostgreSQL 13へのアップグレードを行う前に、拡張機能自体をパッケージ化されたバージョンにアップグレードしておく必要があります。

拡張機能専用のテーブルが存在する場合

拡張機能の中には、専用のテーブルやインデックスを持っているものがあります。これらのテーブルも pg_upgrade コマンドの移行対象となりますが、拡張機能自体がバージョンアップした際に専用のテーブルの構造が変更されることもあり得ます。移行先のPostgreSQLバージョンに対応した拡張機能のリリースノートを参照し、拡張機能用のテーブルに変更があった場合には、移行前にテーブルからのデータのダンプやテーブルの削除といった事前準備も検討する必要があります。

[改訂3版] 内部構造から学ぶPostgreSQL 設計・運用計画の鉄則

索引

A

B

C

D

F

G

H

I

J

K

L

M

N

P

R

S

T

U

V

W

X

あ行

か行

さ行

た行

な行

は行

ま行

や行

ら行

わ行

SQL

OSコマンド

postgresql.confのパラメータ

pg_hba.confのパラメータ

【著者紹介】

上原 一樹（うえはら かずき）／担当：第 5 章(5.5)、第 7 章、第 8 章、第 9 章

初めて PostgreSQL に触ったのは 9.3 だったので、気づけば長い付き合いになります。コミュニティ活動や技術支援業務を通して、PostgreSQL の魅力を知り、今に至ります。この本を通して、PostgreSQL の魅力を少しでもお伝えできれば幸いです。

勝俣 智成（かつまた ともなり）／担当：第 11 章、第 12 章、第 13 章、第 14 章

大学時代は CG の研究をしていましたが、入社とともに畑違いの全文検索／データベースの世界へ。この頃に PostgreSQL と出会い、10 年以上の付き合い。今では社内支援や社外講師、コミュニティ活動などを行っています。無類のお酒、カレー好き。

佐伯 昌樹（さえき まさき）／担当：第 10 章、第 15 章、第 16 章、Part 4、Appendix

PostgreSQL に関わってから 12 年。現在は IoT やクラウドなど、システムの基盤開発に携わっています。バージョンアップのたびに着実に進化する PostgreSQL の機能をシステムに取り込んでいくのも楽しみの 1 つです。

原田 登志（はらだ とし）／担当：Part 1、第 5 章(5.1～5.4)、第 6 章

PostgreSQL は 7.4 のころからの腐れ縁。日々、PostgreSQL の無駄な使い方を考えています。猫とラーメンと原チャリと SF も大好き。「PostgreSQL ラーメン」でググってください。Twitter：@nuko_yokohama

● 装丁
小島トシノブ（NONdesign）

● 本文デザイン・DTP
朝日メディアインターナショナル㈱

● 編集
鷹見成一郎

● 本書サポートページ
https://gihyo.jp/book/2022/978-4-297-13206-4
本書記載の情報の修正・訂正・補足については、当該Webページで行います。

[改訂３版]
内部構造から学ぶPostgreSQL
―設計・運用計画の鉄則

2014年10月 5日　初 版　第1刷　発行
2022年12月 9日　第3版　第1刷　発行
2023年12月13日　第3版　第2刷　発行

著　者　上原一樹、勝俣智成、佐伯昌樹、原田登志
発行人　片岡　巌
発行所　株式会社技術評論社
東京都新宿区市谷左内町21-13
TEL：03-3513-6150（販売促進部）
TEL：03-3513-6177（第５編集部）

印刷／製本　港北メディアサービス株式会社

定価はカバーに表示してあります。

ISBN978-4-297-13206-4　C3055

Printed in Japan

■お問い合わせについて

本書に関するご質問については、本書に記載されている内容に関するもののみとさせていただきます。本書の内容と関係のないご質問につきましては、一切お答えできませんので、あらかじめご了承ください。また、電話でのご質問は受け付けておりませんので、FAX か書面にて下記までお送りください。

なお、ご質問の際には、書名と該当ページ、返信先を明記してくださいますよう、お願いいたします。

お送りいただいたご質問には、できるかぎり迅速にお答えできるよう努力いたしておりますが、場合によってはお答えするまでに時間がかかることがあります。また、回答の期日をご指定なさっても、ご希望にお応えできるとは限りません。あらかじめご了承くださいますよう、お願いいたします。

<問い合わせ先>
〒162-0846
東京都新宿区市谷左内町21-13
株式会社技術評論社　第5編集部
「[改訂３版]内部構造から学ぶ PostgreSQL 設計・運用計画の鉄則」係
FAX：03-3513-6173